BA KOMPAKT

Reihenherausgeber
Martin Kornmeier, Duale Hochschule Baden-Württemberg, Mannheim,
Deutschland

Die Bücher der Reihe BA KOMPAKT sind zugeschnitten auf das Bachelor-Studium im Studienbereich Wirtschaft an den Dualen Hochschulen und Berufsakademien. Sie erfüllen vollständig die im Curriculum zur Erlangung des Bachelor festgelegten Anforderungen (Lerninhalt, Lernmethoden, Konzeption und Ablauf der Veranstaltungen).

Die Reihe BA KOMPAKT zeichnet sich aus durch:

- Fokussierung auf die elementaren Lernziele
- Starker Praxisbezug durch konkrete Beispiele
- Einbindung von Fallstudien für Einzel- und Gruppenarbeit
- Unmittelbare Anwendbarkeit des vermittelten Wissens durch Tipps und Hintergrundinformationen
- Übersichtliche, anschauliche Darstellung durch zahlreiche Kästen, Abbildungen und Tabellen
- Kontrollfragen zur Prüfung des Lernerfolgs

Weitere Informationen zu dieser Reihe http://www.springer.com/series/7570

Ulrich Ermschel • Christian Möbius
Holger Wengert

Investition und Finanzierung

4., aktualisierte und korrigierte Aufl. 2016

Ulrich Ermschel
Mannheim, Deutschland

Christian Möbius
Karlsruhe, Deutschland

Holger Wengert
Stuttgart
Duale Hochschule Baden-Württemberg
Stuttgart, Deutschland

ISSN 1864-0354
BA KOMPAKT
ISBN 978-3-662-49008-2   ISBN 978-3-662-49009-9 (eBook)
DOI 10.1007/978-3-662-49009-9

Die Deutsche Nationalbibliothek verzeichnet diese Publikation in der Deutschen Nationalbibliografie;
detaillierte bibliografische Daten sind im Internet über http://dnb.d-nb.de abrufbar.

Springer Gabler

Gedruckt auf säurefreiem und chlorfrei gebleichtem Papier

Lektorat: Stefanie Brich/Margit Schlomski

Springer Gabler ist Teil von Springer Nature
Die eingetragene Gesellschaft ist Springer-Verlag GmbH Berlin Heidelberg

Vorwort zur vierten Auflage

Wie in den letzten aktualisierten Auflagen fließen auch in der vierten Auflage wiederum Kritik und Verbesserungsvorschläge unserer Leser mit ein. Für diese Anregungen möchten wir uns bei unseren Lesern herzlich bedanken.

Die zahlreichen, positiven Rückmeldungen haben uns einerseits in unserer Arbeit bestärkt und andererseits dazu geführt, die Qualität des Buches in der dritten Auflage nochmals zu steigern. So konnten wir einige Ungereimtheiten bzw. Druckfehler weiter ausräumen. Dafür sind wir allen Beteiligten sehr dankbar.

Auch für diese Auflage stellen wir als Unterstützung für Dozenten und Interessierte wie gewohnt auf der Webseite http://www.springer.com/de/book/978-3-662-49008-2 Auszüge aus dem Buch sowie verschiedene Abbildungen zum Download zur Verfügung.

Für weitere Anregungen sowie Fehlerhinweise sind wir weiterhin offen und wünschen wiederum eine informative Lektüre zum Thema Investition und Finanzierung.

Mannheim, Karlsruhe, Stuttgart   Ulrich Ermschel
im Juni 2016   Christian Möbius
                                                                  Holger Wengert

Vorwort zur dritten Auflage

Die zahlreichen, positiven Rückmeldungen haben uns einerseits in unserer Arbeit bestärkt und andererseits dazu geführt, die Qualität des Buches in der dritten Auflage nochmals zu steigern. So konnten wir einige Ungereimtheiten bzw. Druckfehler weiter ausräumen. Dafür sind wir allen Beteiligten sehr dankbar.

Auch für diese Auflage stellen wir als Unterstützung für Dozenten und Interessierte wie gewohnt auf der Webseite http://www.springer.com/978-3-642-32265-5 Auszüge aus dem Buch sowie verschiedene Abbildungen zum Download zur Verfügung.

Für weitere Anregungen sowie Fehlerhinweise sind wir nach wie vor offen und wünschen weiterhin eine erhellende Lektüre zum Thema Investition und Finanzierung.

Mannheim, Karlsruhe, Stuttgart   Ulrich Ermschel
im Juli 2012   Christian Möbius
                                     Holger Wengert

Vorwort zur zweiten Auflage

Die Grundkonzeption des Buches sowie die komprimierte Darstellung der Thematik sind bei den Anwendern auf Anerkennung gestoßen. Daher haben wir daran festgehalten und in der zweiten Auflage keine neuen Kapitel dazugeführt. Stattdessen haben wir uns auf das Wesentliche konzentriert und speziell die Inhalte zum Thema Basel III in Kap. 3.4 aktualisiert. Gleichzeitig haben wir dank der zahlreichen Unterstützung unserer Leser einige Druck- und Rechenfehler korrigiert. An der einen oder anderen Stelle sind auch die verwendeten Parameter in den Formeln homogenisiert worden.

Des Weiteren sind zwei neue Kontrollaufgaben zum Thema Kapitalerhöhungen aufgenommen worden, die im Lösungsteil wie gewohnt besprochen werden. Darüber hinaus ist die Literatur erweitert und aktualisiert worden.

Als Unterstützung für Dozenten und Interessierte stellen wir wie gewohnt auf der Webseite http://www.springer.com/978-3-7908-2744-6 des Springer Verlags Auszüge aus dem Buch sowie verschiedene Abbildungen zum Download zur Verfügung.

Für Anregungen sowie Fehlerhinweise sind wir unseren Lesern nach wie vor sehr dankbar und wünschen weiterhin viel Erfolg und Spaß mit der Auseinandersetzung des spannenden Themas der Investition und Finanzierung.

Mannheim, Karlsruhe, Stuttgart
im März 2011

Ulrich Ermschel
Christian Möbius
Holger Wengert

Vorwort zur ersten Auflage

„Investition und Finanzierung" ist ein Kernfach der Betriebswirtschaftslehre. Für dieses Fach gibt es bereits eine Vielzahl von Lehrbüchern, da es zu allen wirtschaftsorientierten Studiengängen große Berührungspunkte gibt. Warum nun ein weiteres Lehrbuch zu einem schon sehr bekannten Thema? Mit der Gründung der Dualen Hochschule Baden-Württemberg wurden die Studiengänge stark vereinheitlicht und modularisiert. Das Fach „Investition und Finanzierung" bildet in den Modulen der Allgemeinen Betriebswirtschaftslehre einen Schwerpunkt. Zudem erfolgen je nach Studienschwerpunkt weitere Vorlesungen im Themenbereich Investition und Finanzierung in den Modulen der Speziellen Betriebswirtschaftslehre. Mit der Vereinheitlichung der Lehrmodule wurden auch die Lehrinhalte den neuen Erfordernissen angepasst. Dieses Buch ist nun so konzipiert, dass es den Lehranforderungen und -inhalten der Bachelor-Studiengänge für das Fach „Investition und Finanzierung" genau entspricht.

Das vorliegende Buch trennt zwar die Begriffe „Investition" und „Finanzierung" in einzelne Kapitel. Es ist uns aber ein Anliegen, vorab klarzustellen, dass diese Begriffe in der Betriebswirtschaftslehre untrennbar zusammengehören. Es gibt aus unternehmerischer Sicht keine Investition ohne Finanzierung und keine Finanzierung ohne Investition. Leiht ein Kreditinstitut einem Unternehmen in Form eines Darlehens Geld aus, so stellt das für das Unternehmen eine Finanzierungsform dar, aus Sicht der Bank ist es jedoch eine Investition. Führt eine Aktiengesellschaft eine Kapitalerhöhung durch, so ist dies eine Form der Eigenfinanzierung, aus Sicht des Aktionärs jedoch eine Investition. Das Thema Investition und Finanzierung ist daher immer von zwei Seiten zu betrachten.

Nützlich bei der Konzeption dieses Buches war dabei der unterschiedliche Hintergrund der Autoren. Erfahrungen aus Sicht eines Großunternehmens, die des Mittelstands wie auch die Sichtweise von Finanzdienstleistungsunternehmen konnten erfolgreich verbunden werden. Neben der akademischen wissenschaftlichen Seite wurde somit auch der für die Ausbildung an der Dualen Hochschule Baden-Württemberg sehr wichtige Praxisbezug problemlos integriert.

Obwohl das Lehrbuch sehr kompakt gehalten ist, gibt es dennoch einen sehr guten Einblick in die Welt der Finanzen. Beginnend mit der Finanzmathematik, die in der

Finanzwelt leider unumgänglich ist, werden die wesentlichen Themengebiete der Investition und Finanzierung angesprochen und praxisnah erklärt. Es eignet sich daher nicht nur als Basiswerk für die Bachelor-Studiengänge an der Dualen Hochschule Baden-Württemberg, sondern ebenfalls für alle Betriebswirtschaftlichen Bachelor-Studiengänge an Universitäten und Fachhochschulen. Aufgrund einer Vielzahl von Beispielen, Abbildungen und Tabellen versuchen wir, die teilweise abstrakten Inhalte anschaulich aufzuarbeiten. Jedem Kapitel folgen mehrere Kontroll-/Übungsaufgaben, um die Inhalte der Kapitel zu testen und aufzuarbeiten. Die Lösungen zu diesen Aufgaben finden sich gesammelt am Schluss des Buches.

Zielgruppe unseres Buches „Investition und Finanzierung" sind alle Studierenden und Dozenten der Dualen Hochschule Baden-Württemberg, aber auch von Universitäten und Fachhochschulen in den Bachelor-Studiengängen. Da sich nicht nur Betriebswirtschaftler heute mit Finanzen befassen, können sich auch technische und sozialwissenschaftliche Studiengänge für das Buch interessieren. Insbesondere Führungskräfte müssen in der heutigen Zeit ein solides Wissen zu „Investition und Finanzierung" vorweisen, da sämtliche innerbetrieblichen Vorgänge irgendwann mit Geld zu tun haben. Als Unterstützung für Dozenten und Interessierte stellen wir auf der Webseite http://www.springer.com/978-3-7908-2344-8 des Springer Verlags Auszüge aus dem Buch sowie verschiedene Abbildungen zum Download zur Verfügung.

Wir wünschen unseren Lesern eine interessante Lektüre unseres Buches in ein aus unserer Sicht sehr spannendes Thema der Finanzen.

Mannheim, Karlsruhe, Stuttgart   Ulrich Ermschel
im April 2009   Christian Möbius
                                                                       Holger Wengert

Abkürzungsverzeichnis

ABS	Asset Backed Security (Besichertes Wertpapier)
BaFin	Bundesanstalt für Finanzdienstleistungsaufsicht
BMF	Bundesministerium für Finanzen
CDO	Collateralised Debt Obligations
d. h.	das heißt
€	Euro
EK	Eigenkapital
EURIBOR	European Interbank Offered Rate
EZB	Europäische Zentralbank
F. + E	Forschung und Entwicklung
Fed	Federal Reserve System
FK	Fremdkapital
GuV	Gewinn- und Verlustrechnung
HGB	Handelsgesetzbuch (deutsche Bilanzierungsvorschrift)
i. d. R.	in der Regel
i. e. S.	im engeren Sinne
IFRS	International Financial Reporting Standard (Europäische Bilanzierungsverordnung)
KEF	Kapazitätserweiterungsfaktor
KWG	Gesetz über das Kreditwesen
LIBOR	London Interbank Offered Rate
MBS	Mortgage Backed Security (Besicherte Hypothekenkredite)
p. a.	per annum
PRSt	Pensionsrückstellungen
PZ	Pensionszahlungen
S&P	Standard and Poors
SPV	Special Purpose Vehicle (Zweckgesellschaft)

US-GAAP   United States General Accepted Accounting Principles (Amerikanische
           Bilanzierungsverordnung)
VAG   Versicherungsaufsichtsgesetz
vgl.   vergleiche
VoFi   Vollständiger Finanzplan
z. B.   zum Beispiel
ZPR   Zuführungen zu den Pensionsrückstellungen

Inhaltsverzeichnis

Abbildungsverzeichnis

Tabellenverzeichnis

Grundlagen der Investition und Finanzierung

1

1.1 Einführung in die Investition und Finanzierung

Lernziele

Dieses Kapitel vermittelt:

- Eine allgemeine Einführung in den Bereich Investition und Finanzierung
- Eine Vorstellung von Finanzdienstleistungsunternehmen

Um die Begriffe Finanzierung und Investition sinnvoll in das Gefüge der Betriebswirtschaftslehre einzugliedern, sollte zunächst betrachtet werden, welche Funktionen Unternehmen zu erfüllen haben (vgl. Weber und Kabst 2006, S. 6 ff.). Unter den sogenannten Grundfunktionen sind alle Prozesse zu verstehen, die im unmittelbaren Zusammenhang mit der eigentlichen Wertschöpfung eines Unternehmens, also der Erstellung der betrieblichen Leistung, stehen. In industriellen Betrieben sind – dies vereinfacht dargestellt – die Bereiche Beschaffung, Lagerung, Produktion und Absatz. Um diese Kernprozesse durchführen zu können und sie möglichst effektiv und effizient zu gestalten, sind aber weitere Stütz- und Managementprozesse von Nöten, die man als Querschnittsfunktionen bezeichnet.

Industrielle Unternehmen müssen auf Beschaffungsmärkten Produktionsfaktoren einkaufen, eine betriebliche Infrastruktur erstellen und die im Leistungsprozess erstellten Produkte anschließend auf Absatzmärkten verkaufen (Dienstleistungsunternehmen müssen für die im Wesentlichen unveränderten Waren auf Absatzmärkten Abnehmer finden). Hierdurch kommt es zu Waren- und Geldströmen, die normalerweise zeitlich versetzt sind, da die Unternehmen beim Einkauf in Vorlage gehen müssen und die entsprechenden Rückflüsse aus Erlösen erst beim oder nach dem Verkauf entstehen. Die Aufgabe der betrieblichen Querschnittsfunktion „**Finanzierung**" ist es nun, das

© Springer-Verlag Berlin Heidelberg 2016
U. Ermschel et al., *Investition und Finanzierung*, BA KOMPAKT,
DOI 10.1007/978-3-662-49009-9_1

Unternehmen zum richtigen Zeitpunkt kostengünstig mit finanziellen Mitteln in der richtigen Höhe zu versorgen (Mittelbeschaffung). Damit diese Mittel sinnvoll eingesetzt werden können, bedarf es einer betriebswirtschaftlichen Kriterien genügenden Bewertung möglicher **Investitionsentscheidungen**. Die Betrachtung der hierbei in Frage kommenden Methoden der Investitionsrechnung wird daher häufig dem internen Rechnungswesen oder dem Unternehmenscontrolling, beides Querschnittsfunktionen, zugeordnet.

Kap. 2 befasst sich daher eingehend mit Investitionen und den zugehörigen Verfahren der Investitionsrechnung. Diese teilen sich in statische und dynamische Verfahren, wobei der Schwerpunkt der Betrachtung eindeutig bei den dynamischen Verfahren liegt. Das 3. Kapitel ist dann der Finanzierung gewidmet. Nach der Einführung in die Finanzierung und der Ermittlung des Kapitalbedarfs sowie der Finanzplanung folgen die unterschiedlichen Finanzierungsformen in Form von Außen- und Innenfinanzierung. Im Folgenden soll nun zunächst ein Überblick über die Institutionen gegeben werden, deren Aufgabe es unter anderem ist, Unternehmen mit den notwendigen finanziellen Mitteln zu versorgen.

Als Finanzdienstleistungsunternehmen werden in Deutschland die Unternehmen zusammengefasst, die Finanzdienstleistungsprodukte anbieten. Diese Produkte und auch die Unternehmen können dabei in die zwei Kategorien nämlich **Kreditinstitute** (Banken) und **Versicherungen** unterteilt werden (vgl. Abb. 1.1). Durch die Richtlinien der Bundesanstalt für Finanzdienstleistungsaufsicht (BaFin), die diese Unterteilung ebenfalls in zwei Abteilungen Bank und Versicherung abbildet, und die jeweiligen Gesetze KWG für Kreditinstitute und VAG für Versicherungen wurde eine klare Trennung zwischen den Bereichen gezogen. So sind Kreditinstitute für Bankgeschäfte und Versicherungen für Versicherungsgeschäfte zuständig. Es gibt aber zunehmend Produkte, die bank- und versicherungsförmige Strukturen aufweisen. Man spricht hier von hybriden oder Allfinanz-Produkten.

Abb. 1.1 Finanzdienstleistungsunternehmen in Deutschland. (Quelle: eigene Darstellung)

Finanzdienstleister in Deutschland	
Banken	Versicherungen
Notenbanken	Lebensversicherungen
Universalbanken	Sachversicherungen
Spezialbanken	Unfallversicherungen
Bausparkassen	Krankenversicherungen
Außenhandelsbanken	

1.1.1 Kreditinstitute als Finanzdienstleistungsunternehmen

Ein Kreditinstitut wird in Deutschland umgangssprachlich als Bank bezeichnet. Ein Unternehmen ist nach dem deutschen Kreditwesengesetz (KWG) dann ein Kreditinstitut, wenn es Bankgeschäfte gewerbsmäßig oder in einem Umfang betreibt, das einen in kaufmännischer Weise eingerichteten Geschäftsbetrieb erfordert. Unter Bankgeschäften im Sinne des KWG werden dabei folgende Geschäfte verstanden:

- **Einlagengeschäft**
  Die Annahme fremder Gelder als Einlagen oder anderer rückzahlbarer Gelder des Publikums, sofern der Rückzahlungsanspruch nicht in Inhaber- oder Schuldverschreibungen verbrieft wird, ohne Rücksicht darauf, ob Zinsen vergütet werden.

- **Kreditgeschäft**
  Die Gewährung von Gelddarlehen und Krediten.

- **Diskontgeschäft**
  Der Ankauf von Wechseln und Schecks.

- **Finanzkommissionsgeschäft**
  Die Anschaffung und die Veräußerung von Finanzinstrumenten im eigenen Namen oder für fremde Rechnung.

- **Depotgeschäft**
  Die Verwahrung und die Verwaltung von Wertpapieren für andere.

- **Investmentgeschäft**
  Die im Investmentgesetz bezeichneten Geschäfte zur Einrichtung, Verkauf und Verwaltung von Investmentfonds.

- **Darlehnserwerbsgeschäft**
  Die Eingehung der Verpflichtung, (Darlehens-)Forderungen vor Fälligkeit zu erwerben (Factoring).

- **Garantiegeschäft**
  Die Übernahme von Bürgschaften, Garantien und sonstigen Gewährleistungen für andere.

- **Girogeschäft**
  Die Durchführung des bargeldlosen Zahlungsverkehrs und des Abrechnungsverkehrs.

- **Emissionsgeschäft**
  Die Übernahme von Finanzinstrumenten für eigenes Risiko zur Platzierung oder die Übernahme gleichwertiger Garantien.

- **E-Geld-Geschäft**
  Die Ausgabe und die Verwaltung von elektronischem Geld.

Die Kreditinstitute können aufgrund der obigen Geschäfte noch eingehender untergliedert werden:

- **Notenbanken**
  Legen die Geldpolitik der Länder fest und verwalten die Währungsreserven. So ist die Europäische Zentralbank (EZB) zuständig für den Euro-Raum, das Federal Reserve System (Fed) für die USA.
- **Geschäftsbanken**
  Es gibt hierbei drei verschiedene Arten von Geschäftsbanken:
  - **Universalbanken**
    sind Kreditinstitute die im Gegensatz zu Spezialinstituten die ganze Palette der Bankgeschäfte betreiben, wie sie für deutsche Banken im Kreditwesengesetz definiert sind.
  - **Spezialbanken**
    sind Kreditinstitute, die nur einzelne Produkte des Bankgeschäftes anbieten, die in Deutschland durch das Kreditwesengesetz definiert sind.
  - **Bausparkassen**
    sind in Deutschland Kreditinstitute, deren Geschäftsbetrieb darauf gerichtet ist, Einlagen von Bausparern entgegenzunehmen und aus den angesammelten Beträgen den Bausparern für wohnungswirtschaftliche Maßnahmen Gelddarlehen zu gewähren. Das Bauspargeschäft darf nur von Bausparkassen betrieben werden.

Banken wurden in einer arbeitsteiligen Volkswirtschaft nötig, da die Leistungen der Wirtschaftssubjekte unter Zwischenschaltung von Geld ausgetauscht wurden. Die Vermittler dieser Geldströme sind die Kreditinstitute. Weiterhin sorgen sie für den Ausgleich zwischen Geldanlagewünschen und Kreditbedarf.

Kreditinstitute unterliegen aufgrund ihrer besonderen Bedeutung im Wirtschaftskreis im Regelfall einer Reihe von nationalen und internationalen gesetzlichen und aufsichtsrechtlichen Vorschriften (z. B. bei der Besetzung der Geschäftsleitung, bei der Bilanzierung usw.) und unterstehen im Regelfall zudem der Aufsicht einer eigens zuständigen Behörde (in Deutschland der BaFin). Daher gelten für sie auch besondere Anforderungen. In Deutschland hat sich historisch ein dreiteiliges Bankensystem (Landesbanken können hierbei zum Sparkassensektor hinzugerechnet werden, da sie ebenfalls einen öffentlich-rechtlichen Träger haben) herausgebildet, das sehr unterschiedlich aufgestellt ist:

- **Landesbanken**
  Werden in Deutschland bestimmte Kreditinstitute bezeichnet, die einzelne oder mehrere Bundesländer unter anderem bei der Besorgung der bankmäßigen Geschäfte und der Förderung der Wirtschaft eines Landes unterstützen. Als zentrales Institut der Sparkassen eines Landes sind sie zudem deren zentrale Verrechnungsstelle für den

bargeldlosen Verkehr und unter anderem für die Verwaltung der Liquiditätsreserven angeschlossener Sparkassen sowie für die Refinanzierung zuständig.

- **Sparkassen**
  In Deutschland ist eine Sparkasse ein in seinen Geschäftsaktivitäten regional begrenztes Kreditinstitut (Regionalprinzip). In der Regel wird die Sparkasse öffentlich-rechtlich getragen. Möglichst soll sie als Universalbank arbeiten.
- **Volks- und Raiffeisenbanken**
  Volks- und Raiffeisenbanken sind in Deutschland i. d. R. Banken in der Rechtsform der eingetragenen Genossenschaft. Während in städtischen Bereichen vorwiegend Volksbanken entstanden, wurden in ländlichen Gebieten Raiffeisenbanken gegründet. Auch Volks- und Raiffeisenbanken sollten als Universalbank arbeiten.
- **Private Banken**
  Banken die nicht öffentlich-rechtlich bzw. genossenschaftlich getragen werden, werden als Private Banken bezeichnet. Diese sind meist als Aktiengesellschaft aufgestellt. Hier gibt es Banken, die als Universalbank aufgestellt sind, sowie Banken, die nur spezielle Bankgeschäfte anbieten (z. B. Investmentbanken, Kreditkartengesellschaften, Kapitalanlagegesellschaften usw.).

1.1.2 Versicherungen als Finanzdienstleistungsunternehmen

Das Versicherungsgeschäft ist in erster Linie durch das Risikogeschäft gekennzeichnet. Der Versicherungsnehmer wälzt Teile seiner Lebens- bzw. Alltagsrisiken gegen Zahlung einer Versicherungsprämie auf eine Versicherung ab (vgl. Abb. 1.2).

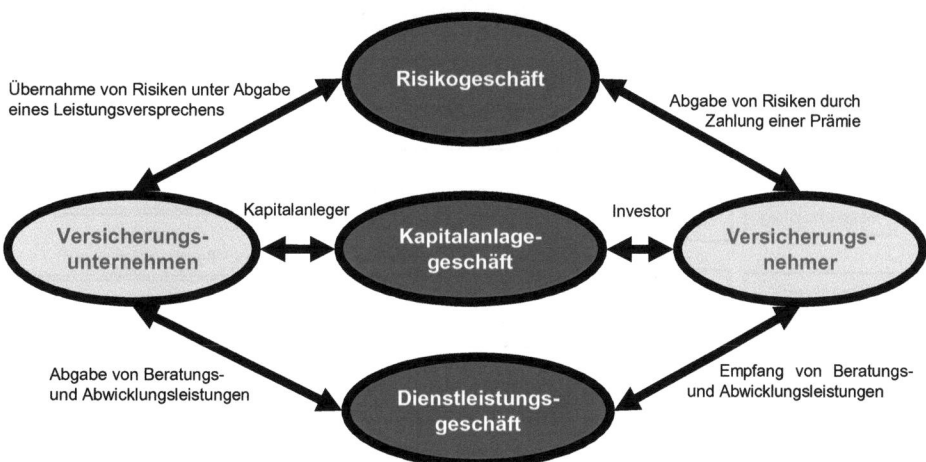

Abb. 1.2 Elemente des Versicherungsgeschäfts. (Quelle: eigene Darstellung)

Der Versicherer steht damit in ständiger Bereitschaft zur Leistung im Schaden-
eintrittsfall gegenüber dem Versicherungsnehmer. In diesem Zusammenhang wird auch
von einem abstrakten Schutzversprechen seitens der Versicherung gesprochen. Darüber
hinaus sind an das Risikogeschäft auch Beratungs- und Abwicklungsleistungen geknüpft,
sodass auch ein Dienstleistungsgeschäft vorliegt. Schlussendlich liegen bei einigen Ver-
sicherungsgeschäften auch Sparprozesse vor, bei denen Teile der Versicherungsprämie
vom Versicherer je nach Versicherungstyp direkt oder indirekt über Investmentgesell-
schaften am Finanzmarkt investiert werden (Kapitalanlagegeschäft). Als Investoren tragen Versicherungsunternehmen daher zur Finanzierung von Unternehmen und besonders
auch der öffentlichen Hand bei.

Grundformen der Versicherungen sind Individual- und Sozialversicherungen. Individualversicherungen werden von öffentlich-rechtlichen bzw. privaten Versicherungen in der
Rechtsform einer Aktiengesellschaft bzw. eines Versicherungsvereins auf Gegenseitigkeit
dem Versicherungsnehmer frei angeboten. Dabei sind grundsätzlich alle Produkte denkbar,
die versicherbare Gefahren abdecken. Die Bemessungsgrundlage für die Prämien sind die
abgedeckten Risiken bzw. Leistungen. Im Gegensatz dazu stehen die Sozialversicherungen,
die ihre Beiträge nach der Einkommenshöhe der Versicherungsnehmer gestalten. Sozialversicherungen sind je nach Risikoart von Arbeitgebern bzw. Arbeitnehmern zwangsweise bei den dafür gesetzlich vorgesehenen Sozialversicherungsträgern abzuschließen.
Beispiele sind: Alters- und Hinterbliebenenrente (gesetzliche Rentenversicherung), Krank-
heit (gesetzliche Krankenversicherung), Berufsunfall und Invalidität (gesetzliche Unfallversicherung), Arbeitslosigkeit (gesetzliche Arbeitslosenversicherung), Pflegebedürftigkeit
(gesetzliche Pflegeversicherung) (vgl. Abb. 1.3).

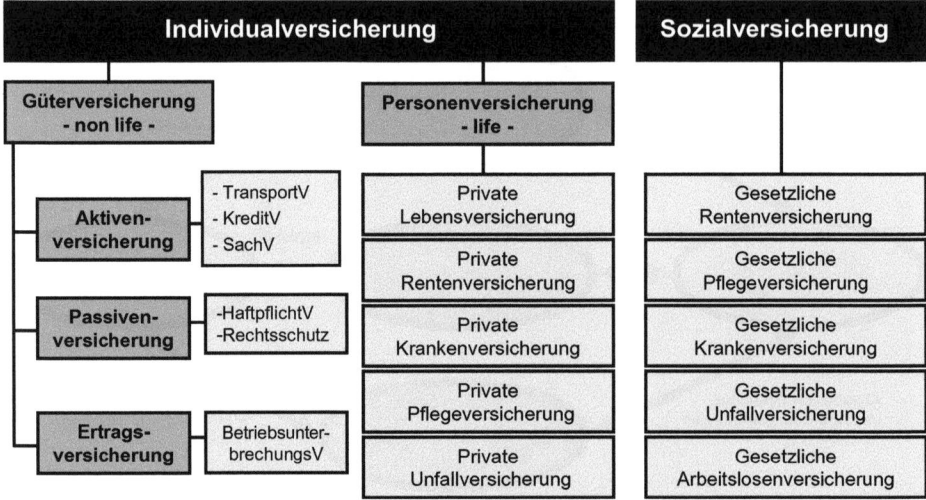

Abb. 1.3 Grundformen von Versicherungen. (Quelle: eigene Darstellung)

Individualversicherungen lassen sich wiederum nach verschiedenen Kriterien einteilen in:

- **Erst- und Rückversicherer**
  Entscheidend ist das Verhältnis zwischen Versicherungsnehmer und Versicherer: Ist der Versicherungsnehmer eine Privatperson bzw. ein Unternehmen, dann handelt es sich um eine Erstversicherung, handelt es sich dagegen bei dem Versicherungsnehmer ebenfalls um eine Versicherung, dann spricht man in diesem Fall von einer Rückversicherung. Der Versicherungsnehmer ist der Zedent und der Rückversicherer der Zessionar.
- **Schaden- und Summenversicherung**
  Unterscheidungskriterium ist die Art der Versicherungsleistung: Bei der Schadenversicherung orientiert sich die Versicherungsleistung am tatsächlichen Schaden (Fall der konkreten Bedarfsdeckung und des konkreten Schadenausgleichs). Dies liegt beispielsweise bei der Feuerversicherung, Kfz-Haftpflicht sowie der privaten Krankenversicherung vor. Bei der Summenversicherung erfolgt die Versicherungsleistung in Höhe der Versicherungssumme, womit eine Entschädigungsbegrenzung nach oben vorliegt (Fall der abstrakten Bedarfsdeckung). Als Beispiel dient die Lebensversicherung.
- **Personen-, Sach- und Vermögensversicherung**
  Differenziert wird hier nach dem Gegenstand der Versicherung. Bei der Personenversicherung wird eine konkrete Person versichert. Es erfolgt ein Ersatz des Vermögensschadens. Beispiele: Lebens-, Kranken- und Unfallversicherung. Die Sachversicherung versichert einzelne Sachen. Ersetzt werden Sachschäden. Beispiele: Feuer-, Sturm- und Hausratversicherung. Die Vermögensversicherung versichert das Vermögens als Ganzes. Im Fall eines Falles wird die Vermögensminderung ersetzt. Beispiele: Haftpflicht-, Rechtschutz- und Kreditversicherung.
- **Aktiven-, Passiven- und Ertragsausfallversicherung**
  Unterscheidungskriterien sind betriebsbedingte Maßstäbe (Bilanz- bzw. GuV-Positionen). Bei der Aktivenversicherung werden Vermögenswerte (Aktiva wie Sachen und Forderungen) gegen Beschädigung, Diebstahl und Rechtsverstöße versichert. Beispiele: insbesondere Sachversicherung wie Feuer-, Maschinen-, Transport-, Kreditversicherung. Bei der Passivenversicherung schützt man sich gegen die Vermehrung der Verbindlichkeiten auf der Passivseite der Bilanz, wie z. B. gegen Schadenersatzansprüche Dritter sowie Kosten der Rechtsverfolgung. Beispiele: Haftpflicht- und Rechtsschutzversicherung. Die Ertragsausfallversicherung schützt vor Ertragsausfällen und Deckung von Kosten durch Produktionsstillstand bzw. -unterbrechung aufgrund eines Schadens (z. B. Brand). Beispiel: Feuer-Betriebsunterbrechungsversicherung.

Versicherungen werden jedoch auch nach den einzelnen Versicherungszweigen unterschieden. Insbesondere Lebens- und Rentenversicherungen, aber auch Krankenversicherungen sind aus der Sichtweise von Investition und Finanzierung interessant, da diese Versicherungsarten Kapital von den Versicherungsnehmern über längere Zeiträume investieren.

1.2   Finanzmathematik

Dieses Kapitel vermittelt:

* Die Methoden der Finanzmathematik
* Die grundsätzlichen Aufgaben der Finanzmathematik

1.2.1   Zinsrechnung

Große Teile der Investition und Finanzierung beruhen auf der Finanzmathematik. Insbesondere die Verfahren der Investitionsrechnung als auch Entscheidungen in der Finanzierung kommen ohne die gängigsten Methoden der Zins-, Renten- und Tilgungsrechnung nicht aus. Daher wollen wir dieser Thematik hier mit einem kurzen Überblick einen besonderen Raum geben.

In der Zinsrechnung klassifiziert man die Zinssätze regelmäßig nach der Länge der Zinsperiode in

* jährliche Verzinsung und
* unterjährliche Verzinsung

  sowie nach der rechnerischen Bezugsgröße für den Zins in

* nachschüssige Verzinsung und
* vorschüssige Verzinsung (vgl. Kruschwitz 2010, S. 4).

Der Standardfall in der Praxis ist die jährliche, nachschüssige Verzinsung. Die Zinsperiode ist ein Jahr und die Bezugsgröße für den Zinssatz ist das Anfangskapital bzw. das Kapital zu Beginn der jeweiligen Zinsperiode. Auf diese Verzinsungsart wollen wir uns im Folgenden konzentrieren. Sie ist maßgeblich relevant für die Verfahren der Investitionsrechnung. Der Vollständigkeit halber sollen aber auch kurz die unterjährliche sowie die vorschüssige Verzinsung definiert werden. Von unterjährlicher Verzinsung ist immer dann die Rede, wenn die Zinsperiode ein Bruchteil eines Jahres ist, wie z. B. der Monat oder das Quartal. Von vorschüssiger Verzinsung spricht man, wenn als Bezugsgröße für den Zinssatz das Kapital am Ende der Zinsperiode gewählt wird.

Darüber hinaus wird hinsichtlich der Zinsverrechnung zwischen

* einfacher Verzinsung und
* Zinseszinsrechnung

unterschieden. Bei der einfachen Verzinsung werden die Zinsansprüche nach der Zinsperiode dem zinstragenden Kapital niemals zugeschlagen, wohingegen bei der Zinseszinsrechnung genau dieses regelmäßig getan wird. Der Kapitalaufbau ist bei der Zinseszinsrechnung folglich überproportional groß im Verhältnis zum Kapitalaufbau bei einfacher Verzinsung. Ein Zwischending aus einfacher Verzinsung und Zinseszinsrechnung ist die gemischte Verzinsung, auf die hier nicht weiter eingegangen werden soll, da sie für die folgende Betrachtung zur Investition und Finanzierung keine große Bedeutung hat. Ein Sonderfall der unterjährlichen Verzinsung mit Zinseszinsen stellt die stetige Verzinsung dar. Sie kommt insbesondere bei der Bewertung von bestimmten Finanzinstrumenten, wie z. B. bei Derivaten (Optionspreistheorie), zum Einsatz.

Zunächst wollen wir einige Begrifflichkeiten innerhalb der Zinsrechnung klären. Der Zins, als Kompensation für den zwischenzeitlichen Konsumverzicht des Kapitalgebers (vgl. Kruschwitz 2010, S. 1), stellt eine von vier Kategorien der Zinsrechnung dar. Er ergibt sich in der ersten Zinsperiode aus der Multiplikation des vereinbarten Zinssatzes i mit dem Anfangskapital K_0. Weiterhin steht das Endkapital K_n im Interesse des Gläubigers bzw. Schuldners, welches wiederum von der Laufzeit n des Finanzkontraktes abhängig ist. Der Zinssatz i wird hierbei auch als **Nominalzins** bezeichnet.

Formal gilt für das Endkapital bei einfacher Verzinsung:

$$K_n = K_0(1 + i)^n = 900 \cdot (1 + 0{,}07)^{4,5} = 1.220{,}31 \, € \qquad (1.1)$$

Bei Zinseszinsrechnung errechnet sich das Endkapital wie folgt:

$$K_n = K_0(1 + i)^n \qquad (1.2)$$

Beispiel 1.1

Ein Investor legt 900 € 4 Jahre und 6 Monate zum Nominalzins 7 % an. Wie hoch ist sein Endkapital bei a) einfacher Verzinsung bzw. b) Zinseszinsrechnung?
 Lösung:

a) Einfache Verzinsung

$$K_n = K_0(1 + i \cdot n) = 900 \cdot (1 + 0{,}07 \cdot 4{,}5) = 1.183{,}50 \, €$$

b) Zinseszinsrechnung

$$K_n = K_0(1 + i)^n = 900 \cdot (1 + 0{,}07)^{4,5} = 1.220{,}31 \, €$$

Wie aus dem Beispiel deutlich wird, ist das Endkapital durch den Zinseszinseffekt um ca. 3 % höher als mit einfacher Verzinsung. Das Interesse des Investors kann sich genauso gut auch auf die Höhe des Zinssatzes, die Laufzeit des Kontraktes sowie auf das Anfangskapital beziehen, wenn die anderen drei Größen jeweils gegeben sind. Dieser Sachverhalt wird in der Literatur auch als „die vier Fragestellungen der Zinsrechnung" bezeichnet (vgl. Kruschwitz 2010, S. 4). Durch einfaches Auflösen des Gleichungssystems nach der Unbekannten lassen sich diese Fragen leicht beantworten. Stellvertretend für die Zinseszinsrechnung sollen anhand der nachfolgenden drei Beispiele die Lösungen demonstriert werden:

Beispiel 1.2 (Zinseszinsrechnung)

Wie viel Geld muss ein Investor heute auf ein Sparbuch einzahlen, damit er in 6 Jahren 10.000 € abheben kann? Das Kapital verzinst sich jährlich mit 4 %.

Lösung:

Die Frage lautet nach dem Anfangskapital. Die ursprüngliche Formel nach K_0 aufgelöst ergibt:

$$K_n = K_0(1+i)^n \rightarrow K_0 = \frac{K_n}{(1+i)^n} = \frac{10.000}{(1+0{,}04)^6} = 7.903{,}15\,€$$

Beispiel 1.3 (Zinseszinsrechnung)

Wie hoch muss der Jahreszinssatz für ein Sparguthaben sein, damit sich ein Kapital innerhalb von 20 Jahren verdreifacht?

Lösung:

Die Frage lautet nach dem Zinssatz. Die ursprüngliche Formel nach i aufgelöst ergibt:

$$K_n = K_0(1+i)^n \rightarrow i = \sqrt[n]{\frac{K_n}{K_0}} - 1 = \sqrt[20]{\frac{3}{1}} - 1 = 5{,}65\,\%$$

Beispiel 1.4 (Zinseszinsrechnung)

In wie vielen Jahren verdoppelt sich ein Betrag von 15.000 € bei 6,5 % Zinseszins?

Lösung:

Die Frage lautet nach der Laufzeit. Die ursprüngliche Formel nach n aufgelöst ergibt:

$$K_n = K_0(1+i)^n \rightarrow n\frac{\ln\frac{K_n}{K_0}}{\ln(1+i)} = \frac{\ln\frac{30.000}{15.000}}{\ln(1+0{,}065)} = 11{,}01\text{ Jahre}$$

Bisher wurde vereinfachend davon ausgegangen, dass die jährlichen Zahlungen erst am Ende eines Jahres verzinst werden. Lässt man zu, dass die Verzinsung in kürzeren

Abb. 1.4 Unterjährliche
Verzinsung. (Quelle: eigene
Darstellung)

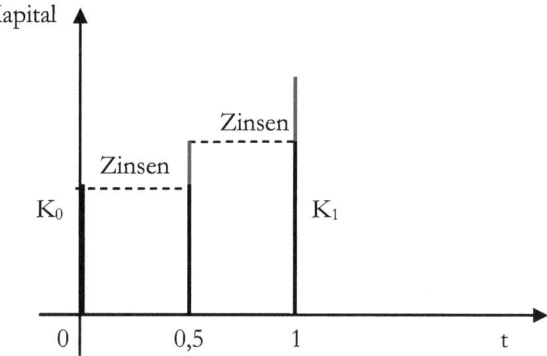

Abständen erfolgt, so spricht man von unterjährlicher Verzinsung (vgl. hierzu und im
Folgenden auch Peters 2009, S. 82 ff.). Dies verdeutlicht die Entwicklung des Kapitals K_0
bei zweimaligem Zinszuschlag (vgl. Abb. 1.4).

Rechnerisch lässt sich dieser Zusammenhang (bei m-maligem unterjährlichen Zu-
schlag) durch Ausdruck (1.3) darstellen

$$K_1 = K_0 \cdot \left(1 + \frac{i}{m}\right)^m \tag{1.3}$$

Durch den mehrfachen Zinsaufschlag ergibt sich bei identischem Nominalzinssatz i ein
höheres K_1 als bei jährlicher Verzinsung. Deshalb ist es wichtig zu wissen, wie hoch der
Zinssatz sein müsste, um das gleiche K_1 bei nur einmaliger jährlicher Verzinsung zu
erhalten. Die Errechnung dieses **Effektiven Jahreszinses** i^* ist einfach. Es muss gelten:

$$K_1 = K_0 \cdot \left(1 + \frac{i}{m}\right)^m = \left(1 + i^*\right) \cdot K_0 \tag{1.4}$$

Löst man diesen Ausdruck nach i^* auf, erhält man:

$$\left(1 + \frac{i}{m}\right)^m - 1 = i^* \tag{1.5}$$

Soll die unterjährliche Verzinsung über n Jahre erfolgen, so stellt man dies wie in der
Formel (1.6) dar:

$$K_{n \cdot m} = K_0 \cdot \left(1 + \frac{i}{m}\right)^{n \cdot m}$$
$$\text{bzw.}$$
$$K_0 = K_{n \cdot m} \cdot \left(1 + \frac{i}{m}\right)^{-n \cdot m} \tag{1.6}$$

Erfolgen die unterjährlichen Zinszuschläge unendlich oft (also $m \to \infty$), so spricht man von stetiger oder kontinuierlicher Verzinsung. Der Wert eines Kapitals nach 1 Jahr bei stetiger Verzinsung lässt sich auch durch folgenden etwas modifizierten Term (1.7) darstellen:

$$K_1 = K_0 \cdot \lim_{m \to \infty} \left(1 + \frac{i}{m}\right)^m \tag{1.7}$$

Durch den Übergang von unterjährlicher auf stetige Verzinsung gilt für den mittleren Teil des Ausdrucks (1.7) als Grenzwert die Euler'sche Zahl e:

$$\lim_{m \to \infty} \left(1 + \frac{i}{m}\right)^m = e^i \tag{1.8}$$

Dadurch lässt sich der Wert eines Kapitals nach n Jahren bei stetiger Verzinsung durch folgenden Ausdruck darstellen:

$$K_n = K_0 \cdot e^{i \cdot n} \tag{1.9}$$

Für 1 Jahr erhält man:

$$K_1 = K_0 \cdot e^i \tag{1.10}$$

Für den Barwert des n Jahre stetig abgezinsten Kapitals ergibt sich folglich:

$$K_0 = K_n \cdot e^{-i \cdot n} \tag{1.11}$$

Beispiel 1.5 (Zinseszinsrechnung stetige Verzinsung)

Ein Investor legt 1.000 € für 10 Jahre an. Wie viel Kapital erhält er am Ende bei einfacher Zinseszinsrechnung und bei stetiger Verzinsung und einem Nominalzins in Höhe von 5 %?

Lösung:

a) bei Zinseszinsrechnung:

$$K_n = K_0 \cdot (1 + i)^n \Rightarrow 1.000 \cdot (1 + 5\,\%)^{10} = 1.628,89\ €$$

b) bei stetiger Verzinsung:

$$K_n = K_0 \cdot e^{in} \Rightarrow 1.000 \cdot e^{5\,\% \cdot 10} = 1.648,72\ €$$

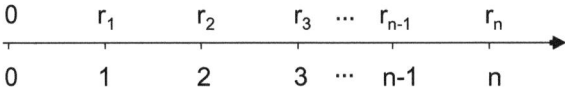

Abb. 1.5 Veränderliche Rente als nachschüssige Zahlungsreihe. (Quelle: eigene Darstellung)

1.2.2 Rentenrechnung

Unter einer Rente wird eine regelmäßig wiederkehrende Zahlung verstanden. Dabei ist es unerheblich, in welchem Lebensalter diese Rente ausbezahlt wird. Beispiele für regelmäßig wiederkehrende Renten sind:

- Staatliche und private Altersrenten
- Invaliditäts- und Hinterbliebenenrenten
- Renten aus einem Lotteriegewinn
- Kuponzahlungen von Anleihen
- Gleichmäßige Dividendenzahlungen von Aktiengesellschaften
- Löhne und Gehälter ohne Anpassung

Allen beispielhaft aufgeführten Renten ist gemeinsam, dass die Rentenzahlung aus einer Reihe zukünftiger Zahlungen besteht (vgl. Abb. 1.5). Die Betonung liegt hier auf Zahlungen. Bezogen auf ein Unternehmen, stellt der zukünftige Cashflow eines Unternehmens aus finanzmathematischer Sicht nichts anderes als eine fortlaufende Rente dar. Genauso verhält es sich mit den Rückflüssen aus einer getätigten Investition. Auch hier handelt es sich aus dieser finanzmathematischen Perspektive um Rentenzahlungen. Deshalb besitzt gerade die Rentenrechnung in der Investition und Finanzierung einen sehr großen Stellenwert.

Rentenrechnung ist angewandte Zinsrechnung unter Beachtung von Rentenzahlungen. Daher wird für die weitere Betrachtung die Zinsrechnung vorausgesetzt. Typische Merkmale von Renten sind (vgl. Kruschwitz 2010, S. 43 ff.):

- Rentenhöhe
- Rentendauer
- Terminierung einer einzelnen Rentenzahlung
- Verhältnis von Renten- und Zinsperiode

Auf diese vier Merkmale wollen wir nun genauer eingehen. Je nach Ausprägung dieser Merkmale unterscheidet man verschiedene Rentenformen.

Bezüglich der Rentenhöhe:

- gleichbleibende Rente
- veränderliche Rente
  - sich regelmäßig ändernde Rente
  - sich regellos ändernde Rente

Hinsichtlich der Rentendauer wird differenziert in:

- endliche Rente
- ewige Rente

Bei der Terminierung einer einzelnen Rentenzahlung wird unterschieden in:

- vorschüssige Rente
- nachschüssige Rente

Und bezogen auf das Verhältnis von Renten- und Zinsperiode:

- jährliche Rente mit
  - jährlichen Zinsen
  - unterjährlichen Zinsen
- unterjährliche Rente mit
  - jährlichen Zinsen
  - unterjährlichen Zinsen

Für die Beantwortung von Fragen zur Sachinvestition sind insbesondere jährliche, veränderliche und endliche Renten (Cashflows), die nachschüssig ausgezahlt werden, von Relevanz. Soll die Investitionsauszahlung gleich mitberücksichtigt werden, so kann auch bei der Bewertung von vorschüssigen Renten ausgegangen werden. Als Zinsperiode wird grundsätzlich 1 Jahr vorausgesetzt. Dies kommt der praktischen Realität sehr nahe. Bei Fragen hinsichtlich der Bewertung von Unternehmen oder Aktienkursen kommt die ewige Rente ins Spiel, da die Lebensdauer von Unternehmen im Allgemeinen als unbegrenzt angenommen wird.

Wie bereits bei der Zinsrechnung kann innerhalb der Rentenrechnung zwecks strukturierter Vorgehensweise ebenfalls von Kategorien ausgegangen werden. Die fünf Kategorien lauten:

- Rente r_t im Zeitpunkt t
- Rentenendwert R_n

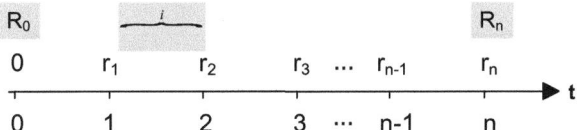

Abb. 1.6 Darstellung einer nachschüssigen, veränderlichen, jährlichen Rente. (Quelle: eigene Darstellung)

- Rentenbarwert R_0
- Zinssatz i
- Laufzeit n

Im Vergleich zur Zinsrechnung gibt es Parallelen: Der Rentenendwert entspricht dem Endwert des Kapitals, der Rentenbarwert dem Anfangskapital. Lediglich die Rente ist neu. Anhand eines Zeitstrahls soll dieser Sachverhalt nochmals verdeutlicht werden (vgl. Abb. 1.6):

Beispiel 1.6 (Gleichbleibende nachschüssige Rente)

Ihre Eltern möchten Sie gerne in Ihrer dreijährigen BA-Ausbildung mit einem jährlichen nachschüssigen Zuschuss in Höhe von 12.000 € unterstützen. Wie viel Kapital müssen Ihre Eltern zu Beginn Ihres Studiums bei einer jährlichen Verzinsung von 4 % angespart haben?

Lösung:

Die Frage wird nach dem Rentenbarwert R_0 gestellt. Das gestellte Problem lässt sich gut anhand eines Zeitstrahls verdeutlichen:

$$R_0 = \frac{12.000}{1,04^1} + \frac{12.000}{1,04^2} + \frac{12.000}{1,04^3} = 33.301,09 \,€$$

Der Rentenbarwert R_0 ergibt sich aus der Diskontierung der einzelnen Renten mit dem Zinsfaktor q ($q = 1 + i$) bezogen auf heute ($t = 0$).

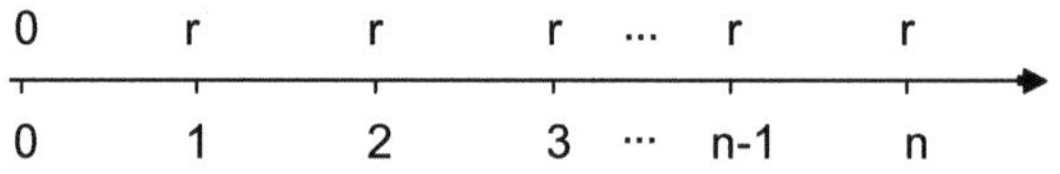

$$
\begin{array}{ccccccc}
0 & r & r & r & \cdots & r & r \\
\hline
0 & 1 & 2 & 3 & \cdots & \text{n-1} & \text{n}
\end{array}
$$

Abb. 1.7 Gleichbleibende Rente als nachschüssige Zahlungsreihe. (Quelle: eigene Darstellung)

Formal gilt:

$$
R_0 = \frac{r_1}{(1+i)^1} + \frac{r_2}{(1+i)^2} + \ldots + \frac{r_{n-1}}{(1+i)^{n-1}} + \frac{r_n}{(1+i)^n}
$$
$$
R_0 = \sum_{t=1}^{n} \frac{r_t}{(1+i)^t} = \sum_{t=1}^{n} \frac{r_t}{q^t} = \sum_{t=1}^{n} r_t \cdot q^{-t}
\tag{1.12}
$$

Da in der Investition und Finanzierung öfters mit gleichbleibenden Renten gerechnet wird, wie beispielsweise bei Festzinsanleihen (fixe Kuponzahlungen) oder bei Darlehen von Kreditinstituten (Annuitätendarlehen), soll auch dieser Fall näher betrachtet werden. Wie in Abb. 1.7 zu erkennen ist, sieht der Zeitstrahl ähnlich zu dem bereits gezeigten in Abb. 1.6 aus:

Die Gl. (1.12) lässt sich bei gleichbleibenden Renten mit $r_t = r$ vereinfachen zu nachfolgendem Ausdruck, wobei *RBFN* den Rentenbarwertfaktor darstellt:

$$
R_0 = \sum_{t=1}^{n} r_t \cdot q^{-t} = r \cdot \sum_{t=1}^{n} q^{-t} = r \cdot \frac{q^n - 1}{i \cdot q^n} = r \cdot RBFN
\tag{1.13}
$$

Der Beweis hierfür ist schnell gezeigt: Ausdruck (1.12) multipliziert mit $(q-1)$ ergibt Ausdruck (1.15):

$$
\sum_{t=1}^{n} r_t \cdot q^{-t} = r \cdot q^{-1} + r \cdot q^{-2} + \ldots + r \cdot q^{-n}
\tag{1.14}
$$

$$
(q-1) \sum_{t=1}^{n} r_t \cdot q^{-t} = r \cdot \left(1 + q^{-1} + \ldots + q^{-n+1} - q^{-1} \ldots - q^{-n} \right)
\tag{1.15}
$$

Ausdruck (1.15) reduziert sich somit zu:

$$
(q-1) \sum_{t=1}^{n} r_t \cdot q^{-t} = r \cdot \left(1 - q^{-n} \right)
\tag{1.16}
$$

Nach $\sum_{t=1}^{n} r \cdot q^{-t}$ aufgelöst ergibt dies:

$$\sum_{t=1}^{n} r \cdot q^{-t} = r \cdot \frac{(1 - q^{-n})}{(q - 1)} = r \cdot \frac{(q^{-n} - 1)}{(1 - q)} \qquad (1.17)$$

Erweitert man in (1.17) den Faktor $\dfrac{(q^{-n} - 1)}{(1 - q)}$ mit $\dfrac{-q^n}{-q^n}$, so erhält man:

$$\sum_{t=1}^{n} r \cdot q^{-t} = r \cdot \frac{q^{-n} - 1}{q^n(q - 1)} = r \cdot \frac{q^n - 1}{i \cdot q^n} \qquad (1.18)$$

Bei gleichbleibenden Renten lässt sich daher die Konstante r vor das Summenzeichen schreiben, sodass hinter dem Summenzeichen nur noch die abgezinsten Zinsfaktoren übrig bleiben. Da es sich bei der Summe der diskontierten Zinsfaktoren mathematisch um eine geometrische Reihe (Quotient zweier benachbarter Summanden ergibt eine Konstante) handelt, vereinfacht sich die Summe zu einem Faktor. Dieser Faktor, mit dem die konstante Rente r gewichtet wird, nennt man in der Finanzmathematik nachschüssigen Rentenbarwertfaktor (*RBFN*). Mit dessen Hilfe lässt sich für längere Zahlungsreihen sehr einfach der Rentenbarwert bestimmen. Anhand unseres Beispiels 1.7, soll zur Verdeutlichung erneut der Rentenbarwert jetzt mittels des *RBFN* bestimmt werden.

Beispiel 1.7 (Gleichbleibende nachschüssige Rente)
Der Rentenbarwert R_0 lautet:

$$R_0 = r \frac{q^n - 1}{i \cdot q^n} = r \cdot RBFN = 12.000 \frac{1,04^3 - 1}{0,04 \cdot 1,04^3} = 33.301,09\,\text{€}$$

Wie bei der Zinsrechnung kann der Gläubiger oder Schuldner auch an den anderen Kategorien der Rentenrechnung (Rentenendwert, Zinssatz, Laufzeit oder Rente) interessiert sein. Diese Fragestellungen sollen jetzt näher betrachtet werden.

Der Rentenendwert lässt sich auf verschiedene Weise berechnen. Zum einen können die zukünftigen Renten mit dem Zinsfaktor auf das Laufzeitende aufgezinst werden. Formal gilt für veränderliche Renten:

$$R_n = \sum_{t=1}^{n} r_t q^{n-t} \qquad (1.19)$$

und für gleichbleibende Renten:

$$R_n = r \cdot q^n \sum_{t=1}^{n} q^{-t} = r \, \frac{q^n - 1}{i} = r \cdot REFN \tag{1.20}$$

REFN steht für den nachschüssigen Rentenendwertfaktor. Die andere Möglichkeit, den Rentenendwert zu bestimmen, ist der Weg über den Rentenbarwert. Zunächst wird der Rentenbarwert bestimmt, um diesen anschließend um die Laufzeit *n* aufzuzinsen. Formal gelten für gleichbleibende und veränderliche Renten:

$$R_n \ = \ R_0 \cdot q^n \tag{1.21}$$

Beispiel 1.8 (Rentenendwert)

Ein Investor zahlt 3 Jahre lang jeweils am Ende eines Jahres 1.000 € auf ein Sparkonto ein, welches mit 5 % verzinst wird. Wie hoch ist der Rentenendwert?

Lösung:

Anhand von drei Lösungsmöglichkeiten wird nun der Rentenendwert bestimmt:

1. Über die Rentenendwertformel für veränderliche Renten:

$$R_3 = \sum_{t=1}^{3} r_t \cdot q^{3-t} \ = 1.000 \ \text{€} \cdot 1,05^2 + 1.000 \ \text{€} \cdot 1,05^1 + 1.000 \ \text{€} \cdot 1,05^0$$
$$= 3.152,50 \ \text{€}$$

2. Über die Rentenendwert-Formel für gleichbleibende Renten:

$$R_3 = r \, \frac{q^3 - 1}{i} = 1.000 \ \text{€} \ \frac{1,05^3 - 1}{0,05} = 3.152,50 \ \text{€}$$

3. Über die Rentenendwertformel mit dem Rentenbarwert:

$$R_3 = R_0 \cdot q^n = \left(\frac{1.000 \ \text{€}}{1,05^1} + \frac{1.000 \ \text{€}}{1,05^2} + \frac{1.000 \ \text{€}}{1,05^3} \right) 1,05^3 = 3.152,50 \ \text{€}$$

Kommen wir nun zur Frage nach der Rentenhöhe und beschränken uns auf den Fall der gleichbleibenden Rente. Es gilt die oben aufgezeigte Gleichung nach *r* aufzulösen.

Beispiel 1.9 (Rentenhöhe)

Sie besitzen heute 18.770,15 € und legen diesen Betrag zu 4 % p. a. an, um 12 Jahre lang eine gleichbleibende nachschüssige Rente zu beziehen. Wie groß ist diese Rente?

Lösung:

Die Aufgabenstellung lässt sich wiederum anhand eines Zeitstrahls sehr gut verdeutlichen:

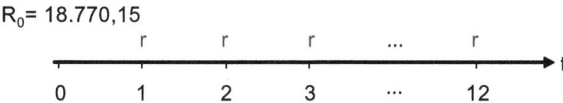

Ausgehend von der Rentenbarwertgleichung

$$R_0 = r \frac{q^n - 1}{i \cdot q^n}$$

formen wir diese nach r um und setzen die Werte ein:

$$r = R_0 \frac{i \cdot q^n}{q^n - 1} = 18.770,15 \frac{0,04 \cdot (1,04)^{12}}{(1,04)^{12} - 1} = 2.000 \text{ €}$$

Fragen wir nun nach der Laufzeit einer Rente. Auch hier wollen wir uns auf den Fall einer gleichbleibenden Rente konzentrieren. Es gilt wieder, die bekannte Rentenbarwertgleichung nach der Unbekannten aufzulösen.

Beispiel 1.10 (Laufzeit einer Rente)

Sie legen heute 6.002,06 € zu 4 % p. a. an. Wie oft können Sie aus diesem Kapital eine jährliche nachschüssige Rente in Höhe von 1.000 € beziehen?

Lösung:

Mit einem Zeitstrahl wollen wir uns wieder das gestellte Problem verdeutlichen:

Ausgehend von der Rentenbarwertgleichung,

$$R_0 = r \frac{q^n - 1}{i \cdot q^n}$$

Formen wir diese nach n um und setzen die Werte ein: n

$$n = \frac{\ln\left(\dfrac{r}{r - i \cdot R_0}\right)}{\ln q} = \frac{\ln\left(\dfrac{1.000}{1.000 - 0,04 \cdot 6.002,06}\right)}{\ln 1,04} = 7 \text{ Jahre}$$

$$r_1 \qquad r_2 \qquad r_3 \quad \cdots \quad r_{n-1} \quad \cdots \quad r_n$$

$$0 \qquad 1 \qquad 2 \qquad 3 \quad \cdots \quad n\text{-}1 \qquad n \longrightarrow t$$

Abb. 1.8 Veränderliche Rente als vorschüssige Zahlungsreihe. (Quelle: eigene Darstellung)

$$r_1 q \qquad r_2 q \qquad r_3 q \quad \cdots \quad r_{n-1} q \qquad r_n q$$

$$0 \qquad 1 \qquad 2 \qquad 3 \quad \cdots \quad n\text{-}1 \qquad n \longrightarrow t$$

Abb. 1.9 Transformierte veränderliche Rente. (Quelle: eigene Darstellung)

Die Frage nach dem Zinssatz bei der Rentenrechnung gestaltet sich etwas schwieriger. Wir müssen die Nullstelle der Rentenbarwertfunktion bestimmen. Da wir es aber bei der Rentenbarwertformel mit einer polynomen Gleichung n-ten Grades zu tun haben, lässt sich die Gleichung nicht analytisch nach i auflösen. Hier müssen wir mit Näherungs- bzw. Iterationsverfahren arbeiten, wie z. B. das Newton- bzw. Tangentenverfahren oder das Sekantenverfahren, auch Regula falsi genannt. (Der interessierte Leser sei an Kruschwitz 2010, S. 290 ff. verwiesen.) Die Nullstellenbestimmung von Rentenzahlungen wollen wir an dieser Stelle nicht weiter vertiefen. Im Zusammenhang mit der dynamischen Investitionsrechnung wird uns die Nullstellenbestimmung bei der Internen-Zinsfuß-Methode wieder begegnen (vgl. Abschn. 2.3.4).

Stattdessen wollen wir uns der vorschüssigen Rente zuwenden. Die Renten werden zu Beginn einer Periode gezahlt. Der Zeitstrahl in Abb. 1.8 soll den Sachverhalt verdeutlichen:

Um die gleichen Formeln wie bei der nachschüssigen Rente verwenden zu können, bedienen wir uns eines Tricks. Wir überführen die vorschüssige in eine nachschüssige Zahlungsreihe, indem wir die vorschüssige Rente mit dem Zinsfaktor q multiplizieren (vgl. Abb. 1.9). Damit haben wir die Rente zu Beginn der Periode auf das Ende der Periode transformiert. Ökonomisch gesprochen, legen wir die Rente 1 Jahr zum Jahreszinssatz an.

Nun können problemlos die bekannten Gleichungen für veränderliche Renten

$$R_0 = \sum_{t=1}^{n} \frac{r_t \cdot q}{q^t} = \sum_{t=1}^{n} r_t \cdot q^{-t+1} \tag{1.22}$$

bzw. für gleichbleibende Renten verwendet werden:

$$R_0 = r \cdot q \, \frac{q^n - 1}{i \cdot q^n} \tag{1.23}$$

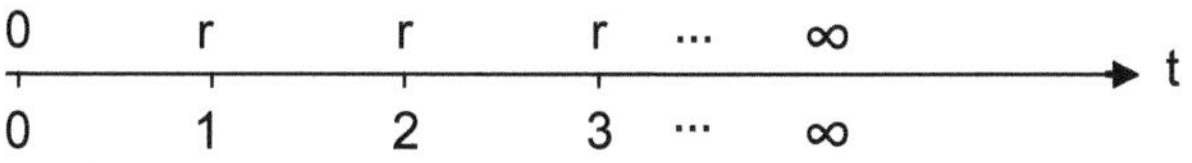

Abb. 1.10 Unendliche gleichbleibende Rente. (Quelle: eigene Darstellung)

Beispiel 1.11 (Gleichbleibende vorschüssige Rente)

Ihre Eltern möchten Sie gerne in Ihrer dreijährigen BA-Ausbildung mit einem jährlichen vorschüssigen Zuschuss in Höhe von 12.000 € unterstützen. Wie viel Kapital müssen Ihre Eltern zu Beginn Ihres Studiums bei einer jährlichen Verzinsung von 4 % angespart haben?

Lösung:

Zunächst machen wir uns wieder mittels eines Zeitstrahls das Problem klar:

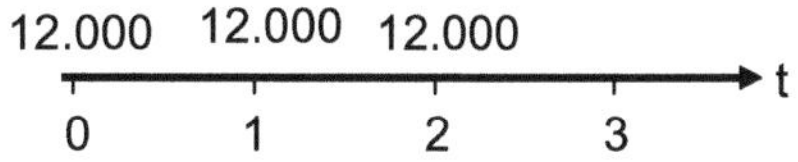

Mittels der modifizierten Rentenbarwertformel lösen wir die Aufgabe

$$R_0 = r \cdot q \frac{q^n - 1}{i \cdot q^n} = 12.000 \cdot 1{,}04 \frac{1{,}04^3 - 1}{0{,}04 \cdot 1{,}04^3} = 34.633{,}14 \,€$$

Im Vergleich zur nachschüssigen Rente, fällt der finanzielle Nachteil (bezogen auf den zu zahlenden Betrag) bei vorschüssiger Rentenzahlung auf. Er beträgt in unserem Beispiel 1.332,05 € (vgl. Beispiel 1.7 und 1.11). Diese Differenz ist darauf zurückzuführen, dass das Anfangskapital bei vorschüssiger Zahlung 1 Jahr weniger verzinst wird als bei nachschüssiger Zahlungsweise. Es gilt 33.301,09 · 4 % = 1.332,04 €.

Wenden wir uns zum Schluss noch einem Spezialfall innerhalb der gleichbleibenden Rente zu: der ewigen Rente. Der Zeitstrahl in Abb. 1.10 verdeutlicht das Problem, wobei wieder eine nachschüssige Rente unterstellt wird:

Der Rentenbarwert einer ewigen nachschüssigen Rente ist nichts anderes als der Quotient aus Rente und Zinssatz. Ausgehend von der Rentenbarwertformel:

$$R_0 = r \frac{q^n - 1}{i \cdot q^n} = r \left(\frac{1}{i} - \frac{1}{i \cdot q^n} \right) \tag{1.24}$$

nehmen wir eine Grenzwertbetrachtung vor:

$$R_0 = r \cdot \lim_{n \to \infty} \left(\frac{1}{i} - \frac{1}{i \cdot q^n} \right) \tag{1.25}$$

Als Ergebnis erhalten wir:

$$R_0 = \frac{r}{i} \tag{1.26}$$

Beispiel 1.12 (Rentenbarwert einer ewigen, gleichbleibenden Rente)

Sie interessieren sich für ein Grundstück, für das eine jährliche ewige Erbpacht in Höhe von 3.000 € nachschüssig zu zahlen ist. Die langfristigen Zinsen belaufen sich auf 5 % p. a. Wie groß ist der Gegenwartswert dieser ewigen Rente?
Lösung:

$$R_0 = \frac{r}{i} = \frac{3.000}{0,05} = 60.000\,€$$

Mit Hilfe des Rentenbarwerts könnten wir nun die Variante Erbpacht mit der Alternative des Sofortkaufs des Grundstücks, sofern vorhanden, vergleichbar machen. Je nachdem, welcher Wert kleiner ist, würden wir uns rational betrachtet für diese Alternative entscheiden. Bei diesem Vergleich geht man stillschweigend davon aus, dass der Zinssatz über den gesamten Zeitraum konstant bleibt. Eine praktische Anwendung dieses Sachverhalts findet sich bei der Glücksspirale, wo man die Wahl zwischen der Auszahlung eines Sofortgewinns oder einer lebenslangen Rentenzahlung hat.

1.2.3 Tilgungsrechnung

Die Tilgungsrechnung hat insbesondere in der Kreditfinanzierung einen hohen Stellenwert. Dabei ist es unerheblich, um was für eine Art von Kreditschuld (Bankdarlehen, Hypothekenkredit, Policendarlehen, Verbrauchsdarlehen oder Anleihe) es sich im Einzelnen handelt. Ziel der Tilgungsrechnung ist die Aufstellung eines vollständigen Tilgungsplanes, indem etwas über den zeitlichen Verlauf der Restschuld sowie der Zins- und Tilgungszahlung steht. Grundlage der Tilgungsrechnung ist die Zins- und Rentenrechnung. Wie bereits bei der Zins- und Rentenrechnung kennengelernt, wollen wir auch hier zwecks besserer Strukturierung zunächst die Kategorien der Tilgungsrechnung vorstellen:

- Zinszahlung Z_t im Zeitpunkt t
- Tilgungsrate T_t im Zeitpunkt t
- Annuität A_t im Zeitpunkt t
- Restschuld K_t im Zeitpunkt t
- Zinssatz i der Kreditschuld
- Laufzeit n der Kreditschuld

Unter der Annuität wird in der Finanzwelt eine gleichbleibende Zahlung im Zeitablauf verstanden. Sie ist damit identisch zu einer gleichbleibenden Rente. Es wird grundsätzlich zwischen drei verschiedenen Tilgungsformen unterscheiden:

- Ratentilgung
- Annuitätentilgung
- Gesamtfällige Tilgung

Bei der Ratentilgung sind die einzelnen zu zahlenden Raten über die Laufzeit konstant. Deswegen spricht man auch von gleichbleibender Tilgung. Formal gilt:

$$T = \frac{K_0}{n} = \text{const} \tag{1.27}$$

Das Charakteristische an der Annuitätentilgung ist, dass Zins- und Tilgungsrate zusammen im Zeitablauf konstant bleiben. Die einzelnen Zins- und Tilgungsraten je Jahr variieren dabei schon. Formal gilt für die Annuität:

$$A_t = Z_t + T_t = \text{const} \tag{1.28}$$

Die Tilgungsrate erhält man durch Umstellung der Gleichung nach T_t:

$$T_t = A_t - Z_t \tag{1.29}$$

Zur Berechnung der Annuität bedient man sich der Rentenrechnung. Da es sich bei der Annuität um eine gleichbleibende endliche Rente handelt, muss lediglich die Rentenbarwertformel nach der Rente r aufgelöst werden (vgl. Formel 1.13). Die Rente r ergibt sich folglich aus der Multiplikation mit dem Kehrwert des nachschüssigen Rentenbarwertfaktors (*RBFN*). Dieser Kehrwert wird auch Annuitätenfaktor (*ANNF*) bzw. Wiedergewinnungsfaktor genannt:

$$A = r = R_0 \frac{i \cdot q^n}{q^n - 1} = R_0 \cdot ANNF \tag{1.30}$$

Unabhängig von der gewählten Tilgungsform berechnen sich die Restschuld sowie die Zinszahlung eines Kredits. Die Höhe der Zinszahlung ergibt sich aus dem Produkt Restschuld der Vorperiode K_{t-1} als Bezugsgröße für die Zinsen und Zinssatz i:

$$Z_t = i \cdot K_{t-1} \tag{1.31}$$

Die Restschuld im Zeitpunkt t (K_t) wiederum ist die Differenz aus Restschuld der Vorperiode (K_{t-1}) und Tilgungsrate im Zeitpunkt t:

$$K_t = K_{t-1} - T_t \tag{1.32}$$

$$K_1 = K_0 - T_t = 2.500.000 - 500.000 = 2.000.000$$

Zum Schluss sei der Vollständigkeit halber erwähnt, dass die Summe aller Tilgungsraten die Anfangsschuld ergeben muss. Es gilt formal:

$$K_0 = \sum_{t=1}^{n} T_t \tag{1.33}$$

Des Weiteren ist die diskontierte Summe aller gezahlten Annuitäten die Anfangsschuld:

$$K_0 = \sum_{t=1}^{n} A_t (1 + i)^{-t} \tag{1.34}$$

Bei der gesamtfälligen Tilgung wird der Schuldbetrag regelmäßig am Ende der Laufzeit des Vertrags beglichen, weswegen diese Form der Tilgung auch als endfällige Tilgung bezeichnet wird. In der Praxis kommt diese Tilgungsform bei Anleihen vor. Am Ende der Laufzeit wird die anfängliche Schuld mit einem einzigen Geldbetrag zurückgezahlt. Ebenso verhält es sich, wenn man bei seiner Lebensversicherung ein Darlehen auf seine Versicherungspolice aufnimmt (Policendarlehen). Während der Darlehenszeit sind lediglich die Zinsen in regelmäßigen Zeitabständen zu begleichen.

Beispiel 1.13 (Tilgungsrechnung)

Ein Unternehmen nimmt bei seiner Hausbank einen Kredit in Höhe von 2,5 Mio. € zu 7,25 % mit einer Laufzeit von 5 Jahren auf. Stellen Sie einen vollständigen Tilgungsplan für den Fall der a) Ratentilgung und b) Annuitätentilgung auf.

Lösung:

a) Ratentilgung:

$$T = \frac{K_0}{n} = \frac{2.500.000}{5} = 500.000$$

Die erste Zinszahlung beträgt:

$$Z_1 = i \cdot K_0 = 7,25\% \cdot 2.500.000 = 181.250$$

Daraus ergibt sich die Belastung:

$$A_1 = Z_1 + T_1 = 181.250 + 500.000 = 681.250$$

woraus sich wiederum die Restschuld berechnen lässt:

$$K_1 = K_0 - T_1 = 2.500.000 - 500.000 = 2.000.000$$

Der vollständige Tilgungsplan für die fünfjährige Laufzeit ergibt dann:

Jahr	Darlehensschuld in $t-1$	Zinsen	Tilgung	Annuität
1	2.500.000	181.250	500.000	681.250
2	2.000.000	145.000	500.000	645.000
3	1.500.000	108.750	500.000	608.750
4	1.000.000	72.500	500.000	572.500
5	500.000	36.250	500.000	536.250

Lösung:

b) Annuitätentilgung:
   Zunächst berechnen wir die Annuität:

$$A = K_0 \frac{i \cdot q^n}{q^n - 1} = 2.500.000 \cdot \frac{0,0725 \cdot 1,07525^5}{1,0752^5 - 1} = 613.813,71$$

Anschließend ermitteln wir die erste Zinsrate, die in der ersten Periode für die Raten- und Annuitätentilgung identisch ist:

$$Z_1 = 0,0725 \cdot 2.500.000 = 181.250$$

Nun können wir die erste Tilgungsrate bestimmen:

$$T_1 = A_t - Z_t = 432.563,71$$

Die Restschuld ergibt sich nun am Ende der ersten Periode zu:

$$K_1 = K_0 - T_1 = 2.067.436,29$$

Der vollständige Tilgungsplan lässt sich nun sukzessive aufbauen:

Jahr	Darlehensschuld in $t-1$	Zinsen	Tilgung	Annuität
1	2.500.000,00	181.250,00	432.563,71	613.813,71
2	2.067.436,29	149.889,13	463.924,57	613.813,71
3	1.603.511,72	116.254,60	497.559,11	613.813,71
4	1.105.952,61	80.181,56	533.632,14	613.813,71
5	572.320,47	41.493,23	572.320,47	613.813,71

1.3 Kontrollaufgaben

Aufgabe 1.1

Sie möchten nach 10 Jahren über ein Kapital von 100.000 € verfügen und dafür jedes Jahr einen festen Betrag sparen. Welchen Betrag müssen Sie dazu jährlich aufbringen, wenn Ihnen Ihre Bank 6 % p. a. Zinsen gibt? (Hinweis: Ihre erste Zahlung erfolgt am 01.01.2004, die letzte am 01.01.2013; am 31.12.2013 beträgt Ihr Guthaben 100.000 €.)

Aufgabe 1.2

Sie legen jährlich nachschüssig von Ihrem Arbeitslohn 500 € an. Sie arbeiten vom 26. bis zum 60. Lebensjahr, wobei Ihr Guthaben mit 6 % p. a. verzinst wird. Zum Ende des 65. Lebensjahres wollen Sie sich den bis dahin angesparten Wert (Zahlungen + Zins und Zinseszinsen) auszahlen lassen. Wie viel Geld werden Sie erhalten?

Aufgabe 1.3

a) Welchen heutigen Wert hat bei einem Zinssatz von $i = 3\%$ eine 10 Jahre lang nachschüssig zu zahlende Rente von jährlich 12.000 €?

b) Welchen Betrag müssen Sie heute auf ein Sparbuch (mit $i = 3\%$) einzahlen, um 10 Jahre lang jährlich am Ende des Jahres 6.000 € abheben zu können?

Aufgabe 1.4

Ein Darlehen von 80.000 € soll mit jährlich 9,5 % verzinst werden.

a) Das Darlehen soll in 15 Jahren durch gleich hohe jährliche Tilgungsraten zurückbezahlt werden. Wie viel Zinsen müssen insgesamt und wie viele am Ende des 10. Jahres bezahlt werden?

b) Das Darlehen soll in 15 Jahren durch gleich hohe jährliche Annuitäten getilgt werden. Wie hoch ist die jährliche Belastung? Wie viel wird am Ende des ersten Jahres getilgt?

c) In wie viel Jahren ist das Darlehen bei einer jährlichen Annuität von 10.000 € getilgt?

Aufgabe 1.5

Sie verfügen über ein Kapital von 200.000 €. Sie möchten das Geld in eine 20-jährige nachschüssige Rente anlegen (d. h. nach 20 Jahren ist das Kapital aufgebraucht). Wie hoch ist die jährliche nachschüssige Rente bei einem Zinssatz von 6 %?

Sie entscheiden sich nun mit Ihrem Kapital von 200.000 € alternativ für eine ewige Rente in Höhe von 10.000 € jährlich. Wie hoch muss der rechnerische Zinssatz dann sein?

Aufgabe 1.6

Herr Frei träumt von einer Weltreise, die voraussichtlich 10.000 € kosten wird. Er besitzt heute 8.000 €. Wie lange muss er sein Geld bei einem Zinssatz von 5 % p. a. anlegen, wenn

a) eine diskrete jährliche Zinseszinsrechnung,
b) eine stetige jährliche Zinseszinsrechnung unterstellt wird.

Aufgabe 1.7

Sie haben die Wahl zwischen zwei Angeboten. Entweder erhalten Sie

1. 1.000 € sofort oder
2. 300 € sofort und jeweils weitere 400 € nach Ablauf von einem sowie zwei Jahren.
   a) Angenommen der Zinssatz beträgt 5 % p. a. Für welches Angebot entscheiden Sie sich, wenn Sie nach maximalen Vermögen streben? Begründen Sie Ihre Antwort mithilfe des Barwertes.
   b) Bei welchem Zinssatz wären beide Alternativen gleich gut? Begründen Sie Ihre Antwort rechnerisch.

Aufgabe 1.8

Frau Witzig nimmt einen Kredit über 10.000 € bei ihrer Bank auf. Die Laufzeit des Kredits beträgt 10 Jahre und der Zinssatz liegt bei 10 % p. a. Wie hoch ist die jährliche gesamte Zahlung an die Bank, wenn Annuitätentilgung vereinbart wurde?

Investition

2

2.1 Grundlagen der Investitionsrechnung

Lernziele

Dieses Kapitel vermittelt:

- Die grundsätzlichen Aufgaben der Investitionsrechnung
- Unterschiedliche Verfahren der Investitionsrechnung

2.1.1 Investitionsbegriffe und -arten

Wenn es auch nicht den betriebswirtschaftlichen Investitionsbegriff, sondern eine Vielzahl unterschiedlicher Definitionen hierzu gibt, so soll doch zunächst die Frage untersucht werden, was überhaupt unter einer Investition zu verstehen ist. Handelt es sich um eine Investition, wenn ein Unternehmen Schulungsmaßnahmen zur Erhöhung der Fähigkeiten und Kenntnisse seiner Mitarbeiter durchführt? Gilt das Gleiche, wenn Unternehmensressourcen in eine Umstrukturierung oder finanzielle Mittel in die Werbung „investiert" werden? Oder handelt es sich nur dann um eine Investition, wenn Vermögensgegenstände erworben werden, die im Laufe der Nutzungsdauer abgeschrieben werden können?

Unterschiedliche Investitionsbegriffe führen zu unterschiedlichen Antworten auf diese Fragen. Folgt man dem **Bilanzorientierten Investitionsbegriff** (vgl. hierzu Mensch 2002, S. 2), so ist eine Investition eine Kapitalverwendungsentscheidung, die sich als Vermögensposten auf der Aktivseite der Bilanz widerspiegelt, während sich Finanzierungsentscheidungen in erster Linie als Disposition der Kapitalstruktur, also als Frage der Kapitalherkunft auf der Passivseite der Bilanz, zeigen (vgl. Abb. 2.1).

© Springer-Verlag Berlin Heidelberg 2016
U. Ermschel et al., *Investition und Finanzierung*, BA KOMPAKT,
DOI 10.1007/978-3-662-49009-9_2

Aktiva	Passiva
Vermögensstruktur	**Kapitalstruktur**
= Kapitalverwendung	= Kapitalherkunft
= Investition	= Finanzierung

Abb. 2.1 Investition und Finanzierung in der Bilanz. (Quelle: eigene Darstellung)

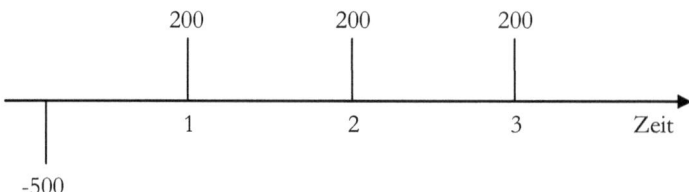

Abb. 2.2 Investition als Zahlungsreihe in der Zeit. (Quelle: eigene Darstellung)

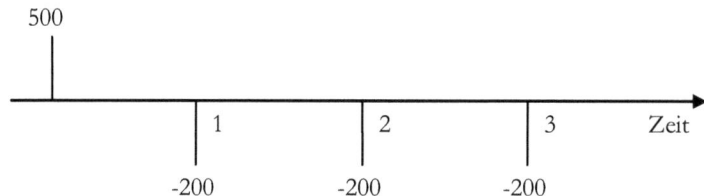

Abb. 2.3 Finanzierung als Zahlungsreihe in der Zeit. (Quelle: eigene Darstellung)

So führen gemäß diesem Begriff Investitionen immer zu Veränderungen der Bilanz: Ein Aktivtausch ergibt sich bei Vermögensumschichtungen, wenn also Investitionen mit bereits vorhandenen Mitteln durchgeführt werden, und eine Aktiv-Zeit Passiv-Mehrung ist dann gegeben, wenn für Investitionen solche Finanzierungsmaßnahmen ergriffen werden, die zum Zufluss neuer finanzieller Mittel führen. Aus dieser Sicht wären Schulungsmaßnahmen, Werbung oder Umstrukturierungen nicht als Investition, sondern lediglich als Kosten zu interpretieren.

Zu einem anderen Ergebnis gelangt man, wenn man den Zahlungsorientierten Investitionsbegriff zugrundelegt: Investitionen lassen sich immer als Reihe von Zahlungen darstellen, die i. d. R. mit einer Auszahlung beginnt (vgl. Götze 2008, S. 5) und über die Investitionsdauer zu Einzahlungsüberschüssen führt (vgl. Abb. 2.2). Unter Einzahlung wird gemäß kostenrechnerischer Definition dabei der Zugang liquider Mittel verstanden.

Finanzierungen hingegen lassen sich als genau gegensätzliche Zahlungsreihe darstellen (vgl. Abb. 2.3). Hier beginnt die Zahlenreihe mit einer Einzahlung und es folgen

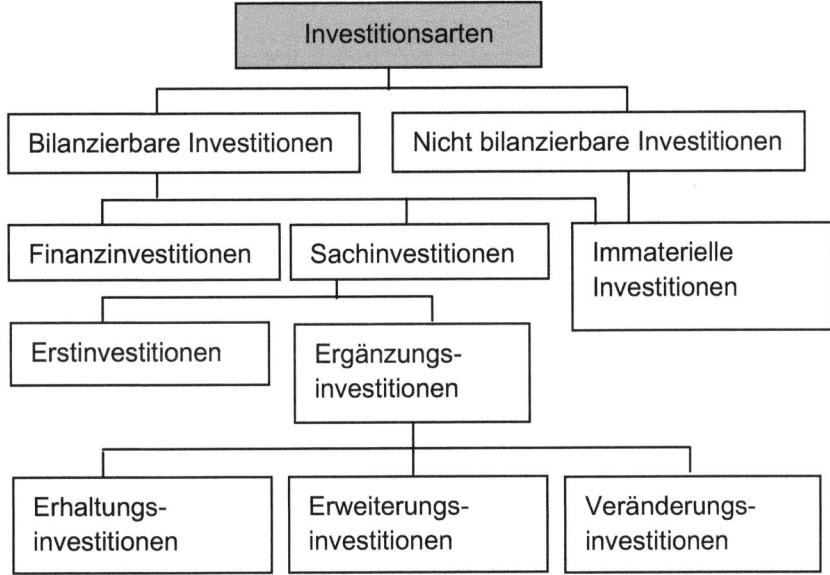

Abb. 2.4 Übersicht der Investitionsarten. (Quelle: eigene Darstellung nach Grob 2006, S. 4 und Zimmermann 2003, S. 12)

während der Finanzierungsdauer entsprechende Auszahlungen, wobei unter Auszahlungen demgemäß Abgänge liquider Mittel zu verstehen sind.

Der zahlungsorientierte Investitionsbegriff ist somit weiter gefasst als der bilanzorientierte Begriff. Auch Investitionen in Werbung, Umstrukturierungen oder Schulungsmaßnahmen führen zu Auszahlungen und werden deshalb getätigt, um zusätzliche Erlöse oder Verminderungen der Kosten zu erzielen, die sich an entsprechenden Einzahlungsüberschüssen messen lassen.

Verwendet man den weiteren zahlungsorientierten Investitionsbegriff, so lässt sich eine Vielzahl unterschiedlicher Typologien der Investitionsarten aufstellen. Eine Übersicht zeigt Abb. 2.4.

Bei Olfert und Reichel (2009a) findet man folgende Unterscheidungskriterien (vgl. Abb. 2.5):

Diese Investitionsarten lassen sich nun weiter aufgliedern: Während man unter den Begriff der objektbezogenen Investitionen Finanz- und Sachinvestitionen fassen kann, fallen unter nicht bilanzierbare, immaterielle Investitionen solche in Werbung, Ausbildung oder Forschung und Entwicklung. Sonstige Investitionen lassen sich z. B. nach zeitlicher Reichweite in operative, taktische oder strategische Investitionen differenzieren. Die wirkungsbezogenen Investitionen lassen sich entsprechend Abb. 2.6 systematisieren.

In dieser Darstellung erkennt man, dass die Gesamtheit der Investitionen (= Bruttoinvestitionen) sich in solche aufteilen lässt, die zur Erhaltung des Kapitalstocks notwendig sind, und solche, die zu einer Erhöhung dessen führen (= Nettoinvestitionen).

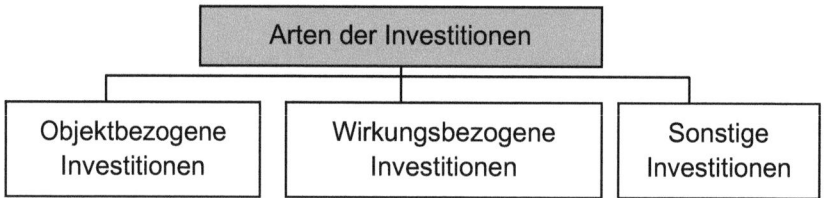

Abb. 2.5 Grundstruktur der Investitionsarten. (Quelle: eigene Darstellung nach Olfert und Reichel 2009a, S. 29)

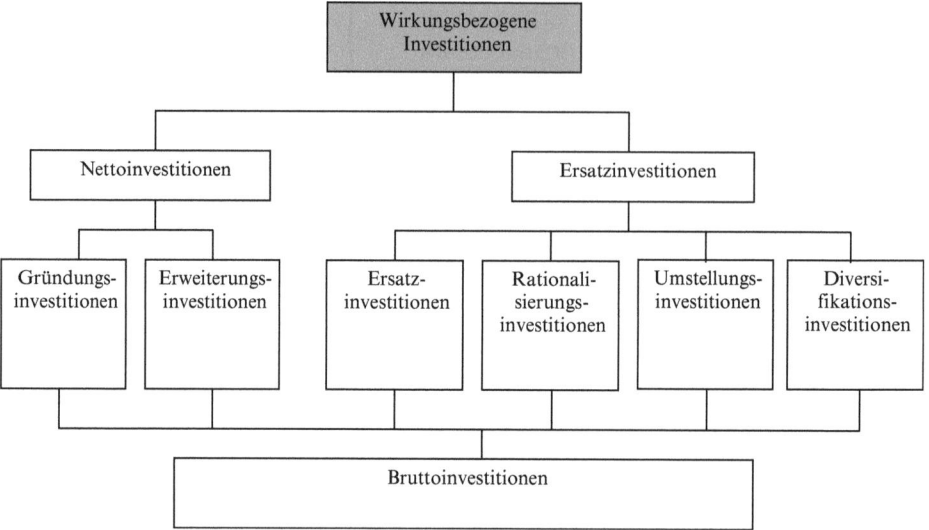

Abb. 2.6 Wirkungsbezogene Investitionen. (Quelle: vgl. Olfert und Reichel 2009a, S. 31)

2.1.2 Investition als Entscheidungsproblem

Sicherheit bedeutet, dass kein Zweifel am Eintreten eines bestimmten Ereignisses besteht. Investitionsentscheidungen sind jedoch i. d. R. mit dem Risiko behaftet, dass die angestrebten Zielsetzungen nicht erreicht werden. So herrscht Unsicherheit bezüglich wesentlicher Faktoren wie der tatsächlichen Höhe der Einzahlungen, der Auszahlungen, der Nutzungsdauer und der Entwicklung des Zinssatzes, der einen entscheidenden Einfluss auf die Profitabilität einer Investition hat (vgl. hierzu Däumler und Grabe 2007, S. 167). Insbesondere die Prognose des Umsatzes, also der Einzahlungsseite, ist schwierig und hängt damit zusammen, inwieweit ein Betriebstyp den Erwartungen seines Abnehmerkreises gerecht wird (vgl. Liebmann et al. 2008, S. 438). Allgemein gilt: Je größer die Anzahl der alternativen Umweltzustände, desto unkalkulierbarer ist die Unsicherheit

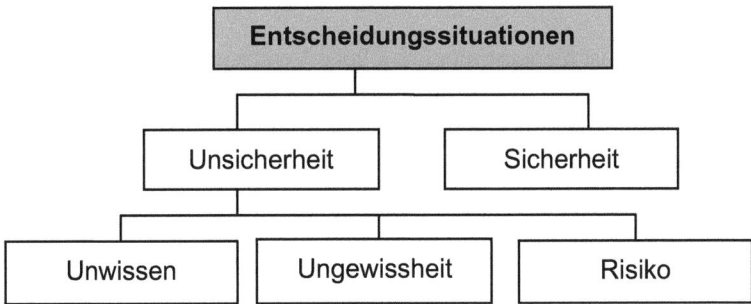

Abb. 2.7 Übersicht der Entscheidungssituationen. (Quelle: eigene Darstellung nach Olfert und Reichel 2009a, S. 29)

(vgl. Liebmann et al. 2008, S. 438). Diese Zustände der Unsicherheit lassen sich nun weiter differenzieren (vgl. Abb. 2.7).

So spricht man von Unwissen, wenn die zukünftigen Ereignisse unbekannt sind, von Ungewissheit, wenn man zwar Kenntnis über die möglichen Ereignisse hat, ihre Wahrscheinlichkeiten aber unbekannt sind, und von Risiko, wenn man mögliche Ereignisse und deren Wahrscheinlichkeit kennt (vgl. Thomas 2005, S. 29).

Nun wird an den meist angewandten Verfahren der Investitionsrechnung, bei denen unter Annahme sicherer Erwartungen kalkuliert wird, häufig kritisiert, dass die angenommenen Kalküle ohnehin nicht vorhersehbar sind, und hieraus gefolgert, dass man sich daher zumindest größeren Rechenaufwand sparen kann. Dem könnte man entgegen halten, dass durch den Einsatz der Investitionsrechenverfahren zumindest diejenigen Investitionsalternativen ausgeschlossen werden können, die unter der Annahme des Eintretens der Voraussagen im Hinblick auf die Zielsetzung auf jeden Fall ineffektiv und ineffizient sind. Dies ist gegenüber den in der betrieblichen Praxis mitunter vorzufindenden „Bauchentscheidungen" als Reduzierung von Unsicherheit zu sehen.

Die Bewertung der Investitionsalternativen und damit der Einsatz unterschiedlicher Rechenverfahren ist abhängig vom Entscheidungsproblem und von der quantitativen Zielsetzung des Unternehmens bzw. der Investoren (vgl. Olfert und Pischulti 2011, S. 193). Zwei Arten von Investitionsentscheidungen können sich stellen (vgl. Walz und Gramlich 2004, S. 24):

1. die Beurteilung isolierter Einzelprojekte (Wahleinzelentscheidungen) und
2. die von Kombinationen unterschiedlicher Investitions- und Finanzierungsprojekte zu einem Gesamtprogramm (Wahlprogrammentscheidungen)

Hierbei ergeben sich folgende konkrete Fragestellungen:

1. Ist eine Investition vorteilhaft? Die Vorteilhaftigkeit lässt sich entsprechend der Investitionsziele unterschiedlich definieren (vgl. Olfert und Reichel 2009a, S. 72):

- **Rentabilität**

  Ziel der Investoren ist hier eine möglichst hohe Verzinsung des eingesetzten Kapitals.

- **Vermögen**

  Der Investor strebt nach Reichtum. Im Gegensatz zur Rentabilität liegt der Fokus hier auf Geldeinheiten in Form von Cash.

- **Gewinn**

  Hierbei kann der absolute Gesamtgewinn oder der durchschnittliche Periodengewinn als Kriterium herangezogen werden.

- **Kosten**

  Sind einer Investition keine Einzahlungen zuzuordnen, so sind die mit ihr verbundenen Kosten ein mögliches Kriterium der Beurteilung.

- **Amortisationsdauer**

  Gemäß Sicherheitsstreben der Investoren ist die Alternative vorzuziehen, die den Rückfluss der verauslagten Mittel am schnellsten sicherstellt.

Die aufgeführten Ziele stehen zum Teil im Widerspruch zueinander: Renditestreben (Rentabilität, Vermögen, Gewinn) und gleichzeitig große Sicherheit (schnelle und sichere Amortisation des eingesetzten Kapitals) gepaart mit möglichst hoher Liquidität (jederzeitige Verfügbarkeit des eingesetzten Kapitals) lassen sich nicht ohne Weiteres miteinander verknüpfen. Sichere Investitionen sind oft unrentabel, rentable Investitionen dagegen oft langfristig und mit erhöhtem Risiko verbunden. Gemäß des „magischen Dreiecks", das dieses Spannungsfeld zwischen Rendite, Sicherheit und Liquidität symbolisieren soll (vgl. Abb. 2.8), muss sich der Investor gemäß seiner persönlichen Einstellung positionieren.

Abb. 2.8 „Magisches Dreieck" der Investitionsziele. (Quelle: eigene Darstellung)

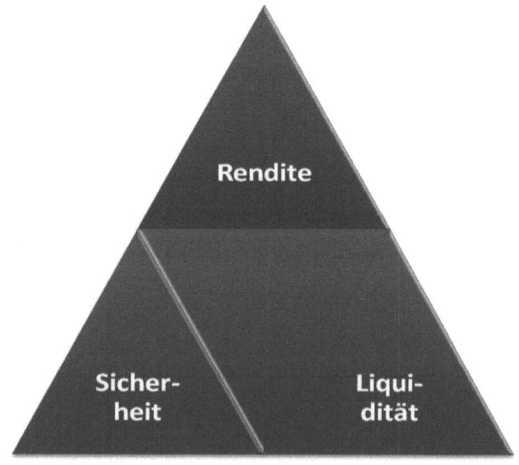

2. Welche Nutzungsdauer ist die vorteilhafteste? Bei der Beurteilung verschiedener Investitionsalternativen muss im Vorfeld auch eine Entscheidung über deren Nutzungsdauer getroffen werden (ex ante). Sowohl einzelne Investitionen als auch Investitionsketten aus identischen oder verschiedenen Folgeinvestitionen können je nach Nutzungsdauer unterschiedlich profitabel sein, denn sobald die noch zu erwartenden Einzahlungsüberschüsse einer Investition geringer sind als der mit der Weiternutzung verbundene Wertverlust, so ist eine Weiternutzung nicht sinnvoll.

3. Wann soll eine bereits getätigte Investition ersetzt werden? Diese als Ersatzproblem bekannte Fragestellung basiert auf den gleichen Zusammenhängen, unterscheidet sich aber darin, dass während der Nutzungsdauer immer wieder überprüft werden muss, ob ein vorzeitiger Ersatz sinnvoll ist.

Eine Übersicht über die Verfahren der Investitionsrechnung gibt Abb. 2.9. Im Folgenden soll zur Vereinfachung nur auf die klassischen Partialmodelle im Rahmen von Einzelinvestitionen eingegangen werden.

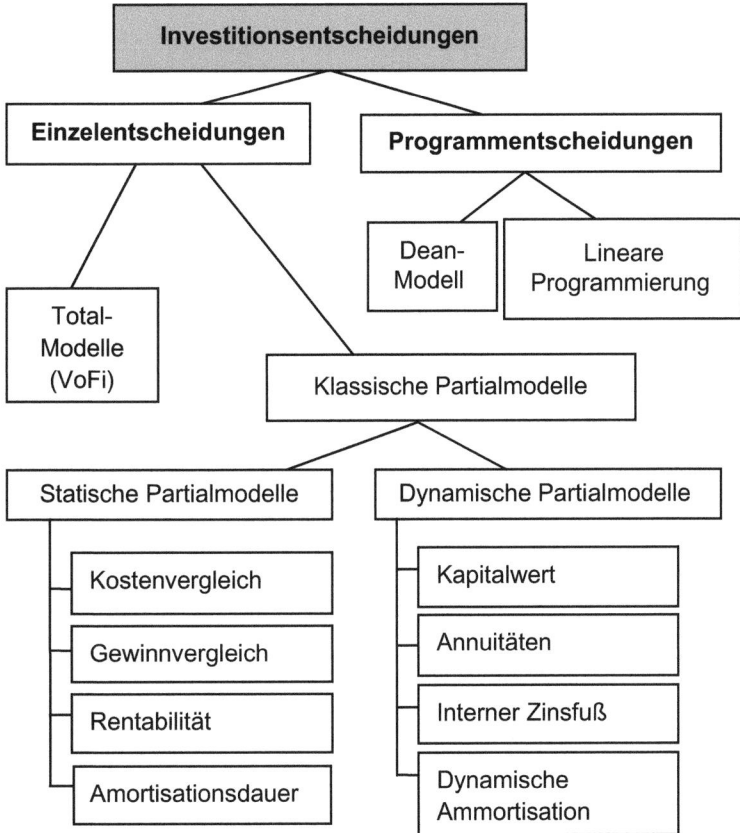

Abb. 2.9 Investitionsrechenmodelle unter Annahme sicherer Erwartungen. (Quelle: eigene Darstellung nach Walz und Gramlich 2004, S. 30)

2.2   Statische Verfahren der Investitionsrechnung

Lernziele

Dieses Kapitel vermittelt:

- Grundannahmen und Vorgehen der statischen Verfahren
- Vorteile und Schwächen der statischen Verfahren

2.2.1   Grundlagen der statischen Verfahren

Die statischen Verfahren finden trotz ihrer begrenzten Möglichkeiten in der Praxis weite
Verbreitung (vgl. Wöhe und Döring 2010, S. 595). Dies liegt zum großen Teil daran, dass
diese Verfahren mit geringem Rechenaufwand verbunden sind und dass es zur Durchführung wenig mathematischer Kenntnisse bedarf. Zum anderen ist es historisch bedingt,
da sich die statischen Investitionsrechenverfahren aus dem Rechnungswesen heraus
entwickelt haben.

Zu den Statischen Verfahren zählen die folgenden Methoden:

- Kostenvergleichsrechnung
- Gewinnvergleichsrechnung
- Rentabilitätsrechnung
- Statische Amortisationsrechnung

Allen gemeinsam sind die folgenden Grundannahmen:

1. Als für die Beurteilung einer Investition relevante Daten werden Ergebnisgrößen wie
   Kosten und Leistungen betrachtet.
2. Hierbei wird nicht die Summe der gesamten Kosten oder Leistungen über die Nutzungsdauer betrachtet, sondern die sich aus den jeweiligen Summen ergebenden Durchschnitts-
   größen pro Periode. Das bedeutet, dass diese Durchschnittsperiode als repräsentativ für
   alle zukünftigen Perioden angesehen wird (vgl. Ziegenbein 1989, S. 292).

Der zeitliche Anfall der mit der Investition anfallenden Zahlungen spielt dabei keine
Rolle. So ist es gemäß der statischen Verfahren gleichgültig, wann die anfallenden Kosten

Tab. 2.1 Zeitlicher Anfall von Zahlungen zweier Investitionen. (Quelle: eigene Darstellung)

Ein-/Auszahlungen	$t = 0$	$t = 1$	$t = 2$
Investition A	−13.000	10.000	5.000
Investition B	−13.000	5.000	10.000

und Leistungen innerhalb der Investitionsdauer realisiert werden. Die beiden in Tab. 2.1 dargestellten Investitionsalternativen werden somit als gleichwertig betrachtet.

Aus einfachen ökonomischen Überlegungen heraus liegt es auf der Hand, dass potenziellen Investoren Alternative A lieber wäre: Bei Alternative A sind durch die höhere Rückzahlung in $t = 1$ geringere Finanzierungskosten zu leisten oder ein höherer Zinsertrag in $t = 2$ zu erwarten Der Grund für die Vorteilhaftigkeit von Alternative A liegt in der Finanzmathematik bzw. der Zinsrechnung. Dies lässt sich aber im Rahmen der statischen Verfahren nicht abbilden, was auch schon einen Kritikpunkt an diesen Verfahren vorwegnimmt.

2.2.2 Kostenvergleichsrechnung

Vorgehensweise bei der Kostenvergleichsrechnung

Die Kostenvergleichsrechnung kann dann zur Anwendung kommen, wenn es um die Beurteilung solcher Investitionen geht, denen entweder keine Erlöse zugeordnet werden können oder deren Erlöse gleich sind. So würde z. B. die Anschaffung einer Reinigungsmaschine für die Produktionshallen eines Industriebetriebes keine am Markt verwertbaren Leistungen erbringen. Voraussetzung dabei sollte aber sein, dass die Qualität der durch die Investitionsalternativen ermöglichten Leistungen identisch ist.

Grundaussage des Kostenvergleichs ist, dass Investition A der Investition B dann vorzuziehen ist, wenn gilt (vgl. hierzu und im Folgenden Olfert und Reichel 2009a, S. 150 ff., sowie Rautenberg 1993, S. 93 ff.):

$$K_A < K_B \qquad (2.1)$$

mit:

K_A = Durchschnittliche Gesamtkosten pro Periode durch Investition A
K_B = Durchschnittliche Gesamtkosten pro Periode durch Investition B

Diese Kosten lassen sich weiter in fixe und variable Bestandteile aufgliedern:

$$K_A^f + K_A^v < K_B^f + K_B^v \qquad (2.2)$$

mit:

K_A^f und K_B^f als fixe Kostenbestandteile und K_A^v und K_B^v als variable Kostenbestandteile der Alternativen A und B.

Bei der Errechnung der fixen und variablen Bestandteile sind folgende Größen zu erfassen:

- Als variable Kosten einer Investitionsalternative sind die spezifisch für sie anfallenden Aufwendungen für Löhne, Material- oder Energieverbrauch zu erfassen. Sie werden im Folgenden mit *Kv* bezeichnet und beziehen sich immer auf die Durchschnittsperiode.
- Als fixe Kosten sind die mit der Investition verbundenen spezifischen Fixkosten wie z. B. solche, die sich durch Wartungsverträge o. Ä. ergeben, so wie die für alle Investitionen anfallenden kalkulatorischen Zinskosten und Abschreibungen zu erfassen.

Erfassung der Abschreibungen: Grundsätzlich wird von linearer, kalkulatorischer Abschreibung ausgegangen. Die Anschaffungskosten werden damit gleichmäßig auf die einzelnen Jahre der Nutzung verteilt (vgl. Weber und Weißenberger 2006, S. 415), wobei die dabei zu Grunde gelegte Nutzungsdauer nicht technisch, sondern wirtschaftlich bedingt festgelegt wird. So ergibt sich als Abschreibung der Periode (*AfA*):

$$AfA = \frac{I-L}{n} \tag{2.3}$$

mit:

I = Anschaffungswert
L = Restwert
n = Nutzungsdauer

Erfassung der Zinsen: Basis der Errechnung der (kalkulatorischen) Zinsen einer Investition ist das durchschnittlich pro Periode gebundene Kapital (vgl. Abb. 2.10).
Somit erhält man hierfür folgenden Ausdruck:

$$Durchschnittskapital = \frac{I+L}{2} \tag{2.4}$$

Hieraus ergeben sich als Zinskosten:

$$Zinskosten = \frac{I+L}{2} \cdot i \tag{2.5}$$

Fasst man nun die spezifischen Kosten einer Investition und die Zinsen und Abschreibungen zusammen, so sind die Durchschnittskosten K durch folgenden Ausdruck darstellbar:

$$K = K_f + \frac{I-L}{n} + \frac{I+L}{2} \cdot i + K_v \tag{2.6}$$

Das Beispiel aus Tab. 2.2 verdeutlicht das Vorgehen.

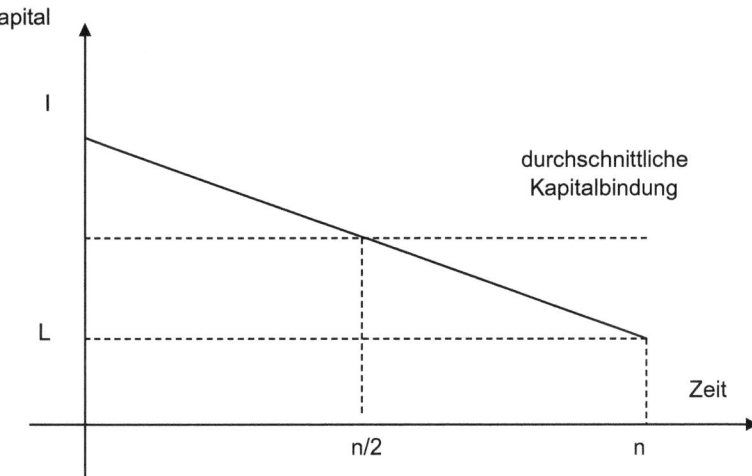

Abb. 2.10 Durchschnittlich gebundenes Kapital durch eine Investition. (Quelle: eigene Darstellung)

Tab. 2.2 Kostenvergleich zweier Anlagen. (Quelle: eigene Darstellung)

Kosten pro Jahr	Anlage 1	Anlage 2
1. Daten der Anlage		
Anschaffungswert	74.600	116.500
Nutzungsdauer (Jahre)	8	10
2. Fixkosten		
AfA/Jahr	9.325	11.650
Zinsen (10 %)	3.730	5.825
sonstige Fixkosten	1.200	1.900
Summe Fixkosten	14.255	19.375
3. Variable Kosten		
Löhne	17.490	8.450
Betriebsstoffe	3.750	4.300
Energiekosten	2.050	2.940
Summe variable Kosten	23.290	15.690
4. Gesamtkosten	37.545	35.065

Der Vergleich zweier Investitionen mit unterschiedlicher Nutzungsdauer stellt kein Problem dar, wenn man davon ausgeht, dass nach Abschluss der Investition mit der kürzeren Nutzungsdauer eine zumindest gleichwertige Anschlussinvestition getätigt werden kann, die dann mindestens zu gleich niedrigen Kosten verläuft. Daher kann man beim Vergleich der Investitionen von durchschnittlichen Kosten pro Periode ausgehen.

Kostenvergleich beim Ersatzproblem

Eine häufige Anwendungssituation der Kostenvergleichsrechnung stellt das Ersatzproblem dar. Hier ist die Frage zu klären, ob eine bereits durchgeführte Investition eine
weitere Periode fortgeführt oder ob eine Ersatzinvestition getätigt werden sollte. Ziel
dieses Investitionscontrolling ist es, den Erfolg ständig zu überprüfen und notwendige
Entscheidungen zu treffen (vgl. Heyd 2000, S. 76). So vergleicht man die Kosten einer
neuen Investitionsalternative (neue Anlage), die auf die bereits gezeigte Art erfasst
werden, mit denen der vorhandenen Investition (alte Anlage), wobei diese aus den
spezifischen fixen und variablen Kosten, den für die nächste Periode anfallenden Zinsen
des gebundenen Kapitals und dem im Lauf der nächsten Periode zu erwartenden Wertverlust bestehen. Existiert zum Zeitpunkt der Prüfung kein Restwert für die alte Anlage
mehr, so ist zu klären, ob gilt (vgl. im Folgenden Rautenberg 1993, S. 109 ff.):

$$K_f^A + K_v^A < K_f^N + \frac{I^N - L^N}{n} + \frac{I^N + L^N}{2} \cdot i + K_v^N \tag{2.7}$$

mit:

K_f^A = spezifische Fixkosten der alten Anlage
K_v^A = spezifische variable Kosten der alten Anlage
K_f^N = spezifische Fixkosten der neuen Anlage
K_v^N = spezifische variable Kosten der neuen Anlage
I^N = Anschaffungswert der neuen Anlage
L^N = Restwert der neuen Anlage

Ist dies der Fall, so ist die bisherige Investition fortzuführen. Existiert zum Zeitpunkt
der Prüfung jedoch bei der alten Anlage ein Restwert, so ergibt sich folgender Zusammenhang zur Klärung:

$$\begin{aligned} K_f^A + \left(L_0^A - L_1^A\right) + \frac{L_0^A + L_1^A}{2} \cdot i + K_v^A \\ < K_f^N + \frac{I^N - L^N}{n} + \frac{I^N + L^N}{2} \cdot i + K_v^N \end{aligned} \tag{2.8}$$

mit:

L_0^A = Restwert der alten Anlage zum aktuellen Zeitpunkt
L_1^A = Restwert der alten Anlage zum Ende der nächsten Periode

Ist dies der Fall, so ist auch hier die bisherige Investition fortzuführen. Das nachfolgende Beispiel (vgl. Tab. 2.3) soll das Vorgehen des Kostenvergleichs beim Ersatzproblem verdeutlichen.

Tab. 2.3 Kostenvergleich beim Ersatzproblem. (Quelle: eigene Darstellung)

Kosten pro Jahr	Alte Anlage	Neue Anlage
1. Daten der Anlage		
Anschaffungswert	154.500	244.000
Nutzungsdauer (Jahre)	7	7
Restnutzungsdauer	3	7
Zinssatz	10 %	10 %
Restbuchwert alte Anlage:		
$t_0 = 40.000\ t_1 = 20.000$		
2. Fixkosten		
AfA/Jahr		34.857
Zinsen (10 %)	3.000	12.200
Liquidationsverlust ($L_0 - L_1$)	20.000	
Summe Fixkosten	23.000	47.057
3. Variable Kosten	62.550	48.078
4. Gesamtkosten	85.550	95.135

Im Beispiel ist die Beibehaltung der alten Anlage für ein weiteres Jahr kostengünstiger.

Unterschiedliche Kostenstruktur

Beim Vergleich alternativer Anlagen spielt die geplante Kapazitätsausnutzung eine wichtige Rolle. Unterscheiden sich zwei Investitionen in ihrer Kostenstruktur, so lässt sich für jede Investition ein Nutzungsbereich angeben, innerhalb dessen sie die günstigere Alternative ist. Folgendes Beispiel veranschaulicht dies (vgl. hierzu Rautenberg 1993, S. 93 ff.):

Seien die Kostenfunktionen der Investitionen 1 und 2 durch folgende Ausdrücke gegeben:

$$K_1 = 16.500 + 2,39 \cdot X \quad \text{und} \quad K_2 = 23.570 + 1,50 \cdot X$$

Man erkennt, dass mit Investition 1 im Vergleich zu Investition 2 zwar geringere Fixkosten, dafür aber höhere variable Stückkosten verbunden sind.

So unterscheiden sich beide Kostenfunktionen in Achsenabschnitt und Steigung und haben damit einen Schnittpunkt. Setzt man beide Funktionen gleich, so erhält man diesen Punkt gleicher Kosten (kritische Menge) für die Ausbringungsmenge $X = 7.944$ (vgl. Abb. 2.11). Der Investor muss also planen, welche Kapazität er auf Dauer nutzen wird, um entscheiden zu können, welche Investition für ihn günstiger ist.

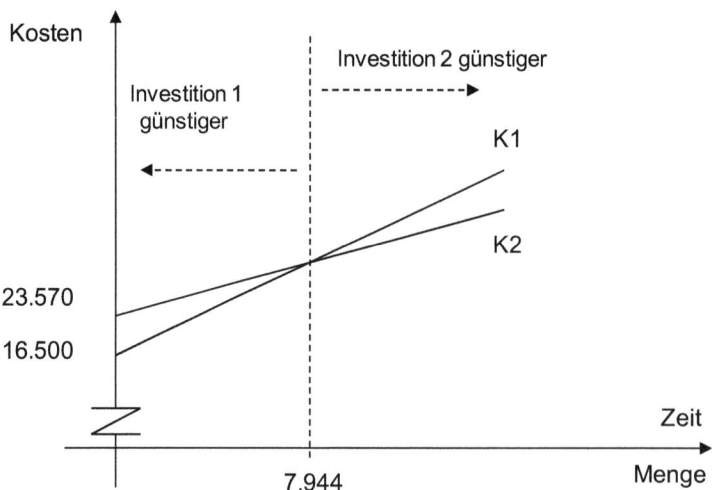

Abb. 2.11 Ermittlung der kritischen Menge. (Quelle: eigene Darstellung)

2.2.3 Gewinnvergleichsrechnung

Nur dann, wenn „bei allen Investitionsalternativen der zurechenbare Nettoerlös pro Stück gleich ist sowie die Produktions- und Absatzmenge ebenfalls nicht von der Alternativenwahl abhängt, stimmen kostengünstigste und gewinngünstigste Alternative überein" (Troßmann 1998, S. 95). Für den Fall, dass diese Bedingungen nicht erfüllt sind, ist die Kostenvergleichsrechnung also nicht anwendbar. Hier setzt die Gewinnvergleichsrechnung an, die die Erweiterung der Kostenvergleichsrechnung um die Erfolgsseite darstellt. Quantitative und qualitative Unterschiede von Investitionsalternativen, die sich in unterschiedlichen Erlösen widerspiegeln, werden durch dieses Verfahren erfasst.

Vorteilhaftigkeitskriterium ist somit der durchschnittliche Periodengewinn der Alternativen. Er errechnet sich wie folgt (vgl. hierzu und im Folgenden Rautenberg 1993, S. 101 ff.):

$$G = E - K \tag{2.9}$$

mit:

$G =$ Periodengewinn
$E =$ Periodenerlös und
$K =$ durchschnittliche Periodengesamtkosten

Dies lässt sich detailliert darstellen, in dem man vom Erlös ($=$ Preis $\cdot$ Menge) die aus der Kostenvergleichsrechnung bekannten Kosten subtrahiert:

Tab. 2.4 Gewinnvergleich zweier Investitionen. (Quelle: eigene Darstellung)

	Anlage 1	Anlage 2
1. Daten der Anlage		
Anschaffungswert	75.500	122.000
Nutzungsdauer (Jahre)	7	9
2. Fixkosten		
AfA/Jahr	10.786	13.556
Zinsen (10 %)	3.775	6.100
sonstige Fixkosten	1.100	1.850
Summe Fixkosten	15.661	21.506
3. Variable Kosten		
Löhne	16.900	8.400
Betriebsstoffe	3.730	3.900
Energiekosten	1.850	2.790
Summe variable Kosten	22.480	15.090
4. Gesamtkosten	38.141	36.596
5. Erlöse		
Preis	6,55	4,85
Mengen	12.500	13.990
Erlöse	81.875	67.852
6. Gewinn	43.734	31.256

$$G = P \cdot X - K_f - \frac{I - L}{n} - \frac{I + L}{2} \cdot i - K_v \tag{2.10}$$

mit:

P = Preis und
X = Menge

Das in Tab. 2.4 dargestellte Beispiel soll das Vorgehen veranschaulichen. Man erkennt, dass die Kostennachteile, die mit Anlage 1 verbunden sind, durch die erheblich höheren Erlöse mehr als kompensiert werden und man sich nach Gewinnvergleichsrechnung für diese Investition entscheiden wird.

2.2.4 Rentabilitätsvergleichsrechnung

Vorgehensweise bei der Rentabilitätsvergleichsrechnung

Steht nicht mehr die absolute Höhe der durchschnittlichen Periodengewinne im Vordergrund, sondern soll eine möglichst hohe Verzinsung des eingesetzten Kapitals erzielt werden, so bietet sich als Methode zur Feststellung der Vorteilhaftigkeit von

Investitionsalternativen die Rentabilitätsrechnung an (vgl. hierzu im Folgenden Rautenberg 1993, S. 103–106). Indem der zu erzielende Gewinn ins Verhältnis zum investierten
Kapital gesetzt wird, der Erfolg also in Relation zum Einsatz bewertet wird, berücksichtigt dieses Verfahren, dass Kapital nicht unbeschränkt verfügbar ist.

Vorteilhaftigkeitskriterium: Die im Rahmen der Rentabilitätsrechnung ermittelte
Verzinsung (r) des eingesetzten Kapitals einer Investition wird bei Verwendung von
Eigenkapital mit der Verzinsung verglichen, die sich durch im Risiko vergleichbare
Anlage auf dem Kapitalmarkt ergeben würde. Findet Fremdkapital zur Finanzierung
der Investition Anwendung, so wird mit dem hierfür zu zahlenden Fremd-
kapitalzinssatz verglichen. Wird durch Eigen- und Fremdkapital finanziert, muss ein
entsprechend ermittelter Mischzinssatz aus Eigenkapitalzinssatz und Fremd-
kapitalzinssatz als Vergleich herangezogen werden. (Üblicher Zinssatz ist hierbei
der sogenannte WACC (Weighted Average Cost of Capital). Vergleiche hierzu Groll
2003, S. 40 ff.)

Somit ergeben sich folgende Entscheidungsregeln:

1. Gilt für die ermittelte Rentabilität r:
   $r \geq$ Vergleichszinssatz, so ist eine Investition vorteilhaft.
2. Liegen mehrere Alternativen vor, so ist die mit der höchsten Rentabilität zu wählen,
   sofern für sie die unter 1. genannte Bedingung erfüllt ist.

Errechnung der Rentabilität: Als Gewinngröße dient der aus der Gewinnvergleichsrechnung bekannte Ausdruck. Da aber mit den jeweiligen Kapitalkosten verglichen wird, die von Unternehmen zu Unternehmen je nach Kapitalstruktur unterschiedlich
hoch sein können, dürfen diese Kapitalkosten in der Gewinnermittlung nicht bereits
abgezogen sein. Falls doch, muss der entsprechende Gewinn um die Zinskosten wieder
erhöht werden (= Gewinn vor Zinsen).

Als Kapitalgröße kommt gemäß Durchschnittsprinzip der statischen Verfahren nur das
durchschnittlich gebundene Kapital in Frage. So ergibt sich zur Errechnung der Rentabilität r folgender Ausdruck:

$$r = \frac{P \cdot X - K_f - \frac{I-L}{n} - K_v}{\frac{I+L}{2}} \tag{2.11}$$

bzw. anders dargestellt:

$$r = \frac{2 \cdot \left(P \cdot X - K_f - \frac{I-L}{n} - K_v\right)}{I + L} \tag{2.12}$$

Das Beispiel in Tab. 2.5 zeigt die Systematik.

Tab. 2.5 Rentabilitätsvergleich zweier Investitionen. (Quelle: eigene Darstellung)

	Anlage 1	Anlage 2
1. Daten der Anlage		
Anschaffungswert	75.500	122.000
Nutzungsdauer (Jahre)	7	7
2. Fixkosten		
AfA/Jahr	10.786	17.429
sonstige Fixkosten	1.100	1.850
Summe Fixkosten	11.886	19.279
3. Variable Kosten		
Löhne	30.550	15.400
Betriebsstoffe	13.730	13.900
Energiekosten	15.850	10.790
Summe variable Kosten	60.130	40.090
4. Gesamtkosten	72.016	59.369
5. Erlöse		
Preis	6,55	5,2
Menge	12.500	13.990
Erlöse	81.875	72.748
6. Gewinn (vor Zinsen)	9.859	13.379
7. Durchschnittliche Kapitalbindung	37.750	61.000
8. Rentabilität in %	26,12	21,93

Ergänzungsinvestitionen bei unterschiedlichen Anschaffungswerten

In Tab. 2.5 fällt auf, dass die beiden miteinander verglichenen Investitionen in ihren Anschaffungswerten stark differieren. Soll ein Vergleich aussagekräftig sein, so muss (zumindest bei Einsatz von Eigenkapital) bei Errechnung der Rentabilitäten beachtet werden, mit welchem Zinssatz der Differenzbetrag der Anschaffungswerte (hier 46.500 €) angelegt werden kann. Was nutzt es schließlich, wenn ein Teil des zur Verfügung stehenden Kapitals zwar über die Investition rentabel verzinst wird, der übrige Teil des Kapitals aber „brach liegt"? Es muss somit eine Ergänzungsinvestition über den Differenzbetrag ins Kalkül einbezogen werden (vgl. Tab. 2.6). Eine denkbare Variante ist beispielsweise die Anlage am Geld- bzw. Kapitalmarkt.

2.2.5 Statische Amortisationsrechnung

Steht für den Investor aufgrund von Sicherheitsstreben die Frage im Vordergrund, wie lange es dauert, bis die durch eine Investition verauslagten Mittel wieder über den Erlösprozess ins Unternehmen zurück fließen, lässt sich als Messinstrument die Amortisationsdauer

Tab. 2.6 Rentabilitätsvergleich mit Ergänzungsinvestition. (Quelle: eigene Darstellung)

	Anlage 1	Anlage 2
1. Daten der Anlage		
Anschaffungswert	75.500	122.000
Nutzungsdauer (Jahre)	7	7
2. Fixkosten		
AfA/Jahr	10.786	17.429
sonstige Fixkosten	1.100	1.850
Summe Fixkosten	11.886	19.279
3. Variable Kosten		
Löhne	30.550	15.400
Betriebsstoffe	13.730	13.900
Energiekosten	15.850	10.790
Summe variable Kosten	60.130	40.090
4. Gesamtkosten	72.016	59.369
5. Erlöse		
Preis	6,55	5,2
Mengen	12.500	13.990
Erlöse	81.875	72.748
6. Gewinn (vor Zinsen)	9.859	13.379
7. Durchschnittliche Kapitalbindung	37.750	61.000
8. Rentabilität in %	26,12	21,93
9. Ergänzungsinvestition	46.500	–
10. Rentabilität der Ergänzungsinvestition in % (Wert vorgegeben)	10,20	–
1. Gesamtrentabilität in %	20,05	21,93

anwenden (vgl. hierzu Rautenberg 1993, S. 106–109). Hierbei sind verschiedene Ansätze möglich:

Betrachtet man die erwarteten Periodengewinne in ihrer absoluten Höhe im zeitlichen Ablauf, so kann man die Amortisationsdauer durch Gegenüberstellung der kumulierten Durchschnittsgewinne (vor Abschreibungen) mit der Anschaffungsauszahlung ermitteln (vgl. Abb. 2.12).

Man erkennt, dass die Amortisationsdauer im Beispiel 3 Jahre und 6 Monate beträgt. „Als einziges der Praktikerverfahren schaut die Amortisationsrechnung – auch Pay-off-Methode genannt – über den Tellerrand einer repräsentativen Einzelperiode hinaus" (Wöhe und Döring 2010, S. 598). Dies gilt allerdings nicht uneingeschränkt, wenn die Amortisationsdauer (wie in Formel (2.13) bzw. (2.14) dargestellt) dadurch ermittelt wird, dass die Anschaffungsauszahlung ins Verhältnis zum durchschnittlichen Periodengewinn gesetzt wird.

Abb. 2.12 Ermittlung der Amortisationsdauer durch Kumulation der Periodengewinne. (Quelle: eigene Darstellung)

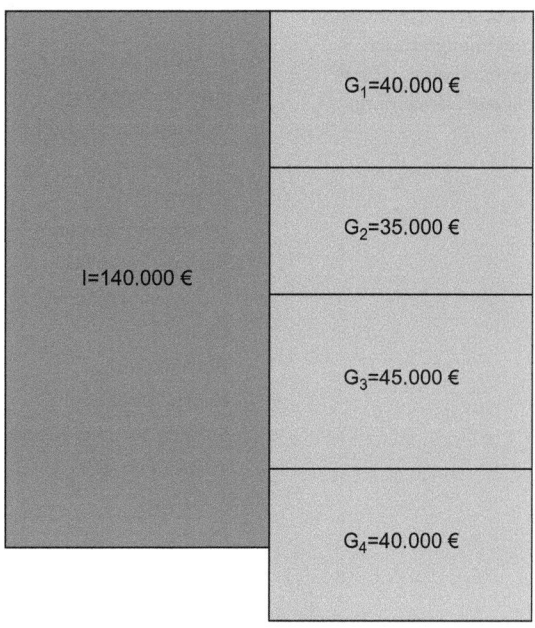

$I=140.000 €$

$G_1=40.000 €$

$G_2=35.000 €$

$G_3=45.000 €$

$G_4=40.000 €$

Mit I als Anschaffungsauszahlung und
G1 bis G4 Periodengewinne

$$t^* = \text{Amortisationsdauer} = \frac{I}{G+AfA} \tag{2.13}$$

$$G = P \cdot X - K_v - K_f - i \cdot \frac{I+L}{2} \tag{2.14}$$

Die Abschreibungen werden auch in dieser Variante dem Gewinn wieder hinzugerechnet, da sie nicht zu Auszahlungen führen. Ist eine Investition nur durch Eigenkapital finanziert, sodass es zu keinen Auszahlungen für Zinsen kommt, oder möchte man nur die reine operative Ertragskraft der Investition über die Amortisationszeit messen, so kann als Ertragsgröße auch der Gewinn vor Zinsen verwendet werden. Tab. 2.7 zeigt das Verfahren am bereits bekannten Beispiel.

Die maximale Amortisationsdauer ist (im Zusammenhang mit dem gewählten Verfahren) durch die diesbezüglichen Vorstellungen der Investoren festgelegt. Ist die Amortisationsdauer jedoch länger als die Nutzungsdauer, so reicht diese nicht aus, um die verauslagten Mittel wieder ins Unternehmen zurückfließen zu lassen. Die Investition ist dann mit Verlust verbunden.

In beiden oben dargestellten Varianten wurde den Periodengewinnen die Anschaffungsauszahlung gegenübergestellt. Man findet aber auch häufig den Ansatz, die Anschaffungsauszahlung bei der Berechnung der Amortisationsdauer um den nach Ablauf

Tab. 2.7 Amortisationsrechnung zweier Investitionen. (Quelle: eigene Darstellung)

	Anlage 1	Anlage 2
1. Daten der Anlage		
Anschaffungswert	75.500	122.000
Nutzungsdauer (Jahre)	7	7
2. Fixkosten		
Zinsen (10 %)	3.775	6.100
sonstige Fixkosten	1.100	1.850
Summe Fixkosten	4.875	7.950
3. Variable Kosten		
Löhne	30.550	15.400
Betriebsstoffe	13.730	13.900
Energiekosten	15.850	10.790
Summe variable Kosten	60.130	40.090
4. Gesamtkosten	*65.005*	*48.040*
5. Erlöse		
Preis	6,55	5,2
Mengen	12.500	13.990
Erlöse	81.875	72.748
6. Gewinn (vor AfA)	16.870	24.708
7. Amortisationsdauer (Perioden)	4,48	4,94

der Investitionsdauer zu erwartenden Restwert zu reduzieren. Hierfür spricht, dass die Realisation dieses Restwertes i. d. R. nicht vom Investitionserfolg abhängig und daher mit weniger Risiko belastet ist. Dagegen spricht allerdings, dass auch dieser Restwert zum gebundenen Kapital zählt und er als Einzahlungsüberschuss interpretierbar ist, der erst zum Ende der Investitionsdauer erfolgt.

2.3   Dynamische Investitionsrechenverfahren

Lernziele

Dieses Kapitel vermittelt:

- die Übertragung des Barwertprinzips auf die Investitionsrechnung
- dass die unterschiedlichen Verfahren verschiedenen Zielsetzungen der Investoren entsprechen
- dass Investitionsdauerentscheidungen Einfluss auf die Profitabilität von Einzelinvestitionen und Investitionsketten haben
- den Einfluss von Steuern auf die Vorteilhaftigkeit von Investitionen

2.3.1 Einführung in die dynamische Investitionsrechnung

Das sogenannte Barwertprinzip (vgl. hierzu Kap. 1) ist die zentrale Basis der mehrperiodischen Instrumente der Wirtschaftlichkeitsrechnung. Es soll daher im Folgenden nochmals kurz thematisiert werden (vgl. hierzu auch Zimmermann 2003, S. 43 ff.).

Unterscheiden sich zwei Investitionen, die je aus einer Auszahlung und einer Einzahlung bestehen, nur durch die Reihenfolge dieser Zahlungen, so führt dies durch die Durchschnittsbildung in den Statischen Investitionsrechenverfahren nicht zu einer unterschiedlichen Bewertung der Alternativen, obwohl es auf der Hand liegt, dass ein Investor die Investition tätigen wird, die mit einer Einzahlung beginnt (Spezialfall: Kauf eines Nutzfahrzeugs bei späterer Zahlung). Es ist daher notwendig, den Zeitpunkt der Zahlungen in die Berechnung einzubeziehen. Die Quantifizierung der zeitlichen Unterschiede von Zahlungen geschieht durch Verzinsung. Verleiht man z. B. einen Geldbetrag, so:

- verzichtet man auf Liquidität,
- kann in dieser Zeit keinen Gewinn mit dem Geld erwirtschaften und
- hat überdies das Risiko, den verliehenen Betrag nicht zurück zu erhalten.

Der Preis für diese Nachteile ist der Zins, wobei die Verzinsung normalerweise umso größer ist, je länger man auf eine Zahlung wartet. Einem Betrag K_0 (die Null steht für den jetzigen Zeitpunkt) entspricht also ein durch Verzinsung höherer Betrag K_1 (die Eins steht z. B. für den Zeitpunkt nach einem Jahr oder einer Periode) oder, umgekehrt betrachtet, ist der Betrag K_1 auf den jetzigen Zeitpunkt bezogen genau K_0 wert (s. Abb. 2.13). Damit ist K_0 der Barwert der Zahlung K_1.

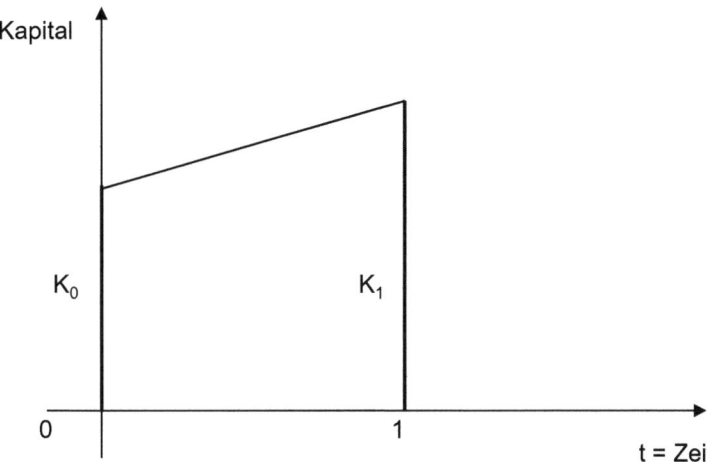

Abb. 2.13 Indifferenz zweier Zahlungen zu zwei Zeitpunkten. (Quelle: eigene Darstellung)

▶ **Definition** Der Barwert einer in Zukunft liegenden Zahlung ist der Betrag, der dieser zukünftigen Zahlung heute entspricht.

Entschließt sich ein Unternehmen, Geld für eine Investition zu verwenden, so steht i. d. R. am Anfang ($t = 0$) ein Investitionsbetrag (I_0), dem über die Laufzeit der Investition entsprechende Einzahlungsüberschüsse (z_t) folgen.

Eine Übertragung des Barwertprinzips auf die Investitionsrechnung bedeutet nun, dass die unterschiedlichen Zeitpunkte der Zahlungen zu unterschiedlicher Bewertung dieser führen. Um die Vorteilhaftigkeit einer Investition beurteilen zu können, müssen deshalb alle mit ihr verbundenen Zahlungen auf einen Zeitpunkt bezogen werden. Die hiermit erreichte Aussagekraft der Verfahren ist mit erheblich größerem Rechenaufwand verbunden als die Durchführung der Statischen Verfahren. Als Einwand gegen die dynamischen Verfahren wird deshalb häufig angeführt, dass diese aufgrund ihrer Komplexität in der Unternehmenspraxis eher selten Anwendung finden. Diesem Einwand muss aber entgegen gehalten werden, dass die Qualität eines Messinstruments nicht dadurch schlechter wird, dass seine Anwendung Entscheidungsträgern zu aufwendig erscheint. Insofern sollte denjenigen, die die Frage stellen, wer denn in der Praxis so rechnet, entgegnet werden, dass dies zumindest die besser Informierten sind. In Zeiten schwieriger Marktbedingungen ist es im Interesse der Unternehmen, im Sinne einer entscheidungsorientierten Betriebswirtschaftslehre Instrumente zur Verfügung zu haben, die zu einer Verminderung des Unternehmensrisikos durch qualitativ bessere Informationen beitragen. So ist es nicht verwunderlich, dass in den vergangenen Jahrzehnten ein verstärkter Einsatz der dynamischen Verfahren zu vermerken ist (vgl. Blohm et al. 2006, S. 44).

2.3.2 Kapitalwertmethode

Kapitalwert bei jährlicher Zahlung und jährlicher Verzinsung

Der Grundgedanke der Kapitalwertmethode ist, dass alle Einzahlungen und alle Auszahlungen, die durch eine Investition verursacht sind, auf den Zeitpunkt 0 mit dem Kalkulationszinssatz des Investors abgezinst werden. Ist die Differenz der so erhaltenen Barwerte der Zahlungen größer als Null, so ist die Investition für den Investor vorteilhaft (vgl. hierzu im Folgenden Zimmermann 2003, S. 77 ff.).

Die Durchführung einer Investition beginnt in aller Regel mit einer Anschaffungsauszahlung zum Zeitpunkt 0 (I_0). Im Laufe der Nutzungsdauer (n) entstehen während der Perioden (t) Einzahlungen (e_t) und Auszahlungen (a_t), die sich zu Einzahlungsüberschüssen ($z_t = e_t - a_t$) zusammenfassen lassen. Am Ende der Nutzungsdauer n kann ein Restwert der Investition (L_n) vorhanden sein, der wie eine zusätzliche Einzahlung zu betrachten ist. Bildet man nun die Differenz der Barwerte aller Ein- und Auszahlungen, so lässt sich der Kapitalwert einer Investition so darstellen:

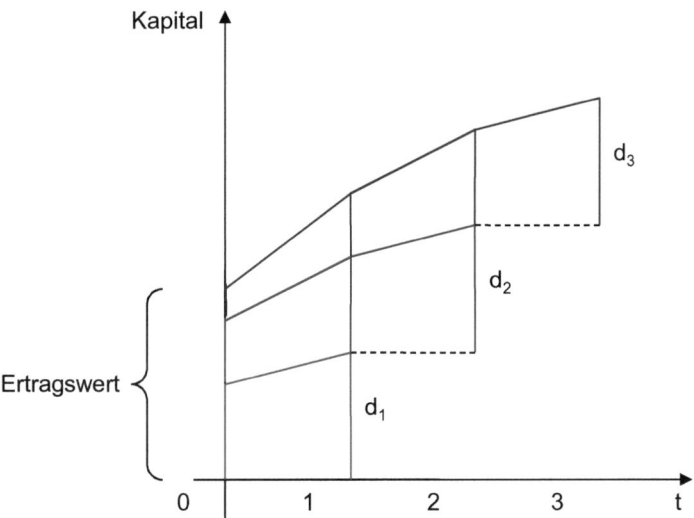

Abb. 2.14 Ertragswert einer Investition. (Quelle: eigene Darstellung)

$$C_0 = -I_0 + \sum_{t=1}^{n} z_t \cdot q^{-t} + L_n \cdot q^{-n} \qquad (2.15)$$

mit $q = 1 + i$

Somit zeigt der Kapitalwert für den Zeitpunkt t $= 0$, um wie viel das Vermögen bei Erfüllung der Erwartungen in Abhängigkeit eines gegebenen Zinssatzes wächst oder sinkt (vgl. Blohm et al. 2006, S. 51). Die Summe der abgezinsten Einzahlungsüberschüsse (inklusive Restwert) wird auch als Ertragswert E bezeichnet, wobei dieser Begriff irreführend ist, da es sich hier nicht um abgezinste Gewinne, sondern um abgezinste Cashflows handelt. Grafisch lässt sich dieser Sachverhalt wie in Abb. 2.14 darstellen.

Somit ergeben sich für den Kapitalwert drei mögliche Fälle:

1. Der Ertragswert E der Investition ist größer als die Anschaffungsauszahlung (Abb. 2.15):

$$E > I_0 \quad => \quad C_0 > 0$$

Die Investition ist also vorteilhaft.

2. Der Ertragswert E der Investition ist kleiner als die Anschaffungsauszahlung (Abb. 2.16):

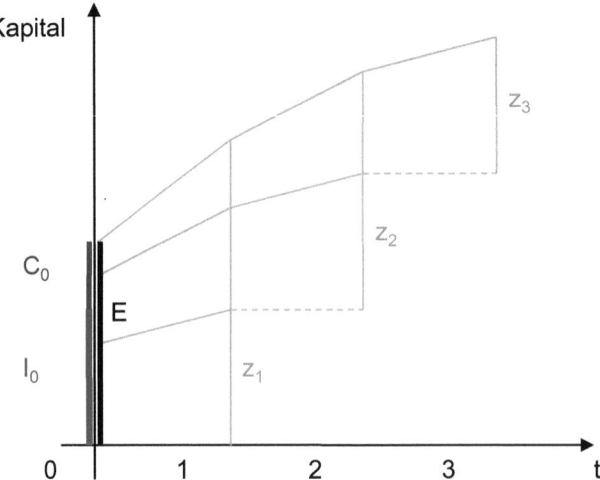

Abb. 2.15 Positiver Kapitalwert. (Quelle: eigene Darstellung)

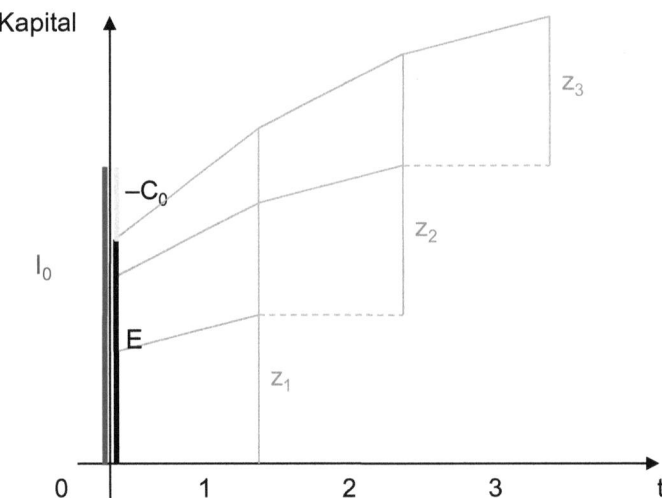

Abb. 2.16 Negativer Kapitalwert. (Quelle: eigene Darstellung)

$$E < I_0 \quad => \quad C_0 < 0$$

Die Investition ist also nicht vorteilhaft.

3. Der Ertragswert E der Investition ist genauso groß wie die Anschaffungsauszahlung (Abb. 2.17):

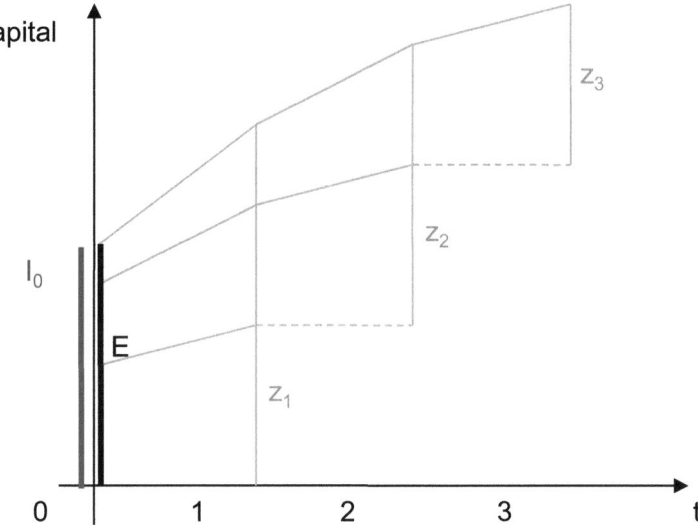

Abb. 2.17 Kapitalwert in Höhe Null. (Quelle: eigene Darstellung)

$$E = I_0 \quad => \quad C_0 = 0$$

Finanzanlage und Sachinvestition sind gleichwertig.

Für den Fall konstanter Einzahlungsüberschüsse ($z_t = z$ = konstant) lässt sich der Ausdruck für den Kapitalwert unter Zuhilfenahme des nachschüssigen Rentenbarwertfaktors (s. Kap. 1) wie folgt vereinfachen (Formel (2.16)) (vgl. hierzu Zimmermann 2003, S. 93):

$$C_0 = -I_0 + z \cdot \frac{q^n - 1}{q^n \cdot i} + L_n \cdot q^{-n} \qquad (2.16)$$

Kapitalwert bei jährlicher Zahlung und unterjährlicher Verzinsung

Auch hier kann auf Kap. 1 verwiesen werden (vgl. hierzu und im Folgenden auch Peters 2009, S. 82 ff.). Erfolgt die Verzinsung auf 1 Jahr so gilt Ausdruck (1.3), bei n Jahren gilt Ausdruck (1.6).

Bei der Übertragung dieses Zusammenhangs auf die Errechnung des Kapitalwertes muss man nun davon ausgehen, dass die jährlichen Einzahlungsüberschüsse nach ihrem Eingang unterjährlich verzinst werden bzw. bei der Ermittlung des Barwertes des Ertragswertes muss auch unterjährlich abgezinst werden. Somit ergibt sich hier für den Kapitalwert (Formel (2.17)):

$$C_0 = -I_0 + \sum_{t=1}^{n} z_t \cdot \left(1 + \frac{i}{m}\right)^{-m \cdot t} + L_n \cdot \left(1 + \frac{i}{m}\right)^{-m \cdot n} \qquad (2.17)$$

Kapitalwert bei jährlicher Zahlung und stetiger Verzinsung

Für die stetige Verzinsung. gilt gleiches wie für die unterjährige Verzinsung. Die Berechnung erfolgte in Kap. 1 nach Ausdruck (1.11) (vgl. hierzu und im Folgenden auch Peters 2009, S. 89).

Bei der Übertragung dieses Zusammenhangs auf die Errechnung des Kapitalwertes muss nun davon ausgegangen werden, dass die jährlichen Einzahlungsüberschüsse nach ihrem Eingang stetig verzinst werden bzw. bei der Ermittlung des Barwertes des Ertragswertes muss auch stetig abgezinst werden. Somit ergibt sich hier für den Kapitalwert (Formel (2.18)):

$$C_0 = -I_0 + \sum_{t=1}^{n} z_t \cdot e^{-i \cdot t} + L_n \cdot e^{-i \cdot t} \qquad (2.18)$$

Kapitalwert bei stetiger Zahlung und stetiger Verzinsung

Bisher wurde vereinfachend angenommen, dass die Einzahlungsüberschüsse einmal im Jahr, und zwar am Ende des Jahres, erfolgen. Diese Annahme ist jedoch realitätsfremd. Vielmehr ist davon auszugehen, dass sich sowohl Ein- als auch Auszahlungen mehr oder weniger gleichmäßig über das Jahr verteilen. Die Verzinsung der Einzahlungsüberschüsse muss diesem kontinuierlichen Zahlungsstrom angepasst werden. Dies kann über die Betrachtung des Kapitalwertes bei stetiger Zahlung und Verzinsung methodisch erfasst werden (vgl. hierzu auch Rödder et al. 1997, S. 173).

Schließlich ist anzunehmen, dass z. B. ein Handelsbetrieb, der in eine Kühltheke investiert, das ganze Jahr über mit Rückflüssen aus dem Verkauf seiner Kühlware rechnen kann. Will man diesen stetigen Zufluss der Einzahlungsüberschüsse in das Modell integrieren und geht man dabei von stetiger Verzinsung aus, so kann man den Wert des Kapitalwertes durch folgenden Zusammenhang herleiten:

Die Barwerte der einzelnen jährlich erfolgten Einzahlungsüberschüsse bei stetiger Verzinsung sind in Abb. 2.18 veranschaulicht.

Das heißt, der Wert z. B. des zweiten Einzahlungsüberschusses ist durch den Ausdruck (2.19) gegeben:

$$\text{Barwert} = z_2 \cdot e^{-i \cdot 2} \cdot 1 \qquad (2.19)$$

Teilt man den zweiten Einzahlungsüberschuss in zwei gleich große Teilzahlungen zu den Zeitpunkten $t = 1{,}5$ und $t = 2$ auf, so ändert das die Darstellung wie folgt (Abb. 2.19):

Das heißt, der Wert des zweiten Einzahlungsüberschusses ist jetzt durch den Ausdruck (2.20) gegeben:

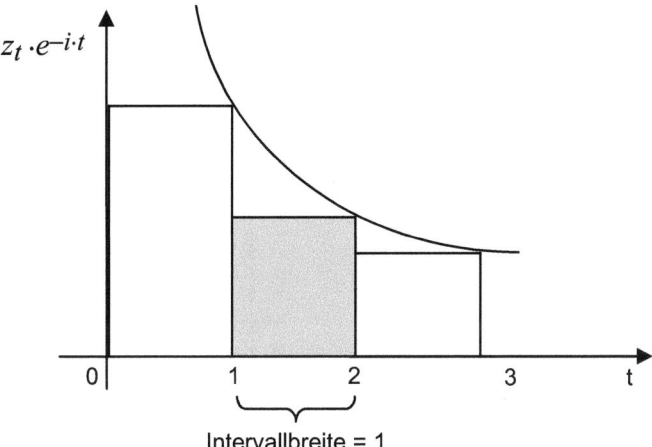

Abb. 2.18 Barwerte der Einzahlungsüberschüsse bei jährlicher Zahlung. (Quelle: eigene Darstellung)

Abb. 2.19 Barwerte der Einzahlungsüberschüsse bei zwei gleichen Teilzahlungen. (Quelle: eigene Darstellung)

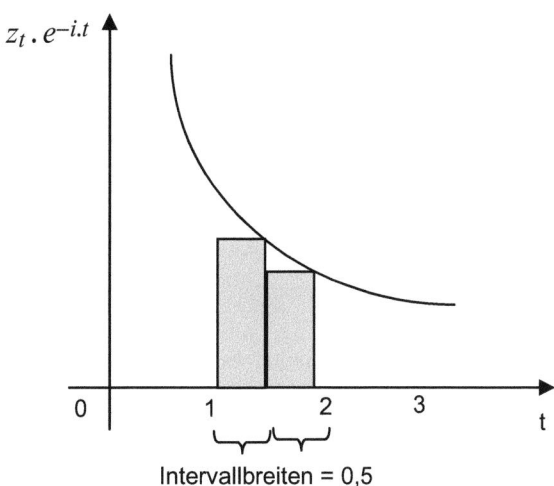

$$Barwert = z_2 \cdot e^{-i \cdot 1,5} \cdot 0,5 + z_2 \cdot e^{-i \cdot 2} \cdot 0,5 \qquad (2.20)$$

Verkürzt man die Intervalle zwischen den Teilzahlungen, also teilt man z_2 in (infinitesimal kleine) viele Teilzahlungen, so erkennt man, dass jetzt der Barwert des zweiten Einzahlungsüberschusses durch die Fläche unter der Kurve gegeben ist (Abb. 2.20):

Das heißt, der Wert des zweiten Einzahlungsüberschusses ist jetzt durch den Ausdruck (2.21) gegeben:

Abb. 2.20 Barwerte der
Einzahlungsüberschüsse bei
vielen kleinen gleichen
Teilzahlungen. (Quelle: eigene
Darstellung)

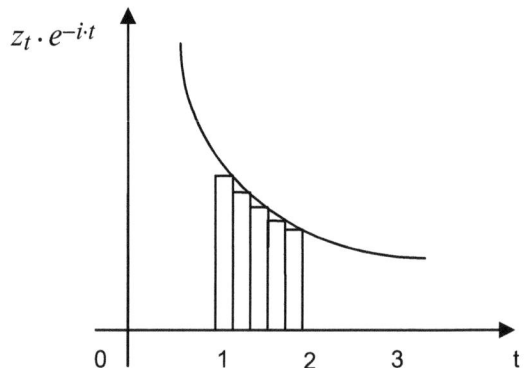

$$\text{Barwert} = \int_{t=1}^{2} z_2 \cdot e^{-i \cdot t} dt \qquad (2.21)$$

Bei der Übertragung dieses Zusammenhangs auf die Errechnung des Kapitalwertes muss man also nun davon ausgehen, dass die stetig eingehenden Teilzahlungen der Einzahlungsüberschüsse nach ihrem Eingang stetig verzinst werden bzw. bei der Ermittlung des Barwertes des Ertragswertes der Teilzahlungen muss auch stetig abgezinst werden. Somit ergibt sich hier für den Kapitalwert (Formel (2.22)) (vgl. hierzu auch Zimmermann 2003, S. 379):

$$C_0 = -I_0 + \int_{t=0}^{n} z_t \cdot e^{-i \cdot t} dt + L_n \cdot e^{-i \cdot n} \qquad (2.22)$$

Für die Annahme konstanter Einzahlungsüberschüsse ($z_t = z$) lässt sich Ausdruck (2.22) wesentlich vereinfachen:

$$C_0 = -I_0 + z \int_{t=0}^{n} e^{-i \cdot t} dt + L_n \cdot e^{-i \cdot n} \qquad (2.23)$$

Die Stammfunktion von $e^{-i \cdot t}$ ist $-i^{-1} \cdot e^{-i \cdot t}$. Setzt man dies in Ausdruck (2.23) ein, so erhält man:

$$C_0 = -I_0 + z \left(-i^{-1} \cdot e^{-i \cdot t} \right) \big|_0^n + L_n \cdot e^{-i \cdot n} \qquad (2.24)$$

Setzt man die obere Grenze n und die untere Grenze 0 in die Stammfunktion ein, so lässt sich Ausdruck (2.24) durch einige Umformungen in Ausdruck (2.25) überleiten:

$$C_0 = -I_0 + z \cdot \frac{e^{i \cdot n} - 1}{i \cdot e^{i \cdot n}} + L_n \cdot e^{-i \cdot n} \qquad (2.25)$$

Sonderfall „Ewige Rente"

Einen sehr einfachen Fall stellt die Errechnung des Kapitalwertes unter der Annahme der unbegrenzten Nutzungsdauer dar (vgl. Zimmermann 2003, S. 92–94). Dieser Fall wird nun wieder mittels der vereinfachenden Annahme jährlicher Zahlung und Verzinsung dargestellt. Folgendes Beispiel soll dies verdeutlichen:

Beispiel 2.1

Für eine Investition sind folgende Daten gegeben:
Ein Investor erwägt den Kauf eines Grundstücks für 670.000 €, das er für unbegrenzte Dauer verpachten kann. Als Pacht werden pro Jahr 38.779 € erwartet. Der Zinssatz bei Anlage der 670.000 € auf dem Kapitalmarkt beträgt 5,64 %. Errechnet unser Investor den Kapitalwert seiner Investition (bei jährlicher Zahlung und jährlicher Verzinsung), so geht er von der bekannten Formel für den Kapitalwert bei konstanten Einzahlungsüberschüssen aus (s. Ausdruck (2.26)):

$$C_0 = -I_0 + z \cdot \frac{q^n - 1}{q^n \cdot i} + L_n \cdot q^{-n} \qquad (2.26)$$

Dies lässt sich umformen in Ausdruck (2.27):

$$C_0 = -I_0 + z \cdot \frac{q^n - \frac{q^n}{q^n}}{q^n \cdot i} + L_n \cdot \frac{1}{q^n} \qquad (2.27)$$

Herauskürzen von q^n ergibt Ausdruck (2.28):

$$C_0 = -I_0 + z \cdot \frac{1 - \frac{1}{q^n}}{i} + L_n \cdot \frac{1}{q^n} \qquad (2.28)$$

Da man von unbegrenzter Nutzungsdauer ausgeht, wird n unendlich groß. Damit wird auch q^n unendlich groß, da q größer als 1 ist, und somit nimmt den Grenzwert von $1/q^n$ den Wert 0 an. Damit vereinfacht sich Ausdruck (2.28) und der Kapitalwert bei „Ewiger Rente" ist wie folgt gegeben (Ausdruck (2.29)):

$$C_0 = -I_0 + \frac{z}{i} \tag{2.29}$$

Im obigen Beispiel beträgt der Kapitalwert somit ca. 17.571 €.

Kapitalwert und Steuern – das Steuerparadoxon

Steuern auf das Einkommen und den Ertrag mindern den Teil des Gewinns, der den Investoren übrig bleibt. Nun scheint es auf der Hand zu liegen, dass eine Berücksichtigung der Steuern eine den Kapitalwert mindernde Wirkung hat. Dies muss aber nicht so sein. Das folgende (stark vereinfachende) Beispiel soll veranschaulichen, dass durch die Einrechnung von Steuern ein bisher negativer Kapitalwert positiv werden kann, dass durch den Einfluss der Steuern also eine bisher als nicht vorteilhafte Investition als vorteilhaft eingestuft werden kann (vgl. Götze 2008, S. 134, sowie Hutzschenreuter 2009, S. 138–140).

Beispiel 2.2

Für eine Investition sind folgende Daten gegeben:

$$I_0 = 11.152\,€ \quad i = 12\,\% \quad z = 3.670\,€ \quad n = 4 \quad L_4 = 0$$

a) Errechnung des Kapitalwertes ohne die Berücksichtigung von Steuern:

$$C_0 = -11.152 + 3.670 \cdot \frac{1,12^4 - 1}{1,12^4 \cdot 0,12} = -4,93$$

Die Investition ist somit nach dem Kriterium des Kapitalwertes nicht vorteilhaft.

b) Errechnung des Kapitalwertes unter Berücksichtigung von Steuern:

Durch die Berücksichtigung von Steuern sind weitere Daten notwendig. Zunächst der Steuersatz selber: Er sei im Beispiel $s = 0,5$ (also 50 %). Basis der zu entrichtenden Steuern ist aber nicht der volle Einzahlungsüberschuss von 3.670 €, sondern der um die abzugsfähigen Abschreibungen geminderte Einzahlungsüberschuss. Die (lineare) Abschreibung pro Jahr errechnet sich, indem man die Anschaffungsauszahlung I_0 durch die Laufzeit teilt:

$$\text{Abschreibung} = \frac{11.152}{4} = 2.788$$

Der Kapitalwert ergibt sich nun durch folgenden Ausdruck (2.30):

$$C_0 = -I_0 + \left[z - \left(z - \frac{I_0}{n} \right) \cdot s \right] \cdot \frac{q^n - 1}{q^n \cdot i} \tag{2.30}$$

Also im Beispiel:

$$C_0 = -11.152 + \left[3.670 - \underbrace{(3.670 - 2.788) \cdot 0,5}_{\text{Steuern}} \right] \cdot \frac{1,06^4 - 1}{1,06^4 \cdot 0,06} = 36,83$$

$$\underbrace{}_{z \text{ nach Steuern}}$$

Zinsen für Fremdkapital sind hinsichtlich der Einkommensteuer abzugsfähig bzw. Zinsen für Erträge sind der Steuer zu unterziehen. Dies wird bei der obigen Berechnung des Kapitalwertes durch Reduzierung des Zinssatzes auf $i_{\text{nach Steuern}} = i \cdot (1 - s)$ berücksichtigt. Im Beispiel muss daher der Zinssatz auf 6 % $\left(i_{\text{nach Steuern}} = 0,06 \rightarrow q_{\text{nach Steuern}} = 1,06 \right)$ reduziert werden. Dies hat zur Folge, dass die um die Steuern verminderten Einzahlungsüberschüsse viel schwächer abgezinst werden und der Kapitalwert positiv wird. Somit ist die ehedem als nicht vorteilhaft eingestufte Investition durch die Berücksichtigung der Steuern vorteilhaft zu sehen (vgl. Götze 2008, S. 134). Die obige Beschreibung des Sachverhalts stellt aber eine starke Vereinfachung dar, die präzise Berücksichtigung von Steueraspekten im Investitionskalkül gestaltet sich in der Praxis recht aufwendig. (vgl. Trautmann 2007, S. 70).

Bewertung der Kapitalwertmethode

Die Kapitalwertmethode stellt die Basis der dynamischen Verfahren dar und ist ein in Theorie und Praxis verbreitetes Verfahren (vgl. Wöhe und Döring 2010, S. 605). Wendet man dieses aber auf solche alternativen Investitionen an, die sich in ihrer Nutzungsdauer oder in ihrer Anschaffungsauszahlung unterscheiden, so ist eine differenzierte Betrachtung vonnöten.

Kapitalwertmethode bei unterschiedlicher Nutzungsdauer: Das folgende Beispiel in (Tab. 2.8) verdeutlicht die Problematik. Man erkennt, dass nach Kapitalwertverfahren Investition A vorteilhafter erscheint, obwohl die jährlichen Einzahlungsüberschüsse der Investition B zu Anfang deutlich höher sind und bereits nach drei Perioden geflossen sind. Nun muss man aber unterstellen, dass ein Investor, der sich für Alternative B entscheidet, nach Ablauf der Nutzungsdauer von 3 Jahren wiederum eine Anschlussinvestition tätigen kann.

Tab. 2.8 Kapitalwerte bei unterschiedlicher Nutzungsdauer. (Quelle: eigene Darstellung)

T	Investition A	Investition B
0	−64.600,00	−64.600,00
1	18.500,00	31.000,00
2	18.500,00	31.000,00
3	18.500,00	31.000,00
4	18.500,00	–
5	18.500,00	–
6	18.500,00	–
C_0	15.972,32	12.492,41
$i = 0,1$		

Geht man davon aus, dass die Anschlussinvestition eine Finanzinvestition auf dem Kapitalmarkt ist, so nimmt der Kapitalwert dieser Anschlussinvestition bei Annahme des Vollkommenen Kapitalmarktes[1] den Wert Null an. In diesem Fall ist Investition A die vorteilhaftere Alternative.

Lässt man aber zu, dass bei Investition B nach dem 3. Jahr eine identische Nachfolge-(sach)investition möglich ist (es ist schließlich nicht davon auszugehen, dass der Unternehmer, der z. B. in eine Produktionsanlage investiert hat, nach Ablauf der Nutzungsdauer der Anlage seine Produktiontätigkeit einstellt), so muss man zur Vergleichbarkeit den Kapitalwert zweier nacheinander erfolgenden Investitionen vom Typ B betrachten (vgl. hierzu auch Jung 2010, S. 854). Dies lässt sich durchführen, indem man den Kapitalwert der Folgeinvestition (der als zusätzliche Zahlung zum Ende der dritten Periode berücksichtigt wird) auf den Zeitpunkt 0 diskontiert. Als sogenannter Kettenkapitalwert ergibt sich somit die Summe aus beiden Kapitalwerten:

$$C_0^K = 12.492, 41 + 12.492, 41 \cdot 1, 1^{-3} = 21.878, 15 \ €$$

Das bedeutet, dass der Investor besser zweimal in Folge Investition B durchführen sollte als einmal Investition A.

Kapitalwertmethode bei unterschiedlicher Anschaffungsauszahlung:
Unterscheiden sich zwei Investitionsalternativen A und B in der Höhe ihrer Anschaffungsauszahlung (wobei $I_0(A) < I_0(B)$), so muss – um Vergleichbarkeit herzustellen – bei der Investition A eine Ergänzungsinvestition C in Höhe der Differenz zur Anschaffungsauszahlung der Investition B berücksichtigt werden.

---

[1]Sowohl private Anleger als auch Unternehmen können Geld in beliebiger Höhe leihen oder anlegen. Der Preis ist dabei für alle gleich, es gilt Habenzinssatz = Sollzinssatz und dieser Zinssatz ist allen bekannt. Transaktionskosten finden hierbei keine Berücksichtigung (vgl. hierzu z. B. Wöhe und Döring (2010), S. 537 u. 670).

Aber auch hier muss wieder unterschieden werden, ob diese Ergänzungsinvestition C eine Finanzinvestition auf dem Kapitalmarkt ist oder ob man eine weitere Sachinvestition mit einem Kapitalwert, der größer als Null ist, als Ergänzung zulässt. Geht man von einer Finanzinvestition aus, so kann man sich bei Vergleich von A und B wieder die Betrachtung der Ergänzungsinvestition C sparen, da der Kapitalwert dieser ohnehin Null ist. Geht man aber von einer Sachinvestition C aus, so muss eigentlich die Summe der Kapitalwerte von A und C mit dem von B verglichen werden.

2.3.3 Annuitätenmethode

Die Annuität als dynamisches Pendant des durchschnittlichen Gewinns

Die Annuitätenmethode ist ein Verfahren, das aus der Kapitalwertmethode abgeleitet wird (vgl. hierzu im Folgenden Zimmermann 2003, S. 122 f.). Der Kapitalwert einer Investition wird hierbei in eine Annuität umgewandelt. Somit wird er auf die Laufzeit einer Investition verteilt.

Rechnerisch ermittelt man die Annuität $\bar{z}$ durch Multiplikation des Kapitalwertes mit dem Wiedergewinnungs- bzw. Annuitätenfaktor (Ausdruck (2.31)):

$$\bar{z} = C_0 \cdot \frac{q^n \cdot i}{q^n - 1} \tag{2.31}$$

Als Vorteilhaftigkeitskriterium ist festzuhalten, dass die Investition zu wählen ist, die die höchste Annuität aufweist, wobei folgender Zusammenhang gegeben ist:

Wenn $C_0 > 0 \rightarrow \bar{z} > 0 \rightarrow$ Investition ist vorteihaft,
wenn $C_0 = 0 \rightarrow \bar{z} = 0 \rightarrow$ indifferent zur Finanzinvestition,
wenn $C_0 < 0 \rightarrow \bar{z} < 0 \rightarrow$ Investition ist nicht vorteilhaft.

Beim Vergleich verschiedener Investitionen ist die mit der höchsten Annuität zu wählen (relative Vorteilhaftigkeit).

Liegen bei einer Investition konstante Einzahlungsüberschüsse vor und existiert nach Ablauf der Nutzungsdauer kein Restwert mehr, so lässt sich die Annuität ohne den „Umweg" der Ermittlung des Kapitalwertes errechnen:

Da sich die Annuität gemäß Ausdruck (2.31) durch $\bar{z} = \frac{q^n \cdot i}{q^n - 1} \cdot C_0$ errechnet und in diesem Fall der Kapitalwert durch Ausdruck (2.32) gegeben ist

$$C_0 = -I_0 + z \cdot \frac{q^n - 1}{q^n \cdot i}, \tag{2.32}$$

ergibt sich hier durch Multiplikation mit dem Wiedergewinnungsfaktor Ausdruck (2.33):

$$\bar{z} = -I_0 \cdot \frac{q^n \cdot i}{q^n - 1} + z \tag{2.33}$$

Annuitätenmethode und Kapitalwertverfahren führen immer dann zum gleichen Ergebnis hinsichtlich der Beurteilung von Investitionsalternativen, wenn diese in der Nutzungsdauer übereinstimmen.

Liegen jedoch Alternativen mit unterschiedlicher Nutzungsdauer vor, so ist eine differenzierte Betrachtung vonnöten.

Veranschaulichen soll dies das Beispiel aus Tab. 2.8: Errechnet man hier die Annuitäten für die beiden Investitionsalternativen, so erhält man:

$$\bar{z}(A) = 15.972,32 \cdot \frac{1,1^6 \cdot 0,1}{1,1^6 - 1} = 3.667,36$$

mit $\bar{z}\,(A) = $ *Annuität der Investition A* und

$$\bar{z}(B) = 12.492,41 \cdot \frac{1,1^3 \cdot 0,1}{1,1^3 - 1} = 5.023,38$$

mit $\bar{z}\,(B) = $ *Annuität der Investition B.*

Da gilt, dass $\bar{z}\,(B) > \bar{z}(A)$, erscheint nach dem Kriterium der Annuität Alternative B günstiger, obwohl deren Kapitalwert niedriger ist.

Um zwei Investitionsalternativen mit unterschiedlicher Nutzungsdauer vergleichbar zu machen, haben wir bei der Kapitalwertmethode aber eine Anschlussinvestition ins Kalkül gezogen. Überträgt man dieses Vorgehen auf die Annuitätenmethode, so muss man bei der Errechnung der Annuität der Investition mit der kürzeren Laufzeit vom Kettenkapitalwert ausgehen, wobei als Betrachtungszeitraum die Summe der Laufzeiten der aufeinander folgenden Investitionen gewählt wird.

Geht man nun bei der Anschlussinvestition von einer identischen Sachinvestition aus, so ergibt sich im Beispiel als Annuität:

$$\bar{z} = \left(C_0 + C_0 \cdot q^{-3}\right) \cdot \frac{q^6 \cdot i}{q^6 - 1} = \left(12.492,41 + 12.492,41 \cdot 1,1^{-3}\right) \cdot \frac{1,1^6 \cdot 0,1}{1,1^6 - 1} = 5.023,38$$

Dies ist derselbe Wert wie bei Betrachtung nur der ersten Investition des Typs B allein. Daraus lässt sich einerseits folgern, dass unter den gewählten Annahmen die Annuitätenmethode ein adäquates und wenig aufwendiges Verfahren zur Beurteilung von Investitionsalternativen mit unterschiedlicher Laufzeit darstellt (vgl. hierzu Röhrich 2007, S. 79), wobei die Berücksichtigung von Kettenkapitalwerten nicht notwendig ist.

Zum anderen ist festzustellen, dass man so zu einem anderen Ergebnis hinsichtlich der Vorteilhaftigkeit der Alternativen kommt als bei der Kapitalwertmethode.

Anders sieht der Fall jedoch aus, wenn man als Anschlussinvestition nur eine Finanzinvestition, also die Anlage des identischen Betrags, auf dem Kapitalmarkt zulässt. Da hier der Kapitalwert der Folgeinvestition den Wert Null hat, erhält man als Annuität für Alternative B bei einem Betrachtungszeitraum von 6 Jahren:

$$\bar{z} = \left(C_0 + 0 \cdot q^{-3}\right) \cdot \frac{q^6 \cdot i}{q^6 - 1} = \left(12.492,41 + 0 \cdot 1,1^{-3}\right) \cdot \frac{1,1^6 \cdot 0,1}{1,1^6 - 1} = 2.868,35$$

Man erkennt, dass unter diesen Annahmen Kapitalwert- und Annuitätenmethode zum gleichen Ergebnis führen, im Beispiel also Investition A als vorteilhafter zu bewerten ist.

2.3.4   Die Methode des internen Zinsfußes

Vorteilhaftigkeitskriterium der Methode des internen Zins
Als interner Zinsfuß oder interner Zins ist der Zinssatz zu verstehen, mit dem sich die Sachinvestition bei gegebenen Einzahlungsüberschüssen verzinst. Somit ergibt sich die Vorteilhaftigkeit einer Investition aus dem Vergleich von internem Zins und Kapitalmarktzinssatz (vgl. Götze 2008, S. 100).

Die Darstellung am Einperiodenfall soll dies veranschaulichen (s. Abb. 2.21). Geht man beispielsweise von einem investierten Kapital von 70.000 € ($= I_0$) aus und erhält man (inklusive Restwert) nach einer Periode einen Rückfluss von 77.000 € ($= z_1$), so ergibt dies eine Verzinsung von 7.000 €, also 10 %. Bildet man den Barwert des

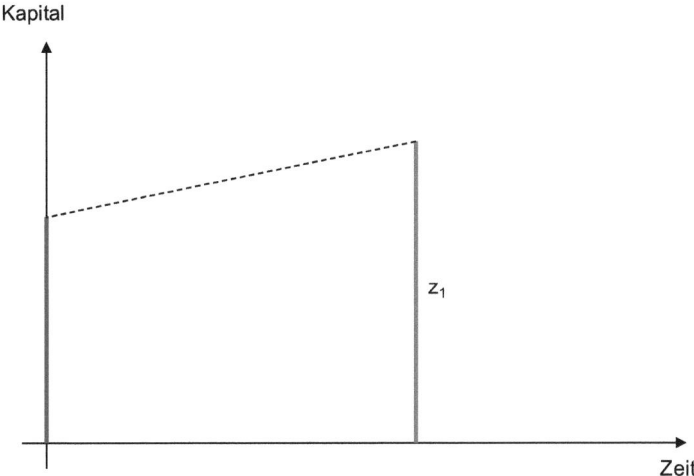

Abb. 2.21 Interner Zinsfuß im Einperiodenfall. (Quelle: eigene Darstellung)

Einzahlungsüberschusses von 77.000 € durch Diskontierung mit diesem Zinssatz 10 %, so erhält man als Ergebnis wieder 70.000 €, also I_0. Damit ergibt sich im Beispiel als Kapitalwert:

$$C_0 = -I_0 + z_1 \cdot q^{-1} = -70.000 + 77.000 \cdot 1,1^{-1} = 0$$

Somit ist der „Interne Zinsfuß" der Zinssatz i^*, bei dem der Kapitalwert einer Investition Null ist.

Erzielt (oder bezahlt) man beispielsweise auf dem Kapitalmarkt einen Zinssatz von 8 % (gemäß Unterstellung des vollkommenen Kapitalmarktes gilt i = Sollzins = Habenzins), so muss man, um den Kapitalwert zu errechnen, z_1 mit diesem Kapitalmarktzins diskontieren:

$$C_0 = -I_0 + z_1 \cdot q^{-1} = -70.000 + 77.000 \cdot 1,08^{-1} = 1.296,30 > 0$$

Somit ist die Verzinsung durch die Sachinvestition (10 %) besser als die Finanzinvestition (8 %) bzw. die Rückflüsse aus der Sachinvestition übersteigen die Kapitalkosten. Liegt aber der Kapitalmarktzinssatz bei 12 %, so erhält man als Kapitalwert der Investition:

$$C_0 = -I_0 + z_1 \cdot q^{-1} = -70.000 + 77.000 \cdot 1,12^{-1} = -1.250 < 0$$

In diesem Fall ist die Sachinvestition abzulehnen, da die Rückflüsse die Kapitalkosten nicht abdecken bzw. man auf dem Kapitalmarkt höhere Rückflüsse erhalten würde. Hieraus kann man das Vorteilhaftigkeitskriterium der Methode des internen Zinsfußes ableiten.

Ist der interne Zinsfuß höher (niedriger) als der Kapitalmarktzinssatz, so ist die Sachinvestition vorteilhaft (nicht vorteilhaft). Abb. 2.22 verdeutlicht diesen Zusammenhang.

Berechnung des internen Zinsfußes
Die Ermittlung des internen Zinsfußes i^* erfolgt durch Nullsetzen des Kapitalwertes C_0 und anschließendes Auflösen der Gleichung nach i^*. Da die Kapitalwertfunktion ein Polynom n-ten Grades darstellt, lässt sich für eine Nutzungsdauer größer zwei keine analytische Lösung mehr finden, sodass hier eine Näherungslösung z. B. durch lineare Interpolation oder über das Newton-Verfahren gefunden werden muss (vgl. Wöhe und Döring 2010, S. 609, bzw.). Bei der linearen Interpolation geschieht die Annäherung dadurch, dass man beliebig zwei Zinssätze auswählt, die zum einen (i_2) einen schwach negativen (C_{02}) und zum anderen (i_1) einen schwach positiven Wert (C_{01}) für den Kapitalwert liefern müssen. Einsetzen in Ausdruck (2.34) ergibt eine Näherungslösung für i^* (vgl. Olfert und Reichel 2009a, S. 221 f., und Nüchter 2003, S. 871).

$$i^* \approx i_1 + \frac{C_{01}}{C_{01} - C_{02}} \cdot (i_2 - i_1) \tag{2.34}$$

mit $i_1 < i_2$ und $C_{01} > 0$ und $C_{02} < 0$

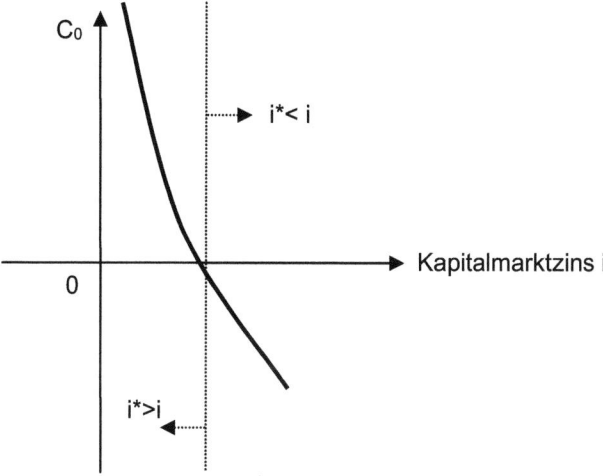

Abb. 2.22 Zinssatz und Kapitalwert. (Quelle: eigene Darstellung)

Eine analytische Lösung lässt sich in den folgenden Fällen ermitteln (vgl. hierzu auch Wolke 2010, S. 66 ff., sowie Bitz et al. 2002, S. 121 ff.):

1. Fall: Nur ein Einzahlungsüberschuss in $t = 1$. Hier ist der Kapitalwert durch folgenden Ausdruck gegeben:

$$C_0 = -I_0 + z_1 \cdot (1 + i^*)^{-1} = 0 \tag{2.35}$$

$$\Rightarrow i^* = \frac{z_1 - I_0}{I_0} \tag{2.36}$$

Beispiel 2.3

Eine Gärtnerei investiert in 2.560 Setzlinge einer einjährigen Pflanze. Pro Setzling muss 1,86 € investiert werden. Man rechnet mit einem Erlös pro Pflanze nach einem Jahr von 2,15 €. Der Kapitalmarktzinssatz sei 6,5 %. Welchen internen Zinsfuß errechnet man?

Lösung:

$$i^* = \frac{2.560 \cdot 2,15 - 2.560 \cdot 1,86}{2.560 \cdot 1,86} = 0,1556$$

Dieser Wert ist erheblich größer als der des Kapitalmarktzinssatzes. Die Investition ist also vorteilhaft.

2. Fall: Ein Einzahlungsüberschuss in $t = n$. Hier ist der Kapitalwert durch folgenden Ausdruck gegeben:

$$C_0 = -I_0 + z_n \cdot \left(1 + i^*\right)^{-n} \qquad (2.37)$$

$$i^* = \sqrt[n]{\frac{z_n}{I_0}} - 1 \qquad (2.38)$$

Beispiel 2.4

Eine Schnapsbrennerei investiert in die Herstellung von 70.000 l eines qualitativ hochwertigen Weinbrands. Hierfür fallen pro Liter 16,50 € an Produktionskosten an. Außerdem müssen Lagereinrichtungen für 17.600 € beschafft werden. Der Weinbrand muss 10 Jahre lagern, dann erwartet man, ihn pro Liter für 32 € in den Handel verkaufen zu können. Der Kapitalmarktzinssatz sei wieder 6,5 %. Welchen internen Zinsfuß errechnet man?

Lösung:

$$i^* = \sqrt[10]{\frac{70.000 \cdot 32}{70.000 \cdot 16,5\ +\ 17.600}} - 1 = 6,7\ \%$$

Dieser Wert ist auch größer als der des Kapitalmarktzinssatz. Auch diese Investition ist also vorteilhaft!

3. Fall: Zwei Einzahlungsüberschüsse in $t = 1$ und $t = 2$. Hier ist der Kapitalwert durch folgenden Ausdruck gegeben:

$$C_0 = -I_0 + z_1 \cdot \left(1 + i^*\right)^{-1} + z_2 \cdot \left(1 + i^*\right)^{-2} = 0 \qquad (2.39)$$

$$i^* = \pm \sqrt{\frac{z_2}{I_0} + \frac{z_1{}^2}{4I_0{}^2}} + \frac{z_1}{2I_0} - 1 \qquad (2.40)$$

Beispiel 2.5

Unsere Gärtnerei investiert jetzt in 3.650 Setzlinge einer Pflanze. Pro Setzling muss 1,86 € investiert werden. Man rechnet damit, 1.650 Pflanzen nach einem Jahr zu einem Stückpreis von 2,25 € und die anderen 2.000 nach zwei Jahren für 2,45 € pro Stück verkaufen zu können. Der Kapitalmarktzinssatz sei wieder 6,5 %. Welchen internen Zinsfuß errechnet man?

Lösung:

$$i^* = \sqrt{\frac{2.000 \cdot 2,45}{3.650 \cdot 1,86} + \frac{(1.650 \cdot 2,25)^2}{4 \cdot (3.650 \cdot 1,86)^2} + \frac{1.650 \cdot 2,25}{2 \cdot 3.650 \cdot 1,86}} - 1 = 16,6 \ \%$$

Dieser Wert ist deutlich größer als der des Kapitalmarktzinssatz. Auch diese Investition ist also vorteilhaft!

4. Fall: Interner Zinsfuß bei ewiger Rente. Hier ist der Kapitalwert durch folgenden Ausdruck gegeben:

$$C_0 = -I_0 + \frac{z}{i^*} = 0 \tag{2.41}$$

$$\Rightarrow i^* = \frac{z}{I_0} \tag{2.42}$$

Beispiel 2.6

Ein Unternehmer erwirbt ein Grundstück für 243.000 € und verpachtet dieses auf unbefristete Dauer für jährlich 19.800 €. Als Kapitalmarktzinssatz wird wieder 6,5 % angenommen. Welchen internen Zinsfuß errechnet man?

Lösung:

$$i^* = \frac{19.800}{243.000} = 8,2 \ \%$$

Dieser Wert ist größer als der des Kapitalmarktzinssatzes. Die Investition ist vorteilhaft.

Die Methode des internen Zinsfußes ist in der Literatur aus ökonomischen wie mathematischen Gründen nicht unproblematisch. Gerade am dritten Fall ist erkennbar, dass dieses Verfahren mathematisch nicht eindeutig ist. So kann man in Ausdruck (2.40) die positive oder die negative Wurzel ziehen, was zu völlig unterschiedlichen Ergebnissen führt (vgl. Swoboda 1977, S. 69 ff.). Darüber hinaus können Investitionen je nach Gestalt der Kapitalwertfunktion mehrere interne Zinssätze (Fall der Mehrdeutigkeit) oder gar keinen internen Zinssatz aufweisen (Fall der Nichtexistenz). Möchte man sicherstellen, dass genau ein positiver interner Zinssatz existiert, so muss man zunächst prüfen, ob es sich bei der betrachteten Investition um eine sogenannte Normalinvestition handelt (Fall der Eindeutigkeit). Eine Normalinvestition muss drei Kriterien erfüllen (vgl. Busse von Colbe und Laßmann 1990, S. 110 f.):

- Die Investition fängt mit einer Auszahlung an.
- Die Zahlungsreihe der Investition hat genau einen Vorzeichenwechsel (nach den Auszahlungen folgen nur noch Einzahlungsüberschüsse).
- Die Summe aller Einzahlungsüberschüsse ist ohne Berücksichtigung von Zins und Zinseszins absolut betrachtet größer als die Summe aller Auszahlungen.

Beispiel 2.7

Eine **Investition weist folgende Zahlungsreihe (−110, 35, 50, 45) auf. Prüfen Sie, ob es sich hier um** eine Normalinvestition handelt.

Lösung:

- Zahlungsreihe beginnt mit einer Auszahlung
- Einmaliger Vorzeichenwechsel
- Erfüllung des Deckungskriteriums (Summe aller Einzahlungen $= 130 >$ Summe Auszahlungen $= 110$)

→ Es handelt sich um eine Normalinvestition!

Aber auch ökonomisch betrachtet, kann es beim Vorteilhaftigkeitsvergleich zwischen mehreren Investitionsalternativen mithilfe des internen Zinsfußes zu widersprüchlichen Ergebnissen im Vergleich zur Kapitalwertmethode kommen. Der Grund liegt in der unterschiedlichen Annahme, wie die notwendigen Ergänzungsmaßnahmen wegen unterschiedlicher Nutzungsdauern, Einzahlungsüberschüsse oder auch Investitionsauszahlungen erfolgen sollen. Bei der Kapitalwertmethode werden unter der Annahme des vollkommenen Kapitalmarktes alle Ergänzungsmaßnahmen zu einem einheitlichen Zinssatz vorgenommen. Im Gegensatz dazu wird bei der Methode des internen Zinsfußes von der impliziten Wiederanlageprämisse ausgegangen (vgl. Busse von Colbe und Laßmann 1990, S. 115). Das bedeutet, dass alle Ergänzungsmaßnahmen zum internen Zins der jeweiligen Investitionsalternative durchgeführt werden, also zu ganz unterschiedlichen Zinssätzen. Der Kapitalwert ist somit gleich Null, sodass die Ergänzungsmaßnahmen wie bei der Kapitalwertmethode keinen Einfluss auf die Entscheidung nehmen. Diese Annahme ist jedoch ökonomisch gesehen nicht plausibel, da nicht einzusehen ist, warum unterschiedlich hohe Einzahlungsüberschüsse der Alternativen zu unterschiedlich hohen Zinssätzen anzulegen sind bzw. eine Ergänzungsmaßnahme zwangsweise in die betrachtete Investition erfolgen muss. Plausibel wäre hingegen, dass die Ergänzungsmaßnahmen unabhängig von den betrachteten Investitionen vorzunehmen sind. Ersetzt man diese implizite Prämisse der Wiederanlage zum internen Zinssatz durch die explizite Prämisse, dass alle erforderlichen Ergänzungsmaßnahmen bis zum Ende des Planungszeitraums zur durchschnittlichen Unternehmensrentabilität (einheitlicher Kalkulationszinssatz) angelegt werden, so lassen sich auch wieder relative Vorteilhaftigkeiten durch den Vergleich der modifizierten Zinssätze durchführen. Diese Methode wird in der Literatur als Baldwin- bzw. modifizierte interne Zinsfuß-Methode bezeichnet (vgl. Busse von Colbe und Laßmann 1990, S. 118 f.).

Belässt man es hingegen bei der impliziten Wiederanlageprämisse, so führen die Kapitalwertmethode und die Methode des internen Zinsfußes im Fall zwei sich ausschließender Alternative nur dann zum gleichen Ergebnis, wenn auf die Berechnung der internen Zinsfüße der beiden Investitionsalternativen verzichtet wird und stattdessen der interne Zins der sogenannten Differenzinvestition bestimmt wird. Die Differenzinvestition ergibt sich aus der Differenz der beiden Zahlungsreihen, wobei diejenige Zahlungsreihe mit der geringeren Auszahlung von der anderen Investition abgezogen wird. Handelt es sich bei der Differenzinvestition um eine Normalinvestition, so ist das Ergebnis für den internen Zins eindeutig. Ist der interne Zins der Differenzinvestition größer als die vorgegebene Verzinsung des Investors, so ist die Investition mit der höheren Kapitalbindung der anderen vorzuziehen (vgl. Busse von Colbe und Laßmann 1990, S. 115).

2.3.5 Methode der dynamischen Amortisationsdauer

Ein in der Praxis häufig herangezogenes (zusätzliches) Kriterium zur Beurteilung von Investitionsprojekten ist die Errechnung der Amortisationsdauer (Pay-off-Periode) (vgl. Zimmermann 2003, S. 173). Hier fragt sich der Investor, in welcher Zeit sich eine Investition amortisiert hat, also wann das verauslagte Kapital über die Rückflüsse unter Beachtung der Zinsrechnung (dynamisches Verfahren) zurückgeflossen ist. In der Pay-off-Periode erreichen die bis dahin erzielten, abgezinsten Einzahlungsüberschüsse genau den Wert der Anschaffungsauszahlung. Für diesen Zeitpunkt t^* gilt also:

$$C_0 = -I_0 + \sum_{t=1}^{t^*} z_t \cdot q^{-t} = 0 \qquad (2.43)$$

In dem in Tab. 2.9 dargestellten, sehr speziellen Beispiel wird zur Veranschaulichung genau mit Ablauf der vierten Periode ein Kapitalwert von 0 erreicht. Normalerweise geschieht dies aber innerhalb einer Periode. Dann kann der genaue, unterjährige Zeitpunkt der Amortisation ggf. mithilfe der linearen Interpolation bestimmt werden, wenn von kontinuierlichen Rückflüssen der Investitionen ausgegangen wird.

Tab. 2.9 Dynamische Amortisationsdauer. (Quelle: eigene Darstellung)

Zinssatz $i = 10\,\%$, $I_0 = 134.670$				
t	z_t	q^{-t}	$z_t * q^{-t}$	C_0
1	43.233	0,909	39.299	−95.371
2	45.677	0,826	37.729	−57.642
3	44.655	0,751	33.536	−24.106
4	35.295	0,683	24.106	0
5	33.655	0,621	20.900	20.900
6	36.577	0,564	20.629	41.530

Für den Fall konstanter Einzahlungsüberschüsse lässt sich die Dynamische Amortisationsdauer auch allgemein errechnen:

$$C_0 = -I_0 + z \cdot \frac{q^{t^*} - 1}{q^{t^*} \cdot i} = 0 \qquad (2.44)$$

Löst man Ausdruck (2.44) mit Hilfe der Logarithmusrechnung nach t^* auf, so resultiert:

$$t^* = \frac{\ln \dfrac{z}{z - I_0 \cdot i}}{\ln q} \qquad (2.45)$$

Beispiel 2.8

Eine Investition mit einer Laufzeit von 17 Jahren führt zu einer Anschaffungsauszahlung von 199.600 € und jährlichen konstanten Einzahlungsüberschüssen von 36.850 €. Der Kapitalmarktzinssatz ist im Beispiel 7,3 %. Nach wie viel Jahren ist die Investition dynamisch amortisiert?

Lösung:

$$t^* = \frac{\ln \dfrac{36.850}{36.850 - 199.600 \cdot 0,073}}{\ln 1,073} = 7,14 \ \text{Jahre}$$

2.3.6   Endwertmethode und vollständige Finanzpläne

Bisher wurden die Zahlungsreihen der Investitionen immer auf den Zeitpunkt $t = 0$ bezogen, also der Barwert errechnet. Dies muss aber nicht sein. Der Wert der Zahlungsreihen lässt sich auch durch Aufzinsen aller Zahlungen für den Zeitpunkt zum Ende der Nutzungsdauer berechnen.

Der hierbei resultierende Endwert stellt den Geldvermögenszuwachs dar, der bezogen auf den letzten Zeitpunkt des Planungszeitraums durch ein Investitionsobjekt bewirkt wird (vgl. Götze 2008, S. 110). Die absolute Vorteilhaftigkeit ist bei Annahme eines vollkommenen Kapitalmarktes gegeben, wenn der Endwert größer als Null ist, bzw. ein Investitionsobjekt ist relativ vorteilhaft, wenn sein Vermögenswert größer ist als andere zur Auswahl stehende Alternativen.

Der Endwert lässt sich wie folgt darstellen:

$$C_n = -I_0 \cdot q^n + \sum_{t=1}^{n} z_t \cdot q^{n-t} + L_n \qquad (2.46)$$

Man erkennt, dass jeder Einzahlungsüberschuss über die Restnutzungsdauer $n - t$ aufgezinst wird. Alternativ kann der Endwert auch dadurch ermittelt werden, dass der Kapitalwert C_0 aufgezinst wird:

$$C_n = \left(-I_0 + \sum_{t=1}^{n} z_t \cdot q^{-t} + L_n \cdot q^{-n} \right) \cdot q^n \tag{2.47}$$

Hieraus kann man ableiten, dass Endwertmethode und Kapitalwertmethode bezüglich der Beurteilung der Vorteilhaftigkeit einer Investition letztlich zum gleichen Ergebnis kommen.

Eine aus dem Endwertverfahren abgeleitete Methode ist die Erstellung eines vollständigen Finanzplanes (VoFi). Dieser beinhaltet mehrere Vorteile:

- Seine Erstellung ist ohne größeren mathematischen Aufwand möglich und
- es ist eine Differenzierung des Zinssatzes in Soll- und Habenzins möglich (Aufgabe des vollkommenen Kapitalmarktes).

Die Systematik dieses Verfahrens lässt sich an einem Beispiel erläutern (vgl. hierzu und im Folgenden Zimmermann 2003, S. 281 ff.):

Beispiel 2.9 (s. Tab. 2.10)
Eine Investition sei mit einer Anschaffungsauszahlung von 100.000 € verbunden. Es stehen eigene Mittel in Höhe von 30.000 € zur Verfügung, der Rest muss fremdfinanziert werden, wobei dieses mit einem Sollzinssatz von 10 % verzinst wird. Die jährlichen Einzahlungsüberschüsse werden im Beispiel vollständig zur Tilgung und zur Bezahlung der Zinsen verwendet. Verbleibende Überschüsse werden am Finanzmarkt zu einem Habenzinssatz von 5 % wiederangelegt (Kontenausgleichgebot). Der Zahlungsverlauf und der daraus resultierende Endwert lassen sich aus Tab. 2.10 entnehmen.

Der Endwert von 87.048 € ist der Wert des durch die Investition erreichten Eigenkapitals nach Ablauf der Nutzungsdauer $n = 4$.

Entscheidungskriterium ist also hier die Höhe des Endwertes alternativer Investitionen. Würde das Eigenkapital im Beispiel stattdessen zu 5 % angelegt, ergäbe sich im Vergleich zur Sachinvestition ein Endwert von 30.000 € $\cdot$ 1,05⁴ = 36.465 €.

Tab. 2.10 Vollständiger Finanzplan (VoFi) einer Investition. (Quelle: eigene Darstellung nach Zimmermann 2003, S. 281 f.)

Zeitpunkt	t_0	t_1	t_2	t_3	t_4
Eigenkapital	30.000				
Zahlungsreihe der Sachinvestition	−100.000	38.000	58.000	48.000	20.000
Kapital	−70.000	−70.000			
Sollzinsen		−7.000			
Kapital		−39.000	−39.000		
Sollzinsen			−3.900		
Finanzinvestition			15.100	15.100	
Habenzinsen				755	
Finanzinvestition				63.855	63.855
Habenzinsen					3.193
Endwert					87.048

2.3.7 Investitionsdauerentscheidungen mit Hilfe der Kapitalwertmethode

Einmalige Investition

In der bisherigen Betrachtung war die Nutzungsdauer bei einer Investition immer vorgegeben. Die Nutzungsdauer einer Investition kann aber durch unterschiedliche Faktoren determiniert sein (vgl. hierzu im Folgenden Zimmermann 2003, S. 367 ff.). So unterscheidet man (vgl. Mensch 2002, S. 163):

- rechtliche Nutzungsdauer (Lizenzen, Verträge, Gesetze etc.)
- technische Nutzungsdauer (maximale Laufleistung eines Fahrzeugs)
- ökonomische (wirtschaftliche) Nutzungsdauer

Die technische und rechtliche Nutzungsdauer sind als Restriktionen zu betrachten, innerhalb deren die ökonomische Nutzungsdauer zu bestimmen ist. Eine Prüfung der ökonomischen Nutzungsdauer kann sowohl vor Durchführung einer Investition (Nutzungsdauer-bzw. Ex-ante-Problem) als auch während der Laufzeit der Investition (Ersatz-bzw. Ex-post-Problem) erfolgen, denn eine bereits getätigte Investition kann natürlich auch vorzeitig beendet werden, wenn dies ökonomisch sinnvoll ist.

Zur Analyse des Ersatzproblems eignet sich besonders die Annuitätenmethode (vgl. hierzu Jung 2011, S. 131). Hier wird beim Vergleich einer bereits getätigten Investition mit einer zu erwägenden Ersatzinvestition der zum Zeitpunkt des Vergleichs existierende Restwert L_0 der alten Anlage als Anschaffungsauszahlung I_0 interpretiert, da dieser Wert das aktuell durch die bestehende Anlage gebundene Kapital darstellt, und n als Restlaufzeit definiert. Somit ergibt sich als Annuität einer alten Anlage:

$$\bar{z}_{\text{alt}} = \left(-L_0 + \sum_{t=1}^{n} z_t \cdot q^{-t} + L_n \cdot q^{-n}\right) \cdot \frac{q^n \cdot i}{q^n - 1} \qquad (2.48)$$

Die Annuität der Ersatzinvestition errechnet man auf dem üblichen Weg gemäß Ausdruck (2.31).

Das folgende Beispiel (Tab. 2.11 und 2.12) soll dieses Vorgehen veranschaulichen:

$$\text{Also} : \bar{z}_{\text{alt}} = \frac{1,1^4 \cdot 0,1}{1,1^4 - 1} \cdot 97.235,33 = 30.674,91$$

Im Vergleich hierzu die neue Anlage:

$$\text{Also} : \bar{z}_{\text{neu}} = \frac{1,1^6 \cdot 0,1}{1,1^6 - 1} \cdot 102.134,08 = 23.450,74$$

Da im Beispiel die Annuität der alten Anlage höher ist als die der neuen, ist es nicht sinnvoll, die alte Anlage zum aktuellen Zeitpunkt zu ersetzen.

Tab. 2.11 Annuität der alten Anlage. (Quelle: eigene Darstellung)

Alte Anlage
Restnutzungsdauer 4 Jahre, $L_0 = 34.800$, $L_4 = 0$, $i = 10\,\%$

Jahr	z_t (bzw. L_0)	q^{-t}	$z_t \cdot q^{-t}$
0	−34.800	1	−34.800
1	47.650	0,909	43.313,85
2	44.323	0,826	36.610,80
3	33.123	0,751	24.875,37
4	39.876	0,683	27.235,31
		Summe $= C_0 =$	97.235,33

Tab. 2.12 Annuität der neuen Anlage. (Quelle: eigene Darstellung)

Neue Anlage
Nutzungsdauer 6 Jahre, $I_0 = 101.500$, $L_6 = 0$, $i = 10\,\%$

Jahr	z_t (bzw. L_0)	q^{-t}	$z_t \cdot q^{-t}$
0	−101.500	1	−101.500
1	58.150	0,909	52.858,35
2	56.700	0,826	46.834,20
3	36.560	0,751	27.456,56
4	54.990	0,683	37.558,17
5	36.800	0,621	22.852,80
6	28.500	0,564	16.074,00
		Summe $= C_0 =$	102.134,08

Tab. 2.13 Optimale Nutzungsdauer einer einmaligen Investition. (Quelle: eigene Darstellung)

Zinssatz $i = 10\,\%$, $I_0 = 120.600$

t	z_t	q^{-t}	$z_t \cdot q^{-t}$	L_t	C_0
0	−120.600	1	−120.600	120.600	0
1	55.000	0,909	49.995,00	96.480	17.095,32
2	35.000	0,826	28.910,00	72.360	18.074,36
3	43.200	0,751	32.443,20	48.240	26.976,44
4	23.450	0,683	16.016,35	24.120	23.238,51
5	24.560	0,621	15.251,76	0	22.016,31

Will man hingegen ex ante die optimale Nutzungsdauer einer einmalig zu tätigenden Investition bestimmen, so lässt sich dies mit Hilfe des Kapitalwertverfahrens leicht bewerkstelligen. Hierzu werden für eine Investition die Kapitalwerte bei unterschiedlichen Nutzungsdauern ermittelt und die Dauer gewählt, für die der Kapitalwert am höchs-ten ist (vgl. Götze 2008, S. 242). Als Restwert wird der jeweilige am Ende einer Periode noch vorhandene Restwert L_t eingerechnet. Das folgende in Tab. 2.13 dargestellte Beispiel veranschaulicht dieses Vorgehen:

Man erkennt, dass der zum Ablauf der Periode 3 erzielte Kapitalwert der höchste ist. Er errechnet sich durch:

$$
\begin{aligned}
C_0 &= -120.600 + 32.443,20 + 28.910 + 49.995 + 48.240 \cdot 1,1^{-3} \\
&= 26.976,44
\end{aligned}
$$

Zweimalige Investition

Folgen mehrere Investitionen aufeinander, so können sie nicht mehr einzeln betrachtet werden, sondern sie müssen als Investitionsprogramm begriffen werden, für die ein gemeinsamer kumulierter Kapitalwert, der sogenannte Kettenkapitalwert, errechnet werden kann (vgl. hierzu Burchert und Hering 2002, S. 247). Hierbei stellt sich die Frage, wie lang die Nutzungsdauer der ersten und der Folgeinvestition sein soll. Man geht hierzu in zwei Schritten vor:

1. *Schritt:* Zunächst ermittelt man die optimale Nutzungsdauer der **Folgeinvestition**.
2. *Schritt:* Berechnung der optimalen Nutzungsdauer der ersten Investition unter Berücksichtigung des maximalen Kapitalwertes der zweiten Investition. Hierbei wird der Kapitalwert der Folgeinvestition als zusätzlicher Einzahlungsüberschuss zum Ende der Nutzungsdauer der ersten Investition betrachtet. Folglich muss er, damit ein gemeinsamer Kapitalwert für den Zeitpunkt $t = 0$ errechnet werden kann, entsprechend der Nutzungsdauer der ersten Investition abgezinst werden. Dies kann man formal wie folgt darstellen (Ausdruck (2.49)):

$$C_{0K}(n_{opt}) = \underbrace{C01 \left(-I_0 + \sum_{t=1}^{n_{opt}} z_t \cdot q^{-t} + L_{n_{opt}} \cdot q^{-n_{opt}} \right)}_{C_{01}} + C_{02max} \cdot q^{-n_{opt}} \qquad (2.49)$$

mit:

C_{01} = Kapitalwert der ersten Investition
C_{02max} = maximaler Kapitalwert der zweiten Investition
C_{0K} = Kettenkapitalwert
n_{opt} = optimale Nutzungsdauer der ersten Investition

Diese Vorgehensweise soll für zwei aufeinander folgende identische Investitionen gezeigt werden. Als Beispiel dienen die Daten aus Tab. 2.13. Hier wurde bereits ermittelt, dass die optimale Nutzungsdauer drei Perioden beträgt und man dabei einen Kapitalwert von 26.976,44 € erzielen kann. Betrachtet man diesen Betrag wie beschrieben als zusätzliche Zahlung am Ende der ersten (identischen) Investition, so errechnet man die optimale Nutzungsdauer der ersten Investition gemäß Ausdruck (2.49). Im Beispiel (Tab. 2.14) erhält man wiederum als optimale Nutzungsdauer drei Perioden.

Optimale Nutzungsdauer bei unendlicher Investitionskette

Wird eine Investition nicht nur einmal identisch wiederholt, sondern m-mal, so lässt sich der Kettenkapitalwert wie folgt darstellen (Ausdruck (2.50)):

$$C_{0k}(n) = C_0 + C_0 \cdot \frac{1}{q^n} + C_0 \cdot \frac{1}{q^{2n}} + \ldots\ldots + \frac{1}{q^{mn}} \qquad (2.50)$$

mit $C_{0K}(n)$ = Kettenkapitalwert in Abhängigkeit der Nutzungsdauer n
Dies kann umgeformt werden in:

$$C_{0k}(n) = C_0 \frac{\left(\frac{1}{q^n}\right)^m - 1}{\frac{1}{q^n} - 1} = C_0 \frac{1 - \left(\frac{1}{q^n}\right)^m}{1 - \frac{1}{q^n}} = \frac{C_0}{1 - \frac{1}{q^n}} - C_0 \frac{\left(\frac{1}{q^n}\right)^m}{1 - \frac{1}{q^n}} \qquad (2.51)$$

Geht man nun von einer unendlichen Investitionskette aus ($m = \infty$), so gilt $\left(\frac{1}{q^n}\right)^m = 0$. Deshalb vereinfacht sich der Term (2.51) zu Ausdruck (2.52) (vgl. hierzu Fischer 2009, S. 44–45):

$$C_{0k}(n) = \frac{C_0}{1 - \frac{1}{q^n}} = C_0 \frac{q^n}{q^n - 1} \qquad (2.52)$$

Tab. 2.14 Optimale Nutzungsdauer zweimaliger identischer Investitionen. (Quelle: eigene Darstellung)

Zinssatz $i = 10\,\%$, $I_0 = 120.600$

t	z_t^1	q^{-t}	$z_t^1 \cdot q^{-t}$	L_t^1	C_t^1	$C^2 \cdot q^{-t}$	C_0^k
0	-120.600	1	-120.600	120.600	0	26.976,44	26.976,44
1	55.000	0,909	49.995	96.480	17.095,32	24.521,58	41.616,90
2	35.000	0,826	28.910	72.360	18.074,36	22.282,54	40.356,90
3	43.200	0,751	32.443,2	48.240	26.976,44	20.259,31	47.235,75
4	23.450	0,683	16.016,35	24.120	23.238,51	18.424,91	41.663,42
5	24.560	0,621	15.251,76	0	22.016,31	16.752,37	38.768,68

$z_t^1 = $ Einzahlungsüberschuss von Investition 1 in t
$q^{-t} = $ Abzinsungsfaktor
$L_t^1 = $ Restwert der Investition 1 zum Zeitpunkt t
$C_t^1 = $ Kapitalwert der Investition 1 bei einer Laufzeit von t
$C^2 \cdot q^{-t} = t$-fach abgezinster Kapitalwert der Investition 2
$C_0^k = $ Kettenkapitalwert

Tab. 2.15 Optimale Nutzungsdauer bei unendlicher, identischer Investition. (Quelle: eigene Darstellung)

Zinssatz $i = 10\,\%$, $I_0 = 120.600$

t	z_t	q^{-t}	$z_t^1 \cdot q^{-t}$	L_t	C_0	$C_{0k}(n)$
0	-120.600	1	$-120.600,00$	120.600	0,00	0,00
1	55.000	0,909	49.995,00	96.480	17.095,32	188.048,52
2	35.000	0,826	28.910,00	72.360	18.074,36	104.142,74
3	43.200	0,751	32.443,20	48.240	26.976,44	108.476,26
4	23.450	0,683	16.016,35	24.120	23.238,51	73.310,71
5	24.560	0,621	15.251,76	0,00	22.016,31	58.078,47

Erweitert man das Beispiel aus Tab. 2.14, indem man die Investition jetzt unendlich oft identisch wiederholt, lässt sich die optimale Nutzungsdauer in Tab. 2.15 ablesen:

Man erkennt, dass der höchste Kettenkapitalwert im Beispiel bei einer Nutzungsdauer von einer Periode für die einzelnen Investitionen erreicht wird.

2.4   Investitionsrechnung unter Unsicherheit

Lernziele

Dieses Kapitel vermittelt:

- wie man Unsicherheit und Risiko definieren kann,
- welche Entscheidungsregeln bei Unsicherheit zutreffen,
- wie riskante Investitionen bewertet werden können.

2.4.1 Formen der Unsicherheit

In den vorherigen Kapiteln sind wir annahmegemäß von einer sicheren Welt ausgegangen. Alle Inputgrößen, die in die Investitionsrechnung einfließen, haben wir bisher als feste, sichere Größen angenommen. Tatsächlich sind diese Inputgrößen, wie z. B. der prognostizierte Cashflow (z), die geplante Nutzungsdauer (n) sowie der Kalkulationszinssatz (i) innerhalb der Kapitalwertmethode, als zukünftige, unsichere Daten anzusehen (vgl. Abb. 2.23).

Die Frage ist, wie in der Investitionsrechnung mit dieser Unsicherheit umzugehen ist. In der Entscheidungstheorie wird bei Unsicherheit üblicherweise in Ungewissheits- und Risikosituationen unterschieden (vgl. Bamberg et al. 2008). Von Unwissen (vgl. Abb. 2.7) wird in diesem Kapitel abgesehen, da keinerlei Quantifizierung möglich ist. Ungewissheitssituationen sind typischerweise dadurch gekennzeichnet, dass der Investor zwar eine ungefähre Vorstellung darüber hat, welches Ausmaß z. B. die zukünftigen Cashflows haben könnten, er aber keinerlei Vorstellungen darüber hat, mit welcher Wahrscheinlichkeit die jeweiligen Cashflows eintreten könnten. Wenn er es könnte, so läge eine Risikosituation vor, und der Investor könnte für die unsicheren Inputgrößen eine Verteilungsfunktion angeben (vgl. Abb. 2.24). Dabei ist es für die weitere Bewertung der unsicheren Investitionen unerheblich, ob diese Wahrscheinlichkeiten über eine Statistik ermittelt wurden, sogenannte

Abb. 2.23 Unsichere Inputgrößen am Beispiel der Kapitalwertmethode. (Quelle: eigene Darstellung)

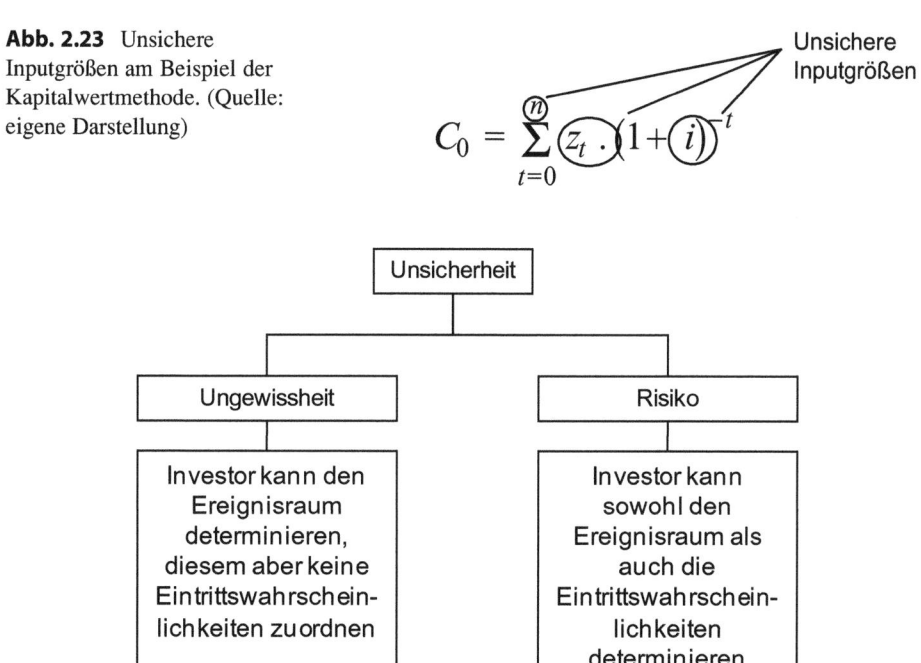

Abb. 2.24 Formen der Unsicherheit. (Quelle: eigene Darstellung)

objektive Wahrscheinlichkeiten, oder mittels Erfahrung und Intuition des Investors, sogenannte subjektive Wahrscheinlichkeit.

In der Investitionstheorie gibt es eine Vielzahl an Verfahren, wie die als unsicher
angesehenen Investitionen zu beurteilen sind. Je nachdem, ob die verschiedenen Verfahren Eintrittswahrscheinlichkeiten berücksichtigen oder nicht, wollen wir sie entweder der
Ungewissheits- oder der Risikosituation zuordnen (vgl. Abb. 2.24).

Innerhalb der Ungewissheitssituation entstammen der klassischen Entscheidungstheorie folgende Verfahren, wobei die grundsätzliche Lebenseinstellung des Investors
bzw. seine Einstellung zur Unsicherheit eine große Bedeutung erhält:

- **MiniMax-Regel**
  (absoluter Pessimist)
- **MaxiMax-Regel**
  (absoluter Optimist)
- **Hurwicz-Regel**
  (Feinjustierung der Lebenseinstellung über Optimismusgrad)
- **Laplace-Regel**
  (neutrale Lebenseinstellung)
- **Savage-Niehans-Regel**
  (relativer Pessimist)
- **Krelle-Regel**
  (Feinjustierung der Ungewissheit über Präferenzfunktion)

Ohne im Detail auf jedes dieser Verfahren unter Ungewissheit eingehen zu wollen, kann
Folgendes festgehalten werden: All diesen Verfahren ist gemeinsam, dass der Investor sich
zunächst Gedanken über seine grundsätzliche Lebenseinstellung zu unsicheren Aktionen
machen muss. Ist er beispielsweise ein absoluter Pessimist (Optimist), so wird er sich bei
der Wahleinzelentscheidung an dem schlechtmöglichsten (bestmöglichen) Ausgang eines
Investitionsprojekts orientieren, was der Vorgehensweise der MiniMax-Regel (MaxiMax-
Regel) entspricht. Setzt er das schlechtmöglichste Ergebnis je Umweltzustand in Relation
zu den anderen Alternativen und wählt daraus je Alternative das jeweils Maximale heraus,
so wird sich ein pessimistischer Investor für diejenige Alternative mit dem kleinsten dieser
Werte entscheiden (Savage-Niehans-Regel). Die oben aufgeführten Entscheidungsregeln
konnten sich in der Investitionspraxis nicht durchsetzten, da es dem Investor regelmäßig
schwer fällt, seine Lebenseinstellung zu unsicheren Ereignissen zu quantifizieren. Ausführ-
liche Darstellungen mit Beispielsrechnungen zu diesen Verfahren finden sich zur Genüge
in der Literatur (vgl. Schäfer 2005, S. 229 ff. sowie Bieg et al. 2006, S. 155 ff.). Etabliert
haben sich in der Investitionsrechnung unter Ungewissheit jedoch das Korrektur- sowie das
Sensitivitätsverfahren trotz ihrer erheblichen Schwächen. Beide Verfahren eignen sich
sowohl für Real- als auch für Finanzinvestitionen. Sie kommen regelmäßig bei Wahleinzelentscheidungen zum Einsatz. Auf diese wollen wir später genauer eingehen (vgl.
Abschn. 2.4.2 und 2.4.3).

Zum Schluss seien noch die Fuzzy-Set-Verfahren erwähnt, welche spezielle Verfahren bei Entscheidungssituationen unter Unschärfe darstellen. Als unscharf kann dabei sowohl die individuelle Einstellung zur Unsicherheit als auch die gesamte Lebensplanung des Entscheiders bis hin zur Zielsetzung angesehen werden. Um trotz dieser erheblichen Widrigkeiten eine Entscheidung auf quantitativer Basis herbeizuführen, hat Zadeh die Fuzzy-Set-Theorie entwickelt (vgl. Zadeh 1965). Wir wollen diese Theorie hier nicht weiter vertiefen, da sie zum einen sehr speziell ist und zum anderen sich in der Investitionspraxis bisher nicht durchzusetzen vermag. Einen guten Überblick über allgemeine Entscheidungsverfahren bei Unschärfe erhält der interessierte Leser bei Rommelfanger und Eickemeier (2002). Eine Anwendung der Fuzzy-Set-Theorie auf Investitions- und Finanzentscheidungen findet sich dagegen bei Möbius (1997).

Wenden wir uns der Risikosituation zu. Das μ-Prinzip, das μ-δ-Prinzip sowie das Bernoulli-Prinzip sind klassische Entscheidungsverfahren, die universell auch in den unterschiedlichsten Bereichen der Betriebswirtschaftslehre zum Einsatz kommen. Wie auch schon bei den vorgestellten Verfahren unter Ungewissheit muss der Investor sich hinsichtlich seiner Lebenseinstellung zu unsicheren Ereignissen erklären. Der Unterschied besteht lediglich darin, dass jetzt nicht mehr von Optimismus bzw. Pessimismus des Investors die Rede ist, sondern diesmal seine Einstellung zum Risiko abgefragt wird. Hier differenziert die Literatur gewöhnlich zwischen Risikofreude, Risikoscheue und Risikoneutralität (vgl. Trautmann 2007, S. 239 ff.).

In der Praxis der Investitionsbeurteilung finden das Erwartungswertprinzip und das μ-δ-Prinzip großen Anklang, die wiederum Grundlage für viele weitere Verfahren der Investitionsrechnung unter Risiko darstellen. Insbesondere die Bewertung einer Investition nach Erwartungs- und Risikogesichtspunkten finden sich sowohl bei Einzelfinanzinvestitions- als auch bei Programmfinanzinvestition-Entscheidungen (Portfolio-Selection-Theorie) wieder. Deswegen wollen wir diese beiden Verfahren im Anschluss vertiefen (vgl. Abschn. 2.4.4 und 2.4.5).

Die Monte-Carlo-Simulation, als spezielles Verfahren innerhalb der Risikoanalyse, ist eine Weiterentwicklung der Szenarioanalyse, die innerhalb der Sensitivitätsverfahren zum Einsatz kommt. Der Investor erhält bei diesem Verfahren keinen eindeutigen Ergebnisvorschlag, sondern eine Wahrscheinlichkeitsverteilung der Outputgröße, wie z. B. den Kapitalwert einer Investition bei Vermögensstreben. Dieses sogenannte Risikoprofil des betrachteten Investitionsprojektes gibt dem Investor darüber Auskunft, wie wahrscheinlich es ist, dass die Investition ein Flop (Kapitalwert < 0) oder ein Erfolg wird (Kapitalwert > 0). Daher kann in diesem Zusammenhang bei der Monte-Carlo-Simulation auch nicht von einem Entscheidungsverfahren im engeren Sinne, sondern nur von einem Entscheidungshilfeverfahren die Rede sein. Die Entscheidung selber über das Investitionsprojekt muss der Investor in Abstimmung mit seiner persönlichen Risikoeinstellung treffen. Da dieses Verfahren in der Praxis sehr beliebt ist, soll es in Abschn. 2.4.6 näher beschrieben werden.

Die kapitalmarktorientierten Ansätze, wie das Capital Asset Pricing Model (CAPM) oder das Adjusted Present Value-Modell (APV), stellen gewissermaßen eine Weiterentwicklung des Korrekturverfahrens dar. Auch hier kommt es zu (Risiko-)Aufschlägen beim Kalkulationszinsfuß, die jedoch im Gegensatz zum Korrekturverfahren nicht subjektiv, sondern aufgrund von Beobachtungen am Kapitalmarkt erfolgen. Diese Ansätze kommen in der Praxis insbesondere in der Unternehmensbewertung bzw. bei der fundamentalen Aktienanalyse zum Einsatz. Wir wollen auf diese Verfahren hier nicht weiter eingehen. Der interessierte Leser sei an die entsprechende Literatur verwiesen (vgl. z. B. Götze 2008, S. 353 ff.; Möbius und Pallenberg 2013, S. 139 ff.).

Die in Abb. 2.25 aufgeführten Verfahren haben ihren Ursprung aus den unterschiedlichsten Theorien und Verwendungszwecken. Die dort genannten Verfahrensmöglichkeiten bei Unsicherheit haben wir nach der Unsicherheitssituation differenziert. Sie lassen sich jedoch auch nach anderen Kriterien systematisieren, wie z. B. nach der Art der Investitionsentscheidung, in Einzel- und Programmentscheidungen (vgl. Blohm et al. 2006; Götze 2008) oder nach der Art der Investition in Sach- und Finanzinvestition. Betrachten wir abschließend die Einzel- und Programmentscheidungen. Zur Erinnerung: bei Einzelentscheidungen muss sich der Investor aus einer Vielzahl verschiedener Handlungsalternativen für ein einziges Investitionsprojekt entscheiden. Liegt die Investitionsdauer fest, so spricht man auch von Wahleinzelentscheidungen, ansonsten liegt eine Investitionsdauerentscheidung vor. Kann der Investor jedoch mehrere Investitionen gleichzeitig realisieren, so handelt es sich um Programmentscheidungen.

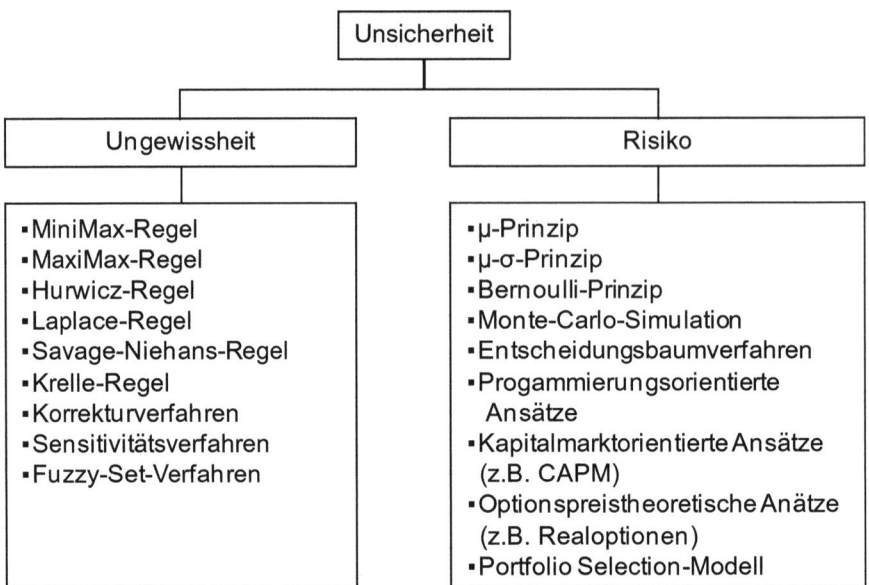

Abb. 2.25 Entscheidungsverfahren bei Unsicherheit. (Quelle: eigene Darstellung)

Innerhalb der Einzelentscheidungen werden in der Literatur folgende Verfahren aufgeführt:

- Korrekturverfahren
- Sensitivitätsanalyse
- Risikoanalyse (Monte-Carlo-Simulation)
- Entscheidungsbaumverfahren (starre Planung)
- Kapitalmarktorientierte Ansätze (CAPM)
- Optionspreistheoretische Ansätze (Realoptionen)

Innerhalb der Programmentscheidungen unter Unsicherheit finden sich die Verfahren:

- Sensitivitätsanalyse
- Programmierungsorientierte Ansätze (Chance Constrained Programming)
- Portfolio-Selection-Ansatz
- Entscheidungsbaumverfahren (flexible Planung)
- Fuzzy-Set-Modelle

Da wir hier nicht alle Verfahren im Einzelnen besprechen können, wollen wir uns
auf die in der Praxis gängigsten Methoden konzentrieren. Dazu zählen sicherlich das
Korrektur- und Sensitivitätsverfahren im Fall der Ungewissheit sowie der Erwartungswert
(μ-Prinzip), das μ-δ-Prinzip und die Monte-Carlo-Simulation im Fall der Risikosituation.
Einzelinvestitionsverfahren sollen dabei im Vordergrund stehen.

2.4.2 Korrekturverfahren

Das Korrekturverfahren geht wie die MiniMax-Regel von einem pessimistischen Menschen aus. Der Pessimismus kommt dadurch zum Tragen, dass für die unsicheren Inputgrößen jeweilige Zu- bzw. Abschläge vorgenommen werden. So wird beispielsweise
vom prognostizierten Cashflow und/oder von der kalkulierten Nutzungsdauer ein pauschaler Abschlag und/oder beim Kalkulationszinssatz ein pauschaler Aufschlag in Form einer
„Risikoprämie" vorgenommen, um eine Quasi-Sicherheit zu erzeugen. Mit den verän-
derten Inputgrößen können nun je nach Zielsetzung des Investors alle Verfahren unter
Sicherheit zum Einsatz kommen. Die Auswirkungen davon sind unmittelbar einleuchtend:
Das Investitionsprojekt wird schlecht bzw. „tot" gerechnet. Folgendes Beispiel soll dies
verdeutlichen:

Beispiel 2.10 (Korrekturverfahren)

Eine Investorin steht vor der Entscheidung, ob sie in ein Projekt mit folgenden
Daten investieren soll: Die Investitionsauszahlung in $t = 0$ beläuft sich auf –100 Mio. €.
Die weiteren Cashflows z_t für die gesamte Laufzeit von 4 Jahren werden entsprechend der
Tabelle prognostiziert:

t	0	1	2	3	4
z_t	−100	20	30	40	50

Die Investorin strebt nach maximalem Vermögen und beurteilt diese Investition
mittels der Kapitalwertmethode. Bei einem unterstellten Kalkulationszinsfuß von 10 %
ergibt sich ein Kapitalwert in Höhe von ca. 7,2 Mio. €. Da der Kapitalwert positiv ist,
erscheint das Projekt absolut vorteilhaft.

Die Investorin ist pessimistisch und stuft dieses Projekt als äußerst unsicher ein. Sie
nimmt daher hinsichtlich der Investitionsauszahlung einen pauschalen Aufschlag von
10 % und bezüglich der weiteren Cashflow-Reihe einen pauschalen Abschlag in Höhe
von 10 % vor: Die „neue" Zahlungsreihe sieht wie folgt aus:

t	0	1	2	3	4
z_t	−110	18	27	36	45

Den Kalkulationszinsfuß belässt die Investorin hingegen bei 10 %. Nach erneuter
Berechnung des Kapitalwertes stellt sich heraus, dass das vormals vorteilhafte Projekt
plötzlich unvorteilhaft geworden ist. Der Kapitalwert beträgt nun –13,5 Mio. €. Die
pauschale Korrektur der Zahlungsreihe um 10 %, die nicht rational nachvollziehbar ist,
sondern aus dem „Bauchgefühl" der Investorin resultiert, hat also dazu geführt, dass
die Investition „tot" gerechnet wurde.

Kommen wir zur Bewertung des Korrekturverfahrens:

- Unterstellung eines pessimistischen Investors
- Berücksichtigung nur negativer Zukunftslagen
- Zukunftslagen eine Frage des „Fingerspitzen- bzw. Bauchgefühls"
- Gefahr der Kumulation der Korrekturen
- Geringer Planungs- und Rechenaufwand

Aufgrund des geringen Planungs- und Rechenaufwands ist das Korrekturverfahren in
der Praxis beliebt. Die anderen aufgeführten Punkte sind jedoch so negativ, dass das Korrekturverfahren aus theoretischer Sicht klar abzulehnen ist.

2.4.3 Sensitivitätsverfahren

Die Sensitivitätsanalyse ist ein in der Praxis sehr beliebtes Verfahren. Sie kommt entweder in Form einer Szenarioanalyse oder einer Kritische-Werte-Rechnung zur Anwendung. Folgende zwei Fragestellungen versucht man, mit diesem Verfahren zu beantworten:

- Wie verändert sich der Zielfunktionswert bei vorgegebenen Variationen einer oder mehrerer Inputgrößen? (Szenarioanalyse)
- Welchen Wert darf eine Inputgröße annehmen, wenn ein vorgegebener Zielfunktionswert mindestens erreicht werden soll? (Verfahren der „kritischen Werte")

Die Szenarioanalyse ist eine Weiterentwicklung des Korrekturverfahrens. Auch hier werden die Auswirkungen einer Variation der Inputgrößen, wie z. B. die Investitionsauszahlung oder der zukünftigen Cashflows, auf deren Outputgröße, z. B. der Kapitalwert, betrachtet. Der Unterschied zum Korrekturverfahren liegt darin, dass man sich nicht auf ein einziges Szenario beschränkt, sondern i. d. R. drei verschiedene Szenarien betrachtet: worst case, most likely case und best case. Der most likely case soll dabei den möglichsten oder auch „wahrscheinlichsten" Fall repräsentieren. Eine Abweichung sowohl nach oben (best case) als auch nach unten (worst case) runden die Betrachtung der Unsicherheit ab. Die Annahme eines pessimistischen Investors, wie beim Korrekturverfahren, wird hier also aufgegeben. Der Investor erhält aber durch die gleichzeitige Betrachtung der unterschiedlichen Szenarien keine klare Entscheidungsempfehlung mehr. Die Unsicherheit wird durch die Szenarienbildung lediglich etwas transparenter gemacht.

Bei der Methode der kritischen Werte wird geschaut, inwieweit die Veränderung einer unsicheren Inputgröße das Ergebnis der Beurteilung so stark beeinflusst, dass es zur Ablehnung des Projekts führt. Bezogen auf die Kapitalwertmethode bedeutet dies: Wie sehr dürfen sich die Inputgrößen jede für sich betrachtet verändern, ohne dass der Kapitalwert negativ und damit die Investition gefährdet wird? Diese Fragestellung haben wir bereits bei der Internen-Zinsfuß-Methode oder der dynamischen Amortisationsrechnung kennen gelernt. Bei der Internen-Zinsfuß-Methode (Amortisationsrechnung) haben wir nach demjenigen Zinssatz (Laufzeit) als kritischen Wert gesucht, bei dem der Kapitalwert der Investition gerade den Wert Null annimmt. Nun können bei einer Investition auch andere Werte als der Zinssatz (i) bzw. der Zinsfaktor (q) oder die Nutzungsdauer (T) angesehen werden. Wird der prognostizierte Cashflow in seine Bestandteile zerlegt, dann lassen sich folgende Größen identifizieren (vgl. Götze 2008, S. 364; Blohm et al. 2006, S. 233):

- Anschaffungsauszahlung (I_0)
- Verkaufspreis (p)
- Absatz- bzw. Produktionsmenge bei Gütern (x)

- Produktionsabhängige Auszahlungen bei Gütern (a_v)
- Produktionsunabhängige Auszahlungen bei Gütern (A_f)
- Liquidationserlös/Restwert (L)

Formal betrachtet gilt bezogen auf den Kapitalwert C_0 einer Investition:

$$
\begin{aligned}
C_0 &= \sum_{t=0}^{T} z_t \cdot q^{-t} \overset{!}{=} 0 \\
C_0 &= I_0 + \sum_{t=1}^{T} \left((P - a_v) \cdot x - A_f \right) \cdot q^{-t} + L \cdot q^{-T} = 0
\end{aligned}
\tag{2.53}
$$

Unterstellen wir einmal, dass erstens die Frage nach dem kritischen (Verkaufspreis) von Interesse ist und dass zweitens der Verkaufspreis, die Absatz- und die (p_{krit}) Produktionsmenge, die produktionsab- wie -unabhängigen Auszahlungen über die gesamte Nutzungsdauer der Investition konstant sind, so lässt sich die obige Gleichung modifizieren und nach dem kritischen Verkaufspreis leicht umformen:

$$
\begin{aligned}
C_0 &= I_0 + \sum_{t=1}^{T} \left((p_{krit} - a_v) \cdot x - A_f \right) \cdot q^{-t} + L \cdot q^{-T} = 0 \\
C_0 &= I_0 + \left((p_{krit} - a_v) \cdot x - A_f \right) \cdot \sum_{t=1}^{T} q^{-t} + L \cdot q^{-T} = 0
\end{aligned}
\tag{2.54}
$$

Nach p_{krit} umgeformt:

$$
p_{krit} = \frac{-I_0 + (a_v \cdot x + A_f) \cdot \sum_{t=1}^{T} q^{-t} - L \cdot q^{-T})}{x \sum_{t=1}^{T} q^{-t}}
\tag{2.55}
$$

Beispiel 2.11 (Sensitivitätsanalyse – kritische Werte) nach Götze (2008, S. 365)

Aus Kapazitätsgründen soll eine weitere Maschine angeschafft werden, damit zusätzlich 1.000 Mengeneinheiten des Produkts gefertigt und verkauft werden können (Annahme: Produktionsmenge = Absatzmenge, Fertigung nur einer Produktart). Die Nutzungsdauer der Alternative liegt bei 5 Jahren. Mit einem Liquidationserlös am Ende der Nutzungsdauer ist nicht zu rechnen. Die produktionsabhängigen Auszahlungen pro Stück werden bei dieser Maschine mit 50 GE veranschlagt. Die produktionsunabhängigen Auszahlungen belaufen sich pro Periode auf 16.000 GE.

Die Investition kostet 100.000 GE. Der Kalkulationszinssatz beträgt 10 % und der Preis pro Mengeneinheit des Produkts soll innerhalb des gesamten Planungshorizonts bei konstanten 100 GE liegen. Der Kapitalwert ist unter dieser Voraussetzung mit 28.886,74 GE positiv. Welchen Verkaufspreis muss das Produkt mindestens erzielen, damit sich die Investition nach wie vor rechnet?

Lösung:

Die Daten in die obige Gleichung eingesetzt, ergibt:

$$p_{\text{krit}} = \frac{100.000 + (50 \cdot 1.000 + 16.000) \sum_{t=1}^{5} 1,1^{-t})}{1.000 \sum_{t=1}^{5} 1,1^{-t}} = 92,38$$

Wie ist dieses Ergebnis nun zu interpretieren? Bezogen auf den ursprünglichen Verkaufspreis von 100 GE darf der Verkaufspreis maximal um 7,62 % nach unten abweichen, damit die betrachtete Investition kein Flop wird, vorausgesetzt, die anderen Inputgrößen bleiben ceteris paribus unverändert. Betrachten wir die anderen Inputgrößen und fragen dort nach den kritischen Werten, so erhält man folgende Ergebnisse (Tab. 2.16):

Wie die Tabelle verdeutlicht, ist der Verkaufspreis der kritischste Wert von allen Inputgrößen, da er lediglich ca. 7,6 % nach unten abweichen darf. Am unkritischsten ist dagegen die Höhe des Kalkulationszinssatzes. Dieser darf sogar um mehr als das Doppelte anwachsen, ohne dass der Erfolg der Investition gefährdet wäre.

Kommen wir zur Bewertung des Sensitivitätsverfahrens. In Wirklichkeit findet die Unsicherheit bei der Sensitivitätsanalyse auch keine direkte Berücksichtigung, weswegen in der Literatur auch hier von Investitionsentscheidungen unter Quasi-Sicherheit gesprochen wird (vgl. Breuer 2001, S. 7 ff.). Es bleibt festzuhalten:

- Kein Entscheidungsverfahren, sondern eine Sensibilitätsanalyse
- Flexible Anwendungsmöglichkeiten auf verschiedene Investitionstypen

Tab. 2.16 Sensibilität der Inputgrößen (Kritische Werte) auf die Outputgröße. (Quelle: eigene Darstellung)

Inputgrößen	Kritische Werte	Abweichung vom Ausgangswert
A_0	128.886,74 GE	+28,9 %
p	92,38 GE	−7,6 %
a_v	57,62 GE	+15,2 %
X	847,60 Stück	−15,2 %
A_f	23.620,30 GE	+47,6 %
i	20,76 %	+107,6 %
T	36,7 Jahre	−26,6 %

- Unrealistische Annahme über Konstanz der anderen Inputgrößen
- Keine Aussagen über Eintrittswahrscheinlichkeiten der Größen
- Geringer Rechenaufwand

2.4.4 Das Erwartungswertverfahren (μ-Prinzip)

Das Erwartungswertverfahren, auch μ-Prinzip oder Bayes-Regel genannt, ist ein Verfahren aus der klassischen Entscheidungstheorie und kommt bei Risikosituationen zum Einsatz. Es geht von einem risikoneutralen Investor aus, da der Entscheider ausschließlich das erwartete Investitionsergebnis μ in Form beispielsweise des Vermögens oder der erwarteten Rendite zur Entscheidungsgrundlage macht. Das Risiko bzw. die Chance einer Abweichung vom Erwartungswert wird bei dieser Betrachtung prinzipiell ausgeschlossen. Voraussetzung für die Anwendung dieses Verfahrens ist, dass der Investor die Wahrscheinlichkeitsverteilung der zukünftigen, unsicheren Erwartungswerte angeben kann. Die Zielgröße des Investors je Umweltzustand i wird als zufallsabhängige (stochastische) Größe definiert. Dabei ist es unerheblich, ob die Wahrscheinlichkeiten (p_i) subjektiver (geschätzt) oder objektiver (aufgrund von Statistiken) Natur sind. Bezogen auf die Kapitalwertmethode, rückt bei Anwendung des Erwartungswertverfahrens der *erwartete* Kapitalwert ($E[C_0]$) in den Fokus des Investors. Formal gilt für die Ermittlung des erwarteten Kapitalwertes einer Investitionsalternative bei Annahme diskreter Zufallsvariablen ($C_{0,i}$):

$$E\left[C_0\right] = \sum_{i=1}^{I} C_{0,i} \cdot p_i \ \ \text{mit} \sum_{i=1}^{I} p_i = 1 \tag{2.56}$$

Die verschiedenen Kapitalwerte je Umweltzustand resultieren aus den unsicheren Inputgrößen, wie z. B. dem Cashflow oder der Nutzungsdauer. Bei Wahleinzelentscheidungen sind alle Alternativen j absolut vorteilhaft, die einen positiven erwarteten Kapitalwert aufweisen. Relativ vorteilhaft ist die Alternative mit dem maximalen erwarteten Kapitalwert. Formal gilt:

$$E\left[C_0\right]_j > 0 \quad \rightarrow \text{Investition ist } \textbf{absolut} \text{ vorteilhaft.}$$
$$E\left[C_0\right]_j \quad \rightarrow \text{max! Investition ist } \textbf{relativ} \text{ vorteilhaft.}$$

Natürlich lässt sich das Erwartungswertverfahren auch problemlos auf die interne Zinsfußmethode übertragen. In diesem Fall würde der Investor seine Investitionsentscheidung nach der erwarteten Rendite ausrichten (vgl. z. B. Schäfer 2002, S. 238 f.).

Beispiel 2.12 (Erwartungswertverfahren)

Einem Investor stehen drei Investitionsalternativen (A, B und C) zur Auswahl, die je nach Umweltzustand drei verschiedene Ausprägungen annehmen können. Die jeweiligen Umweltzustände S_i treten mit unterschiedlichen Wahrscheinlichkeiten ein: $S_1 = 20\,\%$, $S_2 = 50\,\%$, $S_3 = 30\,\%$. Die jeweiligen Ausprägungen des Kapitalwerts je Alternative können Sie der folgenden Matrix entnehmen:

	S_1 20 %	S_2 50 %	S_3 30 %
A	−5	6	18
B	−1	7	14
C	2	5	8

Bestimmen Sie die Vorteilhaftigkeit der drei Alternativen nach dem Erwartungswertprinzip, wenn der Investor nach maximalen Vermögen strebt.

Lösung:

Nach der obigen Formel errechnen wir die erwarteten Kapitalwerte für unsere drei Alternativen. Für die erste Alternative $j = 1$ gilt:

$$E\left[C_0\right]1 = \sum_{i=1}^{3} C_{0,i} \cdot p_i = -5 \cdot 20\ \% + 6 \cdot 50\% + 18 \cdot 30\ \% = 7,4$$

Die einzelnen Ergebnisse sind in der Tabelle zusammengetragen:

Alternativen	A	B	C
Erwartungswert	7,4	7,5	5,3

Wie man der Tabelle entnehmen kann, sind alle drei Investitionen absolut vorteilhaft, da ihr erwarteter Kapitalwert positiv ist. Da der Investor annahmegemäß nach maximalem Vermögen strebt, würde er sich für die Alternative B entscheiden.

Anhand des Beispiels konnte man sehr gut erkennen, dass das Erwartungswertprinzip auch als eine Weiterentwicklung der Szenarioanalyse (vgl. Abschn. 2.4.3) bezeichnet werden kann. Wir haben für unsere Zielgröße Kapitalwert drei Szenarien ($S_1 =$ worst case, $S_2 =$ most likely case, $S_3 =$ best case) unterstellt, denen wir jetzt aber auch im Gegensatz zur Szenarioanalyse Eintrittswahrscheinlichkeiten zuordnen konnten. Erst dadurch waren wir in der Lage, die drei erhaltenen Ergebnisse (Kapitalwerte) zu einer Kennzahl (Erwartungswert) zu verdichten. Der Investor ist damit wieder in die Lage versetzt worden, eine Entscheidung unter Unsicherheit über den direkten Vergleich der Ergebnisse herbeizuführen und nicht wie bei der Szenarioanalyse lediglich die Risikosituation transparent zu machen.

Das μ-Prinzip ist in der Literatur nicht unumstritten. Dabei wird oft „das Petersburger Spiel" – ein Spieler wirft eine Münze so oft hoch, bis zum ersten Mal die Münzseite „Zahl" angezeigt wird. Der Spieler erhält einen Gewinn in Abhängigkeit der Anzahl Würfe n. Die Zahlung beläuft sich auf 2^n – angeführt, bei dem der Erwartungswert theoretisch unendlich groß ist (vgl. Trautmann 2007, S. 236 f.). Einem potenziellen Mitspieler müsste die Beteiligung am Spiel theoretisch beliebig viel wert sein, wenn er sich nach dem erwarteten Gewinn orientiert. Tatsächlich wird es trotz hoher Gewinnaussichten schwierig sein, einen Mitspieler zu finden, der bereit wäre, einen hohen Geldbetrag einzusetzen, um an diesem Spiel teilnehmen zu können. Dieses Paradoxon zwischen Theorie und Praxis hat Bernoulli dazu veranlasst, ein neues Prinzip zu entwickeln: das Bernoulli-Prinzip (vgl. Abschn. 2.4.6).

Kommen wir zur Bewertung des Erwartungswertprinzips:

- Angabe einer Wahrscheinlichkeitsverteilung bezüglich der unsicheren Inputgrößen oder der Outputgröße notwendig
- Risiko einer Abweichung vom Erwartungswert bleibt unberücksichtigt (risikoneutraler Investor)
- Flexible Anwendungsmöglichkeit auf zahlreiche Verfahren der Investition unter Sicherheit (z. B. Kapitalwert und Interne-Zinsfuß-Methode)
- Paradoxon zwischen Theorie und Praxis (Petersburger Spiel)

2.4.5 Die Erwartungswert-Varianz-Regel (μ-σ-Prinzip)

Entscheidungen nach dem Erwartungswert und dessen Streuung, kurz μ-σ-Prinzip, beziehen explizit die Risikoeinstellung des Investors in die Entscheidungsfindung mit ein. Dabei wird als geeignetes Risikomaß die Standardabweichung σ in Bezug zum Erwartungswert μ gesetzt. Als Ergebnis erhält man einen Präferenzwert Φ (μ, σ). Durch diese Komprimierung der beiden Kennzahlen μ und σ zu einer Kennzahl kann es zu Informationsverlusten kommen, die das Ergebnis verfälschen können. Es ist durchaus denkbar, dass Entscheidungen auf der Grundlage des μ-σ-Prinzips in Widerspruch zum Dominanzprinzip stehen (vgl. Busse von Colbe und Laßmann 1990, S. 170). Dieses Dominanzprinzip sagt aus, dass eine Alternative der anderen überlegen ist, sofern die zu betrachtende Zielgröße der einen Alternative in jedem Umweltzustand größer oder gleich ist als die der anderen Alternative. Folglich muss der Entscheider, bevor er das μ-σ-Prinzip auf ein Entscheidungsproblem anwenden will, zunächst als sogenannte Vorauswahlregel das Dominanzprinzip anwenden und ggf. die dominierten Alternativen zuvor aussortieren.

Kommen wir zurück zur Risikoeinstellung: Ist der Investor risikoaffin (risikoavers), so wird er bei der Entscheidungsfindung die positive (negative) Abweichung vom Erwartungswert berücksichtigen. Je nach Stärke der Affinität bzw. Aversion zu den Risiken, wird die Standardabweichung vom Investor mehr oder weniger stark in Bezug zum Erwartungswert gesetzt. Bei einfacher Relation der Risiken zum Erwartungswert lauten die Entscheidungskriterien in Abhängigkeit der Risikoeinstellung:

$$\Phi\,(\mu,\,\sigma)\,=\,\mu\,+\,\sigma\,\rightarrow\,\text{Max! (für risikoaffinen Investor)}$$
$$\Phi\,(\mu,\,\sigma)\,=\,\mu\,-\,\sigma\,\rightarrow\,\text{Max! (für risikoaversen Investor)}$$

Wird das Risiko bzw. die Chance vollkommen ausgeblendet ($s = 0$), so haben wir es wieder mit einem risikoneutralen Investor zu tun. Das Erwartungswertprinzip ist also ein Spezialfall des μ-σ-Prinzips.

Wenden wir das μ-σ-Prinzip auf Investitionsentscheidungen an, so sind zunächst in einem ersten Schritt die Erwartungswerte und die Standardabweichungen je Alternative zu bestimmen. In einem zweiten Schritt werden diese beiden Kennzahlen je nach Risikoeinstellung des Investors zum Präferenzwert (Φ) verdichtet. Eine Investition j ist absolut vorteilhaft, wenn $\Phi_j > 0$ ist. Relativ vorteilhaft ist diejenige Investition, deren Φ_j maximal ist. Formal gilt:

$$\Phi j\,(\mu,\,\sigma)\,>\,0 \qquad \rightarrow \text{ Investition } j \text{ ist } \textbf{absolut} \text{ vorteilhaft.}$$
$$\Phi j\,(\mu,\,\sigma)\,\rightarrow\,\text{max!} \qquad \rightarrow \text{ Investition } j \text{ ist } \textbf{relativ} \text{ vorteilhaft.}$$

Wie der Erwartungswert allgemein berechnet wird, haben wir bereits in Abschn. 2.4.4 gesehen. Die Standardabweichung bzw. die Varianz (σ^2) einer diskreten Zufallsvariablen berechnet sich formal wie folgt:

$$\sigma^2 = \sum_{i=1}^{I} (C_{0,i} - \mu)^2 \cdot p_i \quad \text{(Varianz)} \tag{2.57}$$

$$\sigma = \sqrt{\sum_{i=1}^{I} (C_{0,i} - \mu)^2 \cdot p_i} \quad \text{(Standardabweichung)} \tag{2.58}$$

Betrachten wir das nachfolgende Beispiel zum Erwartungswertverfahren und ergänzen es nach kleinen Modifikationen hinsichtlich der Risikoeinstellung um das μ-σ-Prinzip:

Beispiel 2.13 (μ-σ-Prinzip)

Einem Investor stehen drei Investitionsalternativen (A, B und C) zur Auswahl, die je nach Umweltzustand drei verschiedene Ausprägungen annehmen können. Die jeweiligen Umweltzustände S_i treten mit unterschiedlichen Wahrscheinlichkeiten ein: $S_1 = 20\,\%$, $S_2 = 50\,\%$, $S_3 = 30\,\%$. Die jeweiligen Ausprägungen des Kapitalwerts je Alternative können Sie der folgenden Matrix entnehmen:

	S_1 20 %	S_2 50 %	S_3 30 %
A	−5	6	18
B	−1	7	14
C	2	5	8

Bestimmen Sie die Vorteilhaftigkeit der drei Alternativen nach dem μ-σ-Prinzip, wenn der Investor nach maximalen Vermögen strebt. Gehen Sie dabei von einem mäßig risikoscheuen, stark risikoaversen und von einem mäßig risikofreudigen Investor aus und vergleichen Sie Ihre Ergebnisse.

Lösung:

Die Erwartungswerte der Kapitalwerte je Alternative haben wir bereits in Abschn. 2.4.4 (vgl. Tab. in Beispiel 2.12) berechnet. Die Standardabweichung für die Alternative A ergibt sich durch Einsetzen der Daten in obige Gleichung:

$$\sigma_1 = \sqrt{(-5 - 7{,}4)^2 \cdot 20\,\% + (6 - 7{,}4)^2 \cdot 50\,\% + (18 - 7{,}4)^2 \cdot 30\,\%} = 8{,}1$$

Die Erwartungswerte und Standardabweichungen für alle drei Alternativen sind in folgender Tabelle zusammengefasst:

Alternativen	A	B	C
Erwartungswert	7,4	7,5	5,3
Standardabweichung	8,1	5,2	2,1

Im zweiten Schritt wird die Risikoeinstellung des Investors berücksichtigt. Hier soll gemäß Aufgabenstellung von einem stark und mäßig risikoaversen sowie von einem mäßig risikoaffinen Investor ausgegangen werden. Der Vollständigkeit halber betrachten wir auch noch den risikoneutralen Entscheider. Die Ergebnisse können der nachfolgenden Tabelle entnommen werden:

	Risikoavers		Risikoneutral μ	Risikofreudig $\mu + \sigma$
	stark $\mu - 2\sigma$	mäßig $\mu - \sigma$		
A	−8,8	−0,7	7,4	15,5
B	−2,9	2,3	7,5	12,7
C	1,1	3,2	5,3	7,4

Richten wir zunächst unser Augenmerk auf den Fall des mäßig risikoscheuen Investors. Die Standardabweichung wird in einfacher Form vom Erwartungswert subtrahiert ($\mu - \sigma$). Folglich ergibt sich für Alternative A ein Wert von −0,7 (=7,4 − 8,1). Diese Alternative ist also nicht absolut vorteilhaft für den Investor. Lediglich für die Alternative B und C sind die verdichteten Kennzahlen Φ positiv. Da der Wert der Alternative C mit 3,2 am größten ist, wird sich dieser mäßig risikoscheue Investor, der sich nach dem μ-σ-Prinzip verhält, für diese Alternative entscheiden. Diese Entscheidung wird bei einem stark risikoaversen Investor manifestiert. Alternative B wäre in diesem Fall auch nicht mehr absolut gesehen vorteilhaft, da der komprimierte Wert Φ mit –2,9 negativ ist.

Bei einem mäßig risikoaffinen Investor dreht sich die Entscheidung. Hier erscheint Alternative A mit einem Wert von 15,5 am vorteilhaftesten. Der risikoneutrale Investor dagegen würde sich für die Alternative B entscheiden. Φ, was genau dem erwarteten Kapitalwert entspricht, ist hier mit 7,5 maximal. Dieses Ergebnis kennen wir bereits aus dem Beispiel 2.12 (vgl. Abschn. 2.4.4).

Kommen wir zur Bewertung des μ-σ-Prinzips:

- Angabe einer Wahrscheinlichkeitsverteilung bezüglich der unsicheren Inputgrößen oder der Outputgröße notwendig
- Risiko/Chance einer Abweichung vom Erwartungswert wird explizit berücksichtigt
- Stärke der Risikoeinstellung (Risikoaversion und -affinität) lässt sich über die Addition bzw. Subtraktion der Kennzahlen μ und s relativ fein steuern
- Flexible Anwendungsmöglichkeit auf zahlreiche Verfahren der Investition unter Sicherheit (z. B. Kapitalwert und Interne-Zinsfuß-Methode)
- Anwendung des Dominanzprinzips als Vorauswahlregel, um ggf. widersprüchliche Ergebnisse des μ-s-Prinzips zu vermeiden

Dem μ-σ-Prinzip kommt in der Investitions- und Finanzierungstheorie eine sehr große Bedeutung zu. Weitere Verfahren der Investitionsrechnung unter Unsicherheit, wie z. B. das Entscheidungsbaumverfahren, die Monte-Carlo-Simulation und die Portfoliotheorie, basieren auf diesem Konzept. Flexibilität beweist das μ-σ-Prinzip auch hinsichtlich des zu betrachteten Risikomaßes. Es ist durchaus möglich, statt der Varianz bzw. der Standardabweichung auch ein anderes Risikomaß zu verwenden, wie z. B. den Variationskoeffizienten (vgl. Busse von Colbe und Laßmann 1990, S. 171).

Als Fazit lässt sich festhalten, dass die Erwartungswert-Varianz-Regel eine sowohl in der Theorie als auch in der Praxis bevorzugte Möglichkeit des Umgangs mit Investitionsentscheidungen bei Risikosituationen darstellt.

2.4.6 Das Bernoulli-Prinzip

Das Bernoulli-Prinzip geht auf den Mathematiker Daniel Bernoulli im Jahr 1738 zurück und geriet bis zur Wiederentdeckung im Jahr 1944 durch John von Neumann und Oskar Morgenstern in Vergessenheit (und die dort aufgeführte Literatur Bernoulli 1738). Als Entscheidungsgrundlage dient der erwartete Risikonutzen des Entscheiders oder auch Bernoulli- bzw. Neumann-Morgenstern-Nutzen genannt (vgl. Busse von Colbe und Laßmann 1990, S. 172). Der Entscheider bewertet gemäß seiner individuellen Risikoeinstellung jede mögliche Ausprägung des Zielwertes in Form einer Nutzenfunktion, um anschließend diese verschiedenen Nutzenwerte mit der jeweiligen Eintrittswahrscheinlichkeit des Umweltzustandes zu gewichten. Als Ergebnis dieses Bewertungsprozesses erhält der Entscheider einen Präferenzwert für die betrachtete Alternative, den erwarteten Risikonutzen. Werden diese verschiedenen erwarteten Risikonutzen je Alternative miteinander verglichen, so wählt der Entscheider diejenige mit dem maximalen Nutzen aus.

Da das Bernoulli-Prinzip von einem rational handelnden Menschen ausgeht, basieren die weiteren Überlegungen auf einem Rationalitätspostulat bzw. einem Axiomensystem, das aus den Axiomen Vergleichbarkeit, Transitivität, Stetigkeit, Beschränkung, Dominanz und Unabhängigkeit der möglichen Ausprägungen besteht. Auf eine weitere Beschreibung dieses Axiomensystems wollen wir hier verzichten. Der interessierte Leser sei an die entsprechende Literatur verwiesen.

Beziehen wir nun die allgemeinen Aussagen des Bernoulli-Prinzips wieder auf Investitionsentscheidungen unter Risiko und wählen als ökonomische Größe den Kapitalwert. Dann ergibt sich der erwartete Risikonutzen aus einer Investition $E[C_{0,i}]$ aus der Summe mit der jeweiligen Eintrittswahrscheinlichkeit p_i gewichteten Nutzen (Utility) der verschiedenen Kapitalwerte $u(C_{0,i})$ je Umweltzustand i:

$$E\left[u(C_{0,i})\right] = \sum_{i=1}^{I} u(C_{0,i}) \cdot p_i \text{ mit } \sum_{i=1}^{I} p_i = 1 \qquad (2.59)$$

Bei Wahleinzelentscheidungen sind alle Alternativen j absolut vorteilhaft, die einen positiven erwarteten Risikonutzen aufweisen. Relativ vorteilhaft ist die Alternative mit dem maximalen erwarteten Risikonutzen. Formal gilt:

$$E\left[u(C_0)\right]_j > 0 \qquad \rightarrow \text{ Investition ist \textbf{absolut} vorteilhaft.}$$
$$E\left[u(C_0)\right]_j \rightarrow \text{max!} \qquad \rightarrow \text{ Investition ist \textbf{relativ} vorteilhaft.}$$

Streng genommen erfolgt also beim Bernoulli-Prinzip wie beim μ-δ-Prinzip ebenfalls eine Verdichtung der Unsicherheit durch die Berechnung eines Präferenzwertes (erwarteter Risikonutzen). Jedoch erfolgt diese Konzentration zu einer Kennzahl nicht erst am Schluss der Berechnungen, sondern bereits am Anfang in Form einer Risikonutzenfunktion, auf die sich der Investor zuvor festgelegt hat. Diese Risikonutzenfunktion soll den persönlichen Nutzen der betrachteten Investition in Abhängigkeit seiner individuellen Risikoeinstellung widerspiegeln. Durch die Gestalt der Risikonutzenfunktion soll also die individuelle Risikoeinstellung zum Ausdruck kommen. Dabei werden grundsätzlich drei verschiedene Risikonutzenfunktionen betrachtet:

• Konkave Risikonutzenfunktion für risikoscheue Investoren
• Konvexe Risikonutzenfunktion für risikofreudige Investoren
• Lineare Risikonutzenfunktion für risikoneutrale Investoren

Die typische Gestalt dieser Risikonutzenfunktionen ist in Abb. 2.26 dargestellt.

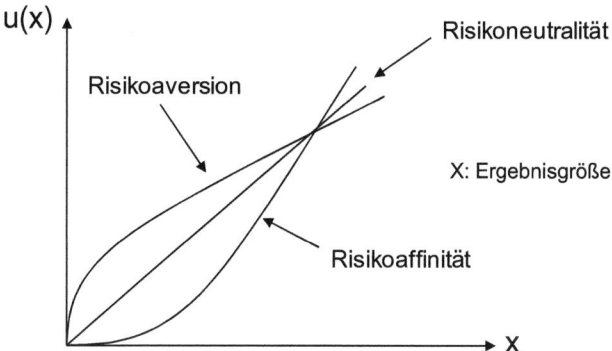

Abb. 2.26 Risikonutzenfunktionen bei unterschiedlicher Risikoeinstellung. (Quelle: eigene Darstellung)

Der Vollständigkeit halber soll auch noch eine vierte Risikonutzenfunktion, diejenige von Friedman und Savage, erwähnt werden (vgl. Bamberg et al. 2008). Diese Funktion, die wir im Weiteren nicht näher verfolgen wollen, besteht sowohl aus konkaven wie aus konvexen Stücken und soll die empirisch belegte, zum Teil widersprüchliche Einstellung des Entscheiders zum Risiko abbilden. Zu denken wäre an Menschen, die an Glücksspielen, wie der staatlichen Lotterie oder Spielwetten, teilnehmen (Risikosympathie) und sich gleichzeitig gegen Sach- und Personenrisiken bei Versicherungen absichern (Risikoaversion).

Beispiele für konkave Risikonutzenfunktionen bei Risikoaversion sind:

- $u(x) = \ln x$
- $u(x) = \sqrt{x}$

Beispiele für konvexe Risikonutzenfunktionen bei Risikoaffinität sind:

- $u(x) = x^2$
- $u(x) = e^x$

Beispiele für lineare Risikonutzenfunktionen bei Risikoneutralität sind:

- $u(x) = 2x$
- $u(x) = \frac{1}{3}x$

Die Risikonutzenfunktionen erhält man durch Befragung des Investors bzw. durch Herbeiführung hypothetischer Risikosituationen. Dabei werden, einmal vereinfachend gesagt, fiktive Fragen gestellt, dessen Beantwortung eine Messung des Nutzens für bestimmte Risikosituationen ermöglichen und damit Rückschlüsse auf die Gestalt der Risikonutzenfunktion geben soll. Diese Frage- und Auswertetechnik wollen wir hier im Einzelnen nicht weiter vertiefen. Der interessierte Leser sei an die entsprechende Literatur verwiesen (vgl. z. B. Bamberg et al. 2008, S. 76 ff. oder Trautmann 2007, S. 237 ff.).

Anhand des folgenden Beispiels wollen wir mit leicht modifizierter Aufgabenstellung die theoretischen Ausführungen zum Bernoulli-Prinzip nun verdeutlichen:

Modifiziertes Beispiel 2.14 (μ-σ-Prinzip)

Einem Investor stehen drei Investitionsalternativen (A, B und C) zur Auswahl, die je nach Umweltzustand drei verschiedene Ausprägungen annehmen können. Die jeweiligen Umweltzustände S_i treten mit unterschiedlichen Wahrscheinlichkeiten ein: $S_1 = 20\%$, $S_2 = 50\%$, $S_3 = 30\%$. Die jeweiligen Ausprägungen des Kapitalwerts je Alternative können Sie der folgenden Matrix entnehmen:

	S_1 20 %	S_2 50 %	S_3 30 %
A	−5	6	18
B	−1	7	14
C	2	5	8

Bestimmen Sie die Vorteilhaftigkeit der drei Alternativen nach dem Bernoulli-Prinzip, wenn der Investor nach maximalem Risikonutzen strebt. Gehen Sie dabei von einem risikoscheuen Investor aus, dessen Risikoeinstellung über folgende Funktion sehr gut zum Ausdruck kommt:

$$u(C_0) = C_0 - \frac{C_0{}^2}{10 + C_0}$$

Lösung:

Da die Risikonutzenfunktion des Investors bereits bekannt ist, können wir gleich zur Bewertung der drei Alternativen kommen.

Stellvertretend für Alternative A berechnen wir in einem ersten Schritt zunächst die Nutzenwerte für die verschiedenen Kapitalwerte je Umweltzustand:

$$\text{Umweltzustand } i = 1 : u(C_{0,1}) = C_{0,1} - \frac{C_{0,1}{}^2}{10 + C_{0,1}} = -5 - \frac{(-5)^2}{10 + -5} = -10$$

$$\text{Umweltzustand } i = 2 : u(C_{0,1}) = C_{0,1} - \frac{C_{0,1}{}^2}{10 + C_{0,1}} = 6 - \frac{(6)^2}{10 + 6} = 3,75$$

$$\text{Umweltzustand } i = 3 : u(C_{0,1}) = C_{0,1} - \frac{C_{0,1}^2}{10 + C_{0,1}} = 18 - \frac{(18)^2}{10 + 18} = 6,43$$

Diese Berechnungen wiederholen wir für jede Alternative und können als Zwischenergebnis folgende Nutzenmatrix erstellen:

	S_1 20 %	S_2 50 %	S_3 30 %
A	-10	3,75	6,43
B	$-1,11$	4,12	5,83
C	1,67	3,33	4,44

In einem nächsten Schritt ermitteln wir den erwarteten Risikonutzen je Alternative. Für Alternative A ergibt sich:

$$E[u(C_{0,1})]_A = \sum_{i=1}^{1} u(C_{0,1}) \cdot p_i = -10 \cdot 20\% + 3,75 \cdot 50\% + 6,43 \cdot 30\% = 1,8$$

Berechnen wir den erwarteten Risikonutzen der anderen zwei Alternativen ebenso, so erhalten wir die nachfolgenden Ergebnisse:

Alternativen	A	B	C
$E[u(KW)]$	1,8	3,6	3,3

Der Vergleich der erwarteten Risikonutzen je Alternative macht deutlich, dass für den Investor die Alternative B optimal ist, da der Nutzen für ihn dort maximal ist.

Kommen wir zur Bewertung des Bernoulli-Prinzips:

- Aufwändige Frage- und Auswertungsprozedur bei der Erstellung der Risikonutzenfunktion erschwert die schnelle Anwendbarkeit
- Anwendung nur sinnvoll bei Annahme eines rational handelnden Menschen (Anerkennung des zugrunde liegenden Axiomensystems)
- Unterstellung einer diskreten Wahrscheinlichkeitsverteilung der Zielgröße
- Transparenter Entscheidungsfindungsprozess

Wegen der oben genannten, in erster Linie kritischen Punkte, hat das Bernoulli-Prinzip keine große praktische Relevanz in der Investitionsrechnung.

2.5   Kontrollaufgaben

Dieses Kapitel vermittelt:

- Kontrollaufgaben zu den Fragestellungen der Investition

Aufgabe 2.1

Ein Bauunternehmer möchte eine neue Betonmischmaschine anschaffen und hat hierzu zwei Alternativen: Anlage 1 kostet 12.790 €, Anlage 2 hingegen 13.700 €. Die fixen Kosten des Betriebs der Anlage sind bei beiden Alternativen identisch und betragen 430 € pro Jahr. Die Betriebskosten für Anlage 1 belaufen sich auf 12,20 € und für Anlage 2 auf 10,75 € pro m^3 Beton. Es wird eine jährliche Menge von 2.860 m^3 Beton geplant und die Kapazitäten reichen bei beiden Anlagen hierzu aus. Der Restwert nach der für beide Anlagen geplanten Nutzungsdauer von 8 Jahren liegt jeweils bei 12 %. Führen Sie einen statischen Kostenvergleich durch. Gehen Sie hierbei von einem Zinssatz von 7,7 % aus.

Aufgabe 2.2

Der Eigentümer der Autovermietung „Time Rent" will ein neues Fahrzeug anschaffen und hat hierzu zwei Alternativen: Für Typ 1 liegt ihm ein Kaufangebot für 29.660 € vor. Für Steuern und Versicherung kalkuliert er 10 % des Anschaffungspreises als fixe Kosten pro Jahr. Er schätzt, dass das Fahrzeug 3 Jahre lang vermietet werden kann. Pro Monat rechnet er mit einer Laufleistung von 4.500 km, wobei laut Fachpresse ein Wertverlust von 1 % pro 2.500 km Laufleistung erwartet wird. Außerdem fallen 0,12 € pro km an variablen Kosten an. Man glaubt, das Fahrzeug für 0,40 € pro km vermieten zu können.

Für Typ 2 liegt ein Angebot über 32.460 € vor. Auch hier werden für Steuern und Versicherung 10 % des Anschaffungspreises pro Jahr und ein Wertverlust von 1 % pro 2.500 km veranschlagt. Man glaubt auch dieses Fahrzeug über 3 Jahre nutzen zu können und erwartet dabei variable Kosten von 0,13 € pro km. Als monatliche Laufleistung zu einem Preis von 0,45 € pro km werden 4.200 km geschätzt. Der Zinssatz bei beiden Alternativen beträgt 6,5 %.

a) Führen Sie eine Gewinnvergleichsrechnung durch.
b) Führen Sie eine Rentabilitätsrechnung durch.
c) Warum führt man hier keine Kostenvergleichsrechnung durch?
d) Was ergibt sich bei einer Amortisationsrechnung?

Aufgabe 2.3

Ein Kapital wird mit einem Zinssatz von 6,25 % pro Jahr verzinst. Nach 5 Jahren beträgt $K5$ 148.000 €. Wie hoch ist das Kapital nach 32 Jahren? Wie hoch war es zum Zeitpunkt $t = 0$?

Aufgabe 2.4

Ein Darlehen über 334.000 € soll über 26 Jahre in jährlichen Annuitäten zurückgezahlt werden. Als Zinssatz sind 5,85 % vereinbart. Wie hoch sind die jährlichen Annuitäten? Wie hoch sind die Raten, wenn keine Tilgung vereinbart ist (Tilgung der Darlehenssumme am Ende in einer Summe)?

Aufgabe 2.5

Ein Kapital wird 10 Jahre mit einem Zinssatz von 5,7 % verzinst. Nach dem 10. Jahr hebt der Sparer die Hälfte des Anfangskapitals ab und lässt den Rest wieder 10 Jahre mit einem Zins von 6,3 % verzinsen. Nach Ablauf des 20. Jahres zahlt man ihm 380.753 € aus. Wie hoch war das Anfangskapital?

Aufgabe 2.6

Ein Kapital wird 26 Jahre mit einem Zinssatz von 5,74 % verzinst. Jedes Mal, wenn die Bank die Zinsen vergütet, legt der Sparer noch einmal 1.990 € dazu. Wie hoch war das Kapital zum Zeitpunkt $t = 0$, wenn es nach 26 Jahren 288.475 € beträgt?

Aufgabe 2.7

„Oma Schütterchen" (73 Jahre alt) bietet ihrer Enkelin an, ihr zum Ende jeden Jahres den Betrag von 1.000 € zu zahlen (beginnend zum Zeitpunkt $t = 1$), damit diese genug Geld in eine spätere Ehe einbringen kann. Da die Enkelin den Gesundheitszustand ihrer Großmutter kritisch betrachtet, schlägt sie ihr vor, ihr statt der jährlichen Zahlungen sofort (zum Zeitpunkt $t = 0$) einen großen Betrag über 10.000 € zu schenken. Ab welchem Alter der Oma muss sich die Enkelin darüber ärgern, den Einmalbetrag gewählt zu haben?

Aufgabe 2.8

Eine kleine Autowerkstatt verkauft derzeit mit zwei Monteuren pro Jahr insgesamt 3.105 Werkstattstunden. Der Verkaufspreis liegt bei 45 € pro Stunde. Die beiden Monteure erhalten hierfür einen Stundenlohn von 11 €. Durch den Kauf einer neuen Hebebühne könnten die Reparaturarbeiten an den Kundenfahrzeugen 3 % schneller erfolgen, sodass 3 % mehr Stunden verkauft werden könnten. Da die Monteure nach verkaufter Stunde bezahlt werden, würden sich natürlich auch die Lohnkosten entsprechend erhöhen. Die Nutzungsdauer der Hebebühne wird auf 15 Jahre veranschlagt. Der Anschaffungspreis beträgt 25.000 €, als Zinssatz kalkuliert man 7,5 %. Man erwartet, dass die Bühne nach 15 Jahren nur noch wertloser Schrott ist.

a) Errechnen Sie den Kapitalwert dieser Investition.
b) Errechnen Sie die Amortisationsdauer.

Aufgabe 2.9

Eine Fluggesellschaft kann für 2 Jahre befristet die Rechte erwerben, Flüge zwischen Düsseldorf und Bangkok durchzuführen. Die Rechte haben einen Preis von 10.000.000 €.

Hierfür muss ein zusätzliches Langstreckenflugzeug angeschafft werden, das man gebraucht für 6.000.000 € erwerben könnte. Man erwartet, dass dieses Flugzeug pro Jahr 2,5 Mio. Flugkilometer zurücklegen wird, und man glaubt, pro 10.000 Flugkilometer Einnahmen in Höhe von 110.000 € zu erzielen, denen Kosten in Höhe von 75.000 € gegenüberstehen. Außerdem müssen pro Jahr für Pflege und Wartung des Flugzeugs noch einmal 110.000 € veranschlagt werden. In 2 Jahren hat das Flugzeug noch einen Wert von 2.000.000 € und es soll dann hierfür verkauft werden. Der Kapitalmarktzins beträgt 5,7 %. Die Investitionsplaner errechnen den internen Zinsfuß der Investition. Zu welchem Ergebnis kommen sie? Werden sie die Rechte kaufen? Begründen Sie die Entscheidung.

Aufgabe 2.10
Nehmen Sie zu folgender Aussage Stellung: Die dynamischen Verfahren basieren alle auf der Kapitalwertmethode und führen daher zu identischer Beurteilung der Vorteilhaftigkeit von Investitionen.

Aufgabe 2.11
Ein Fertigungsbetrieb, der spezielle energiesparende Neonröhren herstellt, beleuchtet seine eigenen Fabrikhallen mit 1.600 Röhren aus eigener Fertigung. Da die Röhren mit zunehmender Betriebsdauer weniger Energie verbrauchen, soll die optimale Nutzungsdauer der Röhren ermittelt werden. Die Röhren haben Herstellungskosten von 16,50 € pro Stück und halten 4 Jahre. Im ersten Jahr der Nutzung liegt die ersparte Energie pro Röhre bei 11 €, im 2. Jahr bei 7 €, im 3. Jahr bei 2 € und im 4. Jahr spart man nur noch 1 €. Ermitteln Sie die optimale Nutzungsdauer bei unendlich häufiger Reinvestition. Der Kalkulationszinssatz liegt bei 7,4 %.

Aufgabe 2.12
Wir wohnen auf dem Land. Aber auch hier ist alles teurer geworden – insbesondere die gute frische Öko-Milch. Wir erwägen deshalb, selber eine Kuh zu halten. Wir verbrauchen pro Tag 4,5 l Frischmilch, die 0,70 € pro Liter kostet. Der benachbarte Bauer Müller bietet uns Klara, eine Milchkuh, für 1.500 € an. Wir schätzen, dass Klara pro Jahr für 350 € Futter braucht, denn ansonsten kann sie auf unserer Wiese weiden (und nachts die Sträucher der Nachbarn anknabbern), wodurch wir noch einmal 50 € für Rasenmäherbenzin sparen. Bauer Müller meint, dass Klara noch eine Lebenserwartung von 7 Jahren hat, empfiehlt mir aber (als die Kinder nicht zuhören), Klara nach 5 Jahren in Frischfleisch zu transformieren, da sie dann wohl noch einen Restwert von 400 € haben wird. Der Zinssatz beträgt 6,8 %.

a) Überprüfen Sie mittels Kapitalwertmethode, ob ich Klara kaufen soll.
b) Soll man Klara wirklich nach 5 Jahren schlachten?

Aufgabe 2.13

Die Stadtväter Stuttgarts möchten die Attraktivität ihrer Stadt steigern und planen deshalb eine Ausstellung von Weltformat. Dabei denkt man entweder an eine Kunstausstellung über Claude Monet (A1) oder an eine Automobilausstellung (A2), die die Entwicklungsgeschichte des Automobils in einem noch nie da gewesenen Ausmaß dokumentieren soll. Die geschätzten Besucherzahlen sind von drei verschiedenen Umweltzuständen (Sj) abhängig. Falls der Zustand $S1$ (Eintrittswahrscheinlichkeit 30 %) eintreten sollte, dann würden 490.000 Menschen die Monet- und 810.000 die Automobilausstellung besuchen. Wenn jedoch der Zustand $S2$ (Eintrittswahrscheinlichkeit 45 %) eintreten sollte, dann würden zur Kunstausstellung 360.000 und zur Automobilausstellung lediglich 250.000 Besucher erwartet. Bei Eintritt des letztmöglichen Zustandes würden dagegen 640.000 Kunden die Kunst- und 490.000 die Autoschau besuchen.

Für welche der beiden Alternative sollten sich die Stadtväter entscheiden, wenn sie den Risikonutzen maximieren möchten und dabei von der Risikonutzenfunktion $u(x) = x^{1/2}$ ausgehen?

Aufgabe 2.14

Der Unternehmer Süß besitzt eine Keksfabrik. Er möchte sein Sortiment um Vollwertkekse erweitern und plant deshalb den Kauf einer neuen Teigmaschine. Sie soll 40.000 € kosten. Zusätzlich muss für die Errichtung der Maschine eine einmalige Ausgabe in Höhe von 4.000 € geleistet werden. Die betriebsgewöhnliche Nutzungsdauer der Teigmaschine beträgt 3 Jahre. Für diese 3 Jahre hat Süß die nachfolgenden Daten (in €) zusammengestellt, wobei alle Zahlungen am Jahresende erfolgen.

Jahr	1	2	3
Verkaufspreis je Packung	3,00	3,20	3,50
Variable Kosten je Packung	1,00	1,20	1,50
Fixe Kosten je Jahr	5.000	5.500	6.000

In einer Kekspackung befinden sich 25 Vollwertkekse. Süß plant eine jährliche Produktionsmenge von 300.000 Keksen, die auch vom Markt aufgenommen wird. Die angestrebte Mindestverzinsung liegt bei 9 %.

a) Beurteilen Sie anhand der Kapitalwertmethode, ob sich die Investition für Süß lohnt.
b) Angenommen, die Nachfrage nach Vollwertkeksen ist von Süß für das 2. und 3. Jahr zu hoch eingeschätzt worden. Es lassen sich in den betreffenden Jahren nur 250.000 Kekse absetzen. Würden Sie unter diesen Voraussetzungen heute die Teigmaschine kaufen?
c) Süß ist verunsichert und möchte nun wissen, wie viele Kekse er mindestens absetzen muss, damit sich die Investition für ihn lohnt. Helfen Sie ihm.

Finanzierung

3

Wie die Investition ist die Finanzierung ein Teilbereich der Finanzwirtschaft. Sie befasst sich mit den unternehmerischen Maßnahmen zur Bereitstellung und Rückzahlung der durch die Investition ausgegebenen Finanzbeträge. Darunter fallen sämtliche vom Unternehmen gesteuerten Prozesse wie Finanzplanung und -beschaffung sowie hiermit verbundene Aufgaben wie Zahlungs- und Sicherungsbeziehungen zwischen Kapitalgebern und Kapitalnehmern.

3.1 Einführung in die Finanzierung

Lernziele

Dieses Kapitel vermittelt:

- Eine grundsätzliche Einführung in die Finanzierungstheorie
- Unterschiede zwischen Investition und Finanzierung

Investition und Finanzierung sind eng miteinander verknüpft. Jede Investition muss finanziert werden. Hierbei ist zu erwähnen, dass auch Investitionen „mit eigenem Geld" im weiteren Sinne eine Finanzierung darstellen. Daher ist auch eine Finanzierung ohne Investition nicht vorstellbar. Um Investition und Finanzierung besser abzugrenzen, soll das Schaubild in Abb. 3.1 die Unterschiede darlegen.

Die Finanzierung befasst sich mit der Mittelbeschaffung, also mit der Frage „Woher erhält ein Unternehmen Geld, um Investitionen vorzunehmen?". Anlagevermögen wird dabei anders finanziert als Umlaufvermögen, da die Fristigkeit hier eine andere Rolle spielt. Wie die Finanzierung umgesetzt wird, zeigt sich in der Bilanz der Unternehmen. Im Eigenkapital zeigen sich Kapitaleinlage, Gewinnvortrag, Gewinn- und Kapitalrücklage

© Springer-Verlag Berlin Heidelberg 2016

U. Ermschel et al., *Investition und Finanzierung*, BA KOMPAKT,

DOI 10.1007/978-3-662-49009-9_3

Investition	Finanzierung
Mittelverwendung	**Mittelbeschaffung**
Die Kapitalverwendung zeigt sich auf der Aktivseite der Bilanz. Wofür wird das Geld ausgegeben?	Die Kapitalverwendung zeigt sich auf der Passivseite der Bilanz. Woher wird das Geld beschafft?
Investitionszweck	**Finanzierungszweck**
• Realinvestition • Finanzinvestition • Immaterielle Investition	• Finanzierung von Anlagevermögen • Finanzierung von Umlaufvermögen • Änderung des Verschuldungsgrads
Investitionsziele	**Finanzierungsziele**
• Errichtung, Ersatz und Erweiterung • Rationalisierung • Wirtschaftlichkeitsziele	• Sicherung jederzeitiger Liquidität • Deckung des Kapitalbedarfs • Wirtschaftlichkeitsziele

Abb. 3.1 Unterschiede zwischen Investition und Finanzierung. (Quelle: eigene Darstellung)

sowie der Jahresüberschuss während im Fremdkapital Verbindlichkeiten und Rückstellungen aufgeführt werden. Die Beantwortung folgender Fragen wird mit der Finanzierung verbunden:

• Wie viele Finanzmittel sind im Unternehmen gebunden? → Liquidität
• Wie lange muss finanziert werden? → Zeithorizont der Investition
• Einsatz von eigenen oder fremden Finanzmitteln? → Mittelherkunft
• Welche (fremden) Finanzquellen gibt es? → Handlungsalternativen
• Auswahl der optimalen Finanzierung? → Entscheidung über Alternativen

Diese Fragestellungen sollen vom Unternehmen optimal und umfassend abgedeckt werden. Die Ablaufplanung und -steuerung des Einsatzes finanzieller Mittel im Unternehmen werden auch als Finanzmanagement bezeichnet. Das Finanzmanagement versucht dabei, eine optimale Finanzstrategie für ein Unternehmen zu entwickeln. Intensiv muss daher eine Finanzplanung entwickelt werden, die die finanziellen Vorgänge im Unternehmen detailliert aufzeigt.

3.2 Kapitalstruktur und Finanzplanung

Lernziele

Dieses Kapitel vermittelt:

- Die Einführung und den Zusammenhang zwischen Kapitalstruktur und Finanzierung
- Die Darstellung des Leverage-Effekts in der Finanzierung
- Die Notwendigkeit einer detaillierten Finanzplanung in einem Unternehmen

Entsprechend des sehr detaillierten Ansatzes des Finanzmanagements hängen Finanzplanung und Kapitalbedarf eng zusammen. Hierbei werden die Prozesse der Kapitalaufbringung mit der Kapitaltilgung und -anlage verbunden. Es werden sowohl die Akquisition wie auch die Disposition der finanziellen Mittel abgedeckt. Umfassende Finanzpläne verbinden alle Positionen.

Ausgangsbasis jeglicher Finanzplanung ist der Kapitalbedarf. Dieser leitet sich aus der Strategie des Unternehmens ab. Je nach Zielstruktur des Unternehmens (Errichtungs-, Ersatz und Erweiterungsbedarf im Unternehmen bzw. Aufwand für Rationalisierungsmaßnahmen) werden Kapitalströme entsprechend ihrer Fristigkeit aufgeführt. Diese zu finanzierenden Investitionen müssen nun geeignet vom Unternehmen gedeckt werden. Hierbei sollten alle möglichen Finanzierungsalternativen geprüft werden. Nicht zu vernachlässigen ist dabei die Sicherung der jederzeitigen Zahlungsfähigkeit auch über die zu erwartenden Investitionen hinaus sowie die Wirtschaftlichkeit der eingesetzten finanziellen Mittel.

▶ **Definition** Unter dem Kapitalbedarf eines Unternehmens versteht man den Bedarf an geldwertmäßigen Mitteln, d. h. an Sach- und Finanzmitteln, die zur Erfüllung betrieblicher Ziele benötigt werden.

Formen des Kapitalbedarfs sind bei einzelnen Unternehmen entsprechend dieser Definition zu unterscheiden:

- Beschaffung von Produktionsfaktoren (wie Personal, Maschinen, Werkstoffe, Investitionen in Anlage- und Umlaufvermögen)
- Laufende Bedienung von Fremd- und Eigenkapital (wie Gewinnausschüttung, Dividenden, Zinszahlungen)
- Rückführung von Fremd- und Eigenkapital (wie Tilgung, Rückführung von Gesellschafterkapital, Kapitalverminderung)
- Zahlung von Steuern

Interne Faktoren zur Berechnung des Kapitalbedarfs sind die Unternehmensstrategie und die Notwendigkeit jederzeitiger Zahlungsfähigkeit (Liquidität). Auch die Refinanzierung älterer Finanzierungsformen oder auch die aktuelle Verschuldungsstruktur des Unternehmens führen zu einem unterschiedlichen Bedarf an Kapital. Entsprechend der externen Faktoren, die vom Unternehmen nicht oder nur sehr eingeschränkt beeinflusst werden können, ergibt sich ein Kapitalbedarf, der über eine oder auch mehrere Finanzierungsalternativen abgedeckt wird. Ein umfassender oder auch aus Teilplänen bestehender Finanzplan zeigt den gesamten Finanzierungsprozess dann auf (vgl. Abb. 3.2). Finanzpläne sind dabei Teil der Unternehmenspläne und dürfen nicht isoliert betrachtet werden (vgl. Abb. 3.3).

Wie angesprochen, sollen Finanzpläne nicht nur die Zahlungsfähigkeit des Unternehmens darstellen, sondern ebenfalls die Wirtschaftlichkeit des eingesetzten Kapitals garantieren. Hier ist insbesondere ein Blick auf die Rentabilität der Investition bzw. der Finanzierung zu werfen. Aufgaben der Finanzplanung sollten daher folgende Punkte sein:

- Verminderung der Unsicherheit über die zukünftige finanzielle Lage durch detaillierte Auflistung der Zahlungsströme
- Verbesserung der finanziellen Steuerungsmöglichkeiten durch eine Projektion
- Vermeidung überraschender Liquiditätsengpässe durch Aufzeigen kritischer Zeiträume. Dadurch können teure Kredite und Notliquidation von Vermögensgegenständen vermieden werden
- Zuführung freien Kapitals zu ertragreichen Anlagealternativen

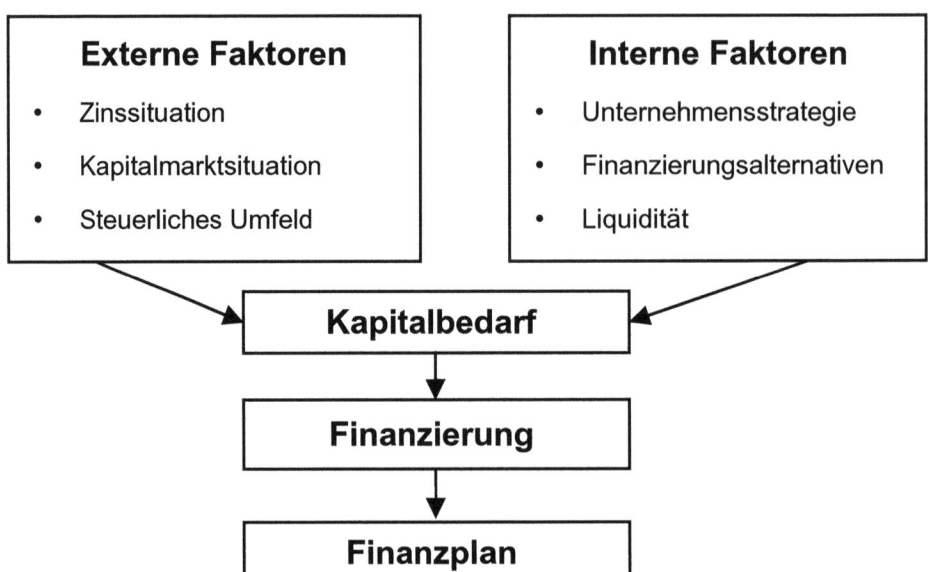

Abb. 3.2 Kapitalbedarf und Finanzplan eines Unternehmens. (Quelle: eigene Darstellung)

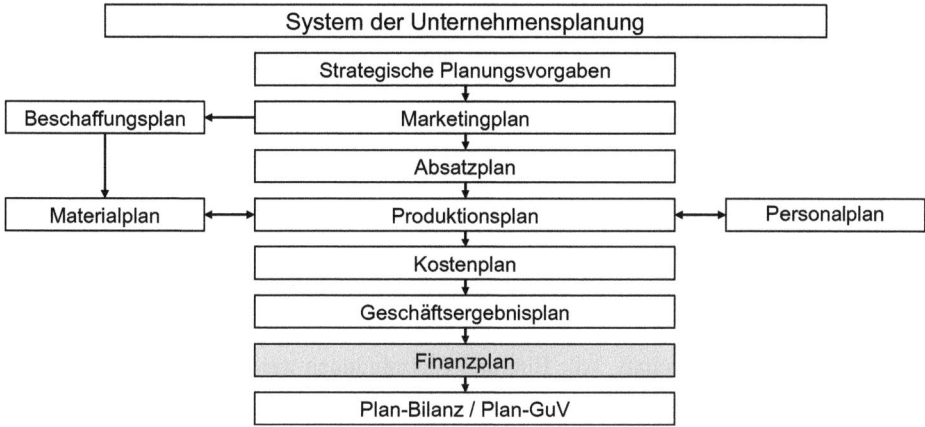

Abb. 3.3 Finanzplan und Unternehmenspläne. (Quelle: vgl. Fischer 1997)

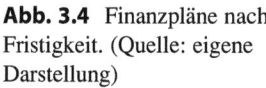
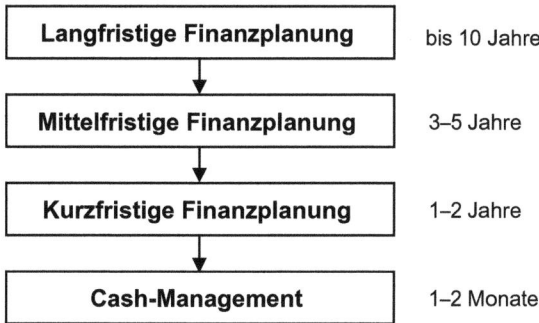

Abb. 3.4 Finanzpläne nach Fristigkeit. (Quelle: eigene Darstellung)

Entsprechend der Fristigkeit wird die Finanzplanung nun in kurzfristige, mittelfristige und langfristige Finanzplanung unterteilt (vgl. Abb. 3.4). Für größere Unternehmen macht es zudem Sinn, auch eine sehr kurzfristige Finanzplanung (Cash-Management) anzugehen.

1. **Langfristige Finanzplanung**
Die langfristige Finanzplanung soll das Unternehmen in seiner langfristigen Strategie begleiten. Je nach Unternehmen ist die Fristigkeit dieser Planung sehr unterschiedlich. Zyklische Branchen (z. B. Telekommunikation) planen deutlich kürzer als weniger zyklische Branchen (z. B. Energieversorger), die gegebenenfalls durch langfristige Liefer- bzw. Abnahmeverträge gebunden sind. Daher kann für ein Unternehmen 3 Jahre langfristig sein, während für ein anderes Unternehmen 10-Jahres-Pläne normal sind. Aufgrund des langfristigen Ansatzes möglicher Investitionen kann auch die Finanzierungsseite langfristig angegangen werden. Auch komplexe Finanzierungsvarianten, die zeitlich einen erheblichen Vorlauf bedürfen, sind dann möglich.

2. **Mittelfristige Finanzplanung**

Mittelfristige Finanzplanung ist zwischen lang- und kurzfristiger Finanzplanung angesiedelt. Investitionsobjekte wurden hier schon detaillierter geplant, der genaue Zeitpunkt steht aber im Regelfall noch nicht fest. Da die (größeren) Investitionen meist
schon bekannt sind, kann der Finanzierungsbedarf nach Art, Höhe und Zeitpunkt
bereits ermittelt werden.

3. **Kurzfristige Finanzplanung**

In der kurzfristigen Finanzplanung wird meist eine Jahressicht der Zahlungsströme
aufgeführt. Auch eine gleitende Jahressicht ist möglich, d. h., das angefangene Jahr
wird bis Dezember und das folgende Jahr ganz betrachtet. Die Sichtweise erhöht sich
somit auf 13 bis 23 Monate. Alle Ein- und Auszahlungen werden hierbei nicht saldiert
gegenübergestellt. Eine Saldierung, also Verrechnung von Einzahlungen und Auszahlungen, würde zu schlechteren planerischen Ergebnissen führen, da sich Fehler auf
beiden Seiten aufheben könnten. Die kurzfristige Finanzplanung wird auch als
Liquiditätsplanung bezeichnet, da die jederzeitige Zahlungsfähigkeit über diese detaillierte Planung gewährleistet werden kann.

4. **Cash-Management**

Das Cash-Management ist besonders bei größeren Unternehmen mit hohen Zahlungs-
strömen sinnvoll. Aber auch kleinere Unternehmen sollten über Cash-Management
nachdenken, da sie sich innerhalb eines vorgegebenen Kontokorrentrahmens bewegen
müssen. Über das Cash-Management werden Zahlungsströme sehr kurzfristig und
meist auf wenige Tage bezogen gesteuert. Wichtig dabei ist das Beachten von Kredit-
linien. Meist wird kurzfristig der eingeräumte Kontokorrentkredit bei der Bank
überzogen, was das Unternehmen, wenn es überhaupt möglich ist, viel Geld kostet
und zudem das Rating des Unternehmens negativ beeinflusst. Da Kontokorrentkonten
meist sehr schlecht verzinst werden, kann das Unternehmen durch ein aktives Cash-
Management und Anlage der überschüssigen Gelder bei hohen Volumina signifikante
Zusatzerträge erzielen.

3.2.1 Liquiditätsplanung

Unter dem Begriff Liquiditätsplanung wird die kurzfristige Finanzplanung aber auch das
Cash-Management verstanden. Der Fokus liegt aber auf der Zahlungsfähigkeit des Unternehmens.

▶ **Definition** Ein Unternehmen verfügt über genügend **Liquidität** und ist daher liquide,
solange zwingend fällige Zahlungsverpflichtungen gegenüber Lieferanten, Arbeitnehmern, Gläubigern, etc. termingerecht und betragsgenau erfüllt werden können. Liquidität
ist daher jederzeitige Zahlungsfähigkeit.

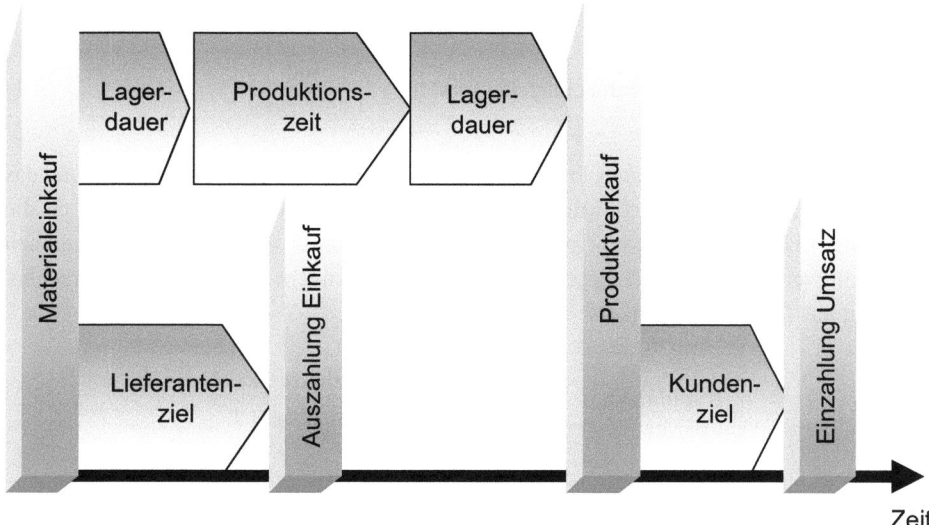

Abb. 3.5 Kapitalbindungszeiträume für Lagerhaltung und Produktion. (Quelle: nach Günther und Schittenhelm 2003)

Zentrale Aufgabe der Liquiditätsplanung ist deshalb die Sicherung der Liquidität des Unternehmens. Kurzfristige Zahlungsströme, die insbesondere durch die Produktion von Gütern bedingt sind, bedürfen eines zeitlichen Kapitaleinsatzes, der berechnet werden kann. Hierbei ist das Kapital zeitlich im Produktionsprozess gebunden und kann nicht für andere Investitionszwecke verwendet werden. Erst nach Verkauf der Produkte steht das eingesetzte Kapital wieder für den Produktionsprozess zur Verfügung.

Die Abb. 3.5 zeigt auf, dass zwischen der Auszahlung von Geldern in Form von Materialeinkauf und der Einzahlung von Geldern durch den Produktverkauf einige Zeit vergeht. In dieser Zeit ist das Kapital, das für den Materialeinkauf verwendet wurde, gebunden. Erst nach dem Produktverkauf erfolgt eine tatsächliche Einzahlung der Gelder und dieses Kapital kann wieder z. B. für den Materialeinkauf verwendet werden. Nach dem Produktverkauf sollte natürlich auch mehr Geld zur Verfügung stehen wie zu Beginn, ansonsten verdient das Unternehmen durch die Produktion kein Geld.

Die Kapitalbindung wird daher durch Lieferanten- und Kundenziele wie durch die Produktions- und Lagerdauer beeinflusst. Eine wichtige Größe für die Kapitalbindung ist daher die Lagerumschlagshäufigkeit. Diese zeigt an, wie oft im Durchschnitt in einem Jahr das Lager geleert und damit wieder aufgefüllt werden muss. Wird das Lager aufgefüllt so bindet dies Kapital, das erst nach Verbrauch der Güter und dann nach Verkauf der Produkte dem Unternehmen wieder zurückfließt.

Die **Lagerumschlagshäufigkeit** wird wie folgt definiert:

$$\text{Lagerumschlagshäufigkeit} = \frac{360}{\text{Lagerdauer}} \tag{3.1}$$

Werden für die Produktion eines Produktes aus dem Lager zehn Rohteile benötigt und das Produkt besitzt eine durchschnittliche Lagerdauer von 12 Tagen, so errechnet sich die Lagerumschlagshäufigkeit somit mit 30, d. h., 30-mal muss im Schnitt das Lager neu aufgefüllt werden. Der durch diese Bindungsfristen gebundene **Kapitalbedarf** errechnet sich nun aus folgender Kennzahl:

$$\text{Kapitalbedarf} = \frac{\text{Umsatz durch Produktverkauf}}{\text{Lagerumschlagshäufigkeit}} \tag{3.2}$$

Wird beispielsweise mit einem Jahresumsatz aus dem Produktverkauf von 120 Mio. € gerechnet und eine Lagerumschlagshäufigkeit von 30 unterstellt, so ergibt sich ein Kapitalbedarf von 4,0 Mio. €, der durchschnittlich gebunden ist. Gelingt es dem Unternehmen die Lagerdauer von 12 auf 10 Tagen zu senken, so macht sich dies auch in der Kapitalbindung bemerkbar. Die Lagerumschlagshäufigkeit erhöht sich von 30 auf 36 und der Kapitalbedarf sinkt von 4,0 Mio. € auf 3,33 Mio. €. Die Liquidität wird dementsprechend entlastet. Durch die Verkürzung der Produktion bzw. kürzere Zahlungsziele kann die Liquiditätsbelastung ebenfalls reduziert werden.

Unter einem **Liquiditätsstatus** versteht man eine sehr kurzfristige stichtagsbezogene Gegenüberstellung von liquiden Mittel und fälligen Zahlungsverpflichtungen. Meist werden hier nur wenige Tage oder Wochen betrachtet. Dieses Instrument wird daher auch im Cash-Management eingesetzt, um die freien Mittel darzustellen.

In diesem Beispiel (vgl. Abb. 3.6) werden tageweise die Salden der Ein- und Auszahlungen mit dem Verfügungsrahmen des Girokontos (Kontokorrentkredit) verglichen. Dieser wird als Liquiditätsausgleich verwendet, falls der Saldo zwischen Ein- und Auszahlungen negativ werden sollte. Durch Aufstellen eines Liquiditätsstatus kann, wie im Beispiel, nun ein Problem aufgezeigt und behoben werden. Zwischen Zeitpunkt $t = 1$ und $t = 2$ ist der Verfügungsrahmen voll ausgenutzt und keine liquiden Mittel sind mehr vorhanden (der Kontokorrentsaldo steht also bei -150.000). Das Unternehmen reagiert hierauf und lässt sich den Verfügungsrahmen bei der Hausbank um weitere 100.000 erhöhen (daher bei $t = 2$ 100.000 freie Kreditlinie). Dieser könnte dann, sollte er nicht mehr benötigt werden, wieder abgebaut werden.

Wichtig bei der Arbeit mit dem Liquiditätsstatus ist es, eine **Liquiditätsreserve** zu halten, also möglichst freie Mittel zum kurzfristigen Einsatz bei Bedarf zu haben. Diese Liquiditätsreserve wird bei positivem Zahlungsüberschuss aufgebaut und bei negativem Zahlungssaldo wieder abgeschmolzen. Daher muss die Anlage in der Liquiditätsreserve sehr kurzfristig verfügbar sein. Hierzu bietet sich eine Anlage in Geldmarktfonds, Geldmarktkonten oder verzinste Giroguthaben an. Zu lange oder in zu großer Höhe sollten die

Tag	t=0	t=1	t=2	t=3	t=4
Freie Kreditlinien (Eingeräumter Kontokorrentkredit - beanspruchter Kredit)	150.000	50.000	100.000	150.000	250.000
Vorhandene liquide Mittel (Bankguthaben, Schecks, Geldmarkt, etc.)	50.000	0	0	0	50.000
= Bruttoverfügungsrahmen (freie Kreditlinien + Liquide Mittel)	200.000	50.000	100.000	150.000	300.000
Erwartete Einzahlung (Produktverkauf, Rückzahlungen, etc.)	250.000	250.000	250.000	250.000	250.000
Erwartete Auszahlung (Löhne, Steuern, Produktionsfaktoren, etc.)	400.000	300.000	200.000	100.000	300.000
= Überschuss/Fehlbetrag (Erwartete Einzahlung - Erwartete Auszahlung)	-150.000	-50.000	50.000	150.000	-50.000
= Über-/Unterdeckung (Bruttoverfügungsrahmen + Überschuss)	50.000	0	150.000	300.000	250.000

Abb. 3.6 Beispiel für einen Liquiditätsstatus. (Quelle: eigene Darstellung)

Anlagen in der Liquiditätsreserve nicht gehalten werden, da i. d. R. ein Zinsnachteil zu längerfristigen Anlagen existiert und damit auf eine höhere Verzinsung verzichtet wird.

Bei Liquiditätsproblemen kann durch den Liquiditätsstatus das Problem zunächst transparent gemacht und kurzfristig eine Lösung aufgezeigt werden. Auszahlungen könnten, wenn dies möglich ist, verschoben werden. Hierzu sollte diskutiert werden, ob die Zahlungsziele der Lieferanten unter Ausnutzen von Skonto eingehalten werden sollen. Auch könnte versucht werden, Einzahlungen früher zu erhalten. Dies kann durch die eigene Skontopolitik teilweise gesteuert werden. Zudem wäre es möglich, Forderungen an Factoring-Gesellschaften (vgl. Abschn. 3.5.1) zu verkaufen oder Reserven kurzfristig zu liquidieren. Beispiele für Handlungsalternativen, um kurzfristig Liquidität zu erhalten, sind daher:

- Zahlung mit Skonto ↔ Zahlung bei Erreichen des Zahlungsziels
- Rechnung mit Skonto ↔ Rechnung auf Erreichen des Zahlungsziels
- Verkauf von Forderungen an Factor ↔ Belassen der Forderung
- Inanspruchnahme von Kontokorrentkredit ↔ Nicht-Inanspruchnahme
- Anlage in Geldmarkt ↔ Auflösung von Geldmarktanlagen
- Kauf von Wertpapieren ↔ Verkauf von Wertpapieren

Die eigentliche **Liquiditätsplanung** oder kurzfristige Finanzplanung ist zum Liquiditätsstatus dann längerfristiger. Die eigentliche Planung erfolgt meist auf Monatsbasis.

Je länger der Planungshorizont wird, umso schwieriger wird es, eine möglichst genaue Prognose über kommende Ein- und Auszahlungen zu erstellen. Wieder ist es aber wichtig, Ein- und Auszahlungen separat zu betrachten, um ein Ausgleichen von Fehlern zu vermeiden.

Bereiche	Bezüglich der Einzahlungen		Bezüglich der Auszahlungen	
	Erhöhung	Vorverschiebung	Reduktion	Verzögerung
Forschung und Entwicklung	Verkauf von Patenten und Erfindungen	Konzentration auf Produkte, die kurz vor der Marktreife stehen	Streichung	Abbau von Kapazitäten
Produktion	Lizenzverkauf	Desinvestition von Produktionsmitteln	Abbau von Produktionskapazitäten	Leasing statt Kauf
Absatz	Verkauf zus. Dienstleistungen	Umsatzfördernde Aktionen	Kürzung Werbung	Verzögerung Werbung
Finanzen	Kreditaufnahme	Skontopolitik Zahlungsziele	Kürzung Dividenden	Ausnützen Zahlungsziele

Abb. 3.7 Beispiele für Handlungsalternativen bei der Liquiditätsplanung. (Quelle: Spremann 1986)

Sollten in der Liquiditätsplanung Zahlungsprobleme erkennbar werden, können diese frühzeitig angegangen werden. Im Vergleich zum Liquiditätsstatus, bei dem nur sehr kurzfristige Maßnahmen zur Liquiditätsverbesserung in Betracht gezogen werden können, hat man bei der Liquiditätsplanung mehr Zeit für entsprechende Maßnahmen zur Verfügung. Beispiele für mögliche Handlungsalternativen zur Verbesserung der Liquidität gibt die Abb. 3.7.

Ein einfaches Beispiel für eine Liquiditätsplanung stellt Abb. 3.8 dar. Diese Planung entspricht einer rollierenden Jahresplanung, d. h., es werden die restlichen 3 Monate des aktuellen Jahres sowie das kommende nächste Jahr insgesamt geplant. Der Kassenbestand zum jeweiligen Monatsende ist dann jeweils der Kassenbestand zum Periodenanfang. Das Unternehmen plant in diesem Beispiel eine Produktionsausweitung, die höhere Umsätze bringt, aber auch mit höheren Kosten verbunden ist. Durch die Liquiditätsplanung sieht man nun, dass zur Mitte des nächsten Jahres ein Liquiditätsengpass vorliegt. Dieser sollte nun durch geeignete Maßnahmen (vgl. Abb. 3.7) gedeckt werden.

3.2.2 Kapitalstruktur und Leverage-Effekt

Unter der **Kapitalstruktur** eines Unternehmens versteht man im Allgemeinen die Zusammensetzung des Kapitals. Das Kapital eines Unternehmens findet man auf der Passiv-Seite der Bilanz. Diese kann vereinfacht in das Eigenkapital, das von Eigenkapitalgebern dem Unternehmen bereitgestellt, und Fremdkapital, das von anderer Seite dem Unternehmen zur Verfügung gestellt wurde, getrennt werden.

Aus der Kapitalstruktur eines Unternehmens kann nun auf die Solidität der Unternehmensfinanzierung geschlossen werden. Je nach Kapitalstruktur ist diese eher gut oder weniger gut. Je nach Unternehmensziel kann für das Unternehmen selbst aber auch eine

	1.1-30.9.	Okt	Nov	Dez	Gesamt	Jan	Feb	März	Apr	Mai	Juni	Juli	Aug	Sep	Okt	Nov	Dez	Gesamt
Kassenbestand Periodenanfang	8	5	3	5		1	0	-1	-2	1	-4	-13	-10	-8	-5	-4	2	
Termingelder	20				20													0
Einzahlungen Umsätze	90	15	25	25	155	10	10	15	20	15	15	17	17	20	20	25	30	214
Sonstige Einzahlungen	7	1	2	1	11	1	1	1	1	1	1	2	1	1	1	1	1	13
Dividendenzahlung	-10				-10						-10							-10
Zur Verfügung stehende Mittel	**115**	**21**	**30**	**31**	**197**	**12**	**11**	**15**	**19**	**17**	**2**	**6**	**8**	**13**	**16**	**22**	**33**	
Mitarbeiter																		
Löhne, Gehälter	27	3	3	6	39	3	3	3	3	6	3	3	3	3	3	3	7	43
Sozialabgaben, Sonstiges	8	1	1	2	12	1	1	1	1	2	1	1	1	1	1	1	2	13
Produktion																		
Materialkosten	36	6	10	10	62	4	4	5	7	5	5	6	6	7	7	9	11	75
Fertigungskosten	23	4	6	6	39	3	3	4	5	4	4	4	4	5	5	6	8	54
Fremdkosten																		
Gebühren	8	3	4	3	18	1	1	2	1	2	1	1	1	1	3	1	1	16
Reinigung	9	1	1	1	12	1	1	2	1	2	1	1	1	1	1	1	2	15
Steuern	0	0	0	2	2	0	0	0	0	0	0	0	0	0	0	0	0	0
Summe Auszahlungen	**111**	**18**	**25**	**30**	**183**	**12**	**12**	**17**	**18**	**21**	**15**	**16**	**16**	**18**	**20**	**21**	**30**	**215**
Monatssaldo ohne Geldmarkt		**3**	**5**	**1**		**-1**	**-1**	**-1**	**3**	**-5**	**-9**	**3**	**2**	**3**	**1**	**5**	**1**	
Kassenbestand Periodenende		**5**	**3**	**5**	**1**		**0**	**-1**	**-2**	**1**	**-4**	**-13**	**-10**	**-8**	**-5**	**-4**	**2**	**2**

Abb. 3.8 Beispiel für eine Liquiditätsplanung. (Quelle: eigene Darstellung)

eher unsolide Finanzierung von Nutzen bzw. angestrebt sein, da diese ggf. eine höhere Rendite bringt.

Eine sehr einfache Kennzahl zur Kapitalstruktur ist der **Verschuldungsgrad**. Dieser setzt das Fremdkapital ins Verhältnis zum Eigenkapital. Je größer diese Kennzahl ist, umso mehr gilt das Unternehmen als stark verschuldet. Je kleiner diese Kennzahl, desto besser die Situation der Unternehmensfinanzierung. Dass hier aber auch das Gegenteil angenommen werden kann, wird in diesem Kapitel noch aufgezeigt.

$$\text{Verschuldungsgrad} = \frac{\text{Fremdkapital}}{\text{Eigenkapital}} \tag{3.3}$$

Die Größen der Passiv-Seite können nun auch mit der Aktiv-Seite, der Vermögensstruktur, verglichen werden, um die gesamte Kapitalsituation des Unternehmens zu bewerten. Wichtigste Kenngröße ist hier der Deckungsgrad II oder auch „goldene Bilanzregel" bzw. unternehmensintern auch „goldene Finanzierungsregel" genannt. Die goldene Finanzierungsregel fordert, dass die Dauer der Kapitalbindung im Vermögen nicht länger als die Dauer der Kapitalüberlassung sein soll. Langfristig gebundenes Vermögen sollte durch langfristiges Kapital, kurzfristig gebundenes Vermögen durch kurzfristiges Kapital finanziert sein.

Insbesondere soll das Kapital zeitlich nicht länger in Vermögensteile gebunden sein als die jeweilige Kapitalbindungsdauer. Dies geschieht nach dem Grundsatz der Fristenkongruenz, was die Liquidität des Unternehmens sichern soll. Für die kurzfristige Vermögensstruktur sollte daher gelten, dass das Umlaufvermögen durch das kurzfristige Fremdkapital finanziert wird. Der Quotient aus Umlaufvermögen und kurzfristigem Fremdkapital sollte daher möglichst größer 1 (oder 100 %) sein.

$$\text{Liquiditätsgrad} \; = \frac{\text{Umlaufvermögen}}{\text{Kurzfristiges Fremdkapital}} > 1 \qquad (3.4)$$

Die langfristige Vermögensstruktur sollte nun entsprechend durch langfristiges Kapital abgedeckt werden. Unter langfristigem Kapital wird das zur Verfügung stehende Eigenkapital sowie das langfristige Fremdkapital verstanden. Der Quotient aus langfristigem Kapital und Anlagevermögen sollte wieder möglichst größer 1 (oder 100 %) sein („goldene Bilanzregel"). Ist dies der Fall gilt das Anlagevermögen als solide gedeckt.

$$\text{Deckungsgrad} \; = \frac{\text{Langfristiges Kapital } (EK \; + \; \text{langfr.} \; FK)}{\text{Anlagevermögen}} > 1 \qquad (3.5)$$

Diese Deckungsgrade sind statische Größen und sagen nichts darüber aus, wie gut ein Unternehmen in einer Periode gewirtschaftet hat. Hierfür können **Rentabilitätskennzahlen** herangezogen werden, die Gewinngrößen mit den Vermögens- bzw. Kapitalgrößen vergleichen. Die Maximierung der Eigenkapitalrentabilität stellt dabei die wesentliche Zielgröße des unternehmerischen Handelns dar. Für einen Unternehmer oder Kapitalgeber ist es essentiell wichtig, wie das von ihm eingesetzte Kapital verzinst wird. Alternativ könnte er das investierte Kapital zu einem festen Zinssatz, ohne sonderliche Risiken einzugehen, in festverzinsliche Wertpapiere investieren. Um alternativ die Investition in ein Unternehmen einzugehen, muss die Eigenkapitalrentabilität stimmen.

$$\text{Eigenkapitalrentabilität} \; = \frac{\text{Bereinigter Jahresgewinn}}{\text{Eigenkapital}} \qquad (3.6)$$

Die **Eigenkapitalrentabilität** wird als Quotient zwischen dem bereinigten Jahresgewinn und dem vorhandenen Eigenkapital berechnet. Der bereinigte Jahresgewinn errechnet sich hierbei aus dem Jahresüberschuss zuzüglich außerordentlicher Aufwendungen abzüglich außerordentlicher Erträge. Diese Modifikation ist notwendig, um aus der bilanziellen Kennzahl des Jahresüberschusses Sonderfaktoren herauszurechnen. Die Eigenkapitalrentabilität eines Unternehmens sollte dabei höher sein als der aktuelle Kapitalmarktzins. Zudem sollte noch eine Risikoprämie erwirtschaftet werden, da ein Kapitalgeber, der Risiken eingeht, für sein eingegangenes Risiko durch eine höhere Verzinsung belohnt werden möchte (vgl. Abschn. 2.4).

$$\text{Eigenkapitalrentabilität} \; > \; \text{Kapitalmarktzins} \; + \; \text{Risikoprämie} \qquad (3.7)$$

Für ein wirtschaftlich denkendes Unternehmen ist es immer sinnvoll, eine möglichst hohe Eigenkapitalrentabilität anzustreben. Die Kapitalstruktur eines Unternehmens nimmt nun wesentlich Einfluss auf die erreichbare Eigenkapitalrentabilität. Dabei drückt der

Aus $r_{GK} = \dfrac{r_{EK} \cdot EK + r_{FK} \cdot FK}{GK}$ folgt $r_{EK} = r_{GK} + \left(r_{GK} - r_{FK}\right)\dfrac{FK}{EK}$

Und somit: $r_{EK} = \mu + \left(\mu - i\right) V$

mit:

r_{EK} = Erwartete Eigenkapitalrentabilität

r_{GK} = Erwartete Gesamtkapitalrentabilität (μ)

r_{FK} = Erwartete Fremdkapitalrentabilität (Verzinsung i)

V = FK/EK = Verschuldungsgrad

Abb. 3.9 Leverage-Effekt. (Quelle: eigene Darstellung)

Leverage-Effekt den Zusammenhang zwischen dem Verschuldungsgrad und der Eigen-kapitalrentabilität aus. Dieser Verschuldungsgrad erweist sich mathematisch als eine Hebelwirkung, die die Eigenkapitalrentabilität deutlich nach oben, aber auch nach unten drücken kann. Die Hebelwirkung macht es für ein Unternehmen daher interessant, Fremdkapital zu Lasten von Eigenkapital aufzunehmen. Der Leverage-Effekt wir mathe-matisch nun wie folgt beschrieben (Abb. 3.9):

Ist die Differenz zwischen r_{GK} und r_{FK} bzw. zwischen μ und i positiv, so steigt die Eigenkapitalrentabilität bei steigenden Verschuldungsgrad V an. Man spricht dann von einem positiven Leverage-Effekt, da die Gesamtkapitalrentabilität durch die positive Komponente zusätzlich gesteigert wird. Ist die Differenz dagegen negativ, führt ein höherer Verschuldungsgrad zu einer fallenden Eigenkapitalrentabilität. Eine höhere Ver-schuldung kann somit auch zu negativen Eigenkapitalrenditen führen, obwohl die Ge-samtkapitalrentabilität positiv ist. Damit der Leverage-Effekt funktioniert, muss aber eine wichtige Bedingung erfüllt sein. Die Gesamtkapitalrentabilität sowie die Fremdka-pitalrentabilität müssen bei steigendem Verschuldungsgrad konstant bleiben. Das heißt, durch die Aufnahme zusätzlicher Mittel erwirtschaftet das Unternehmen proportional einen höheren Gewinn. Zudem dürfen die Kapitalkosten durch die höhere Verschuldung nicht steigen. Diese Bedingungen sind in der Praxis nicht einfach zu erfüllen.

Die Abb. 3.10 zeigt, dass, wenn die Eigenkapitalrentabilität als Funktion in Ab-hängigkeit zum Verschuldungsgrad betrachtet wird, die Eigenkapitalrentabilität linear ansteigt. Bedingung ist, dass die Gesamtkapitalrentabilität sowie die Fremdkapital-rentabilität konstant bleiben. Dies ist aber in der Praxis nicht der Fall. Bei steigendem Verschuldungsgrad erhöht sich im Regelfall der Fremdkapitalzins der für neu aufgenom-menes Kapital bezahlt werden muss. Zudem wird es für das Unternehmen äußerst schwierig, bei zunehmendem Kapital proportional immer einen höheren Gewinn zu produzieren. Frage ist daher für jedes Unternehmen: Wie hoch liegt der optimale Ver-schuldungsgrad des Unternehmens?

Dies ist eine komplexe Frage in der Finanzierungstheorie, d. h., sie ist gar nicht oder nur vereinfacht zu beantworten. Der traditionelle Ansatz geht davon aus, dass man diesen

Eigenkapitalrentabilität

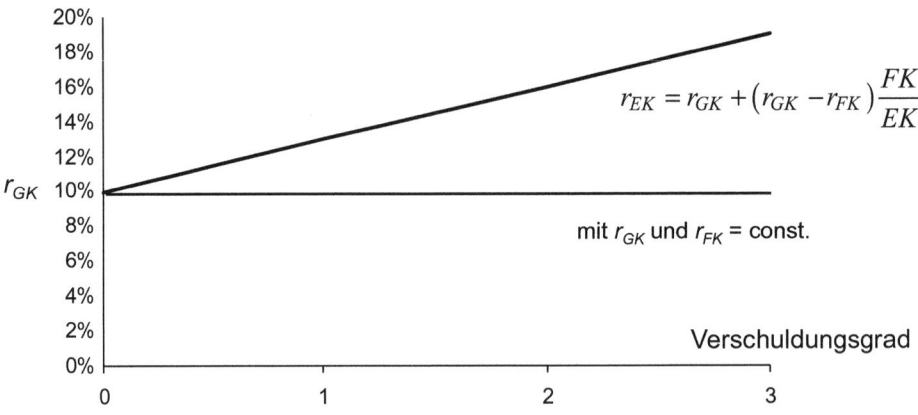

Abb. 3.10 Positive Auswirkung des Leverage-Effekts. (Quelle: eigene Darstellung)

optimalen Verschuldungsgrad ermitteln kann. Modigliani und Miller[1] sagen hierzu aber, dass die Kapitalstruktur für die Kapitalkosten völlig irrelevant und dass es keinen optimalen Verschuldungsgrad gibt. Betrachtet man die Gesamtmarktwerte von Unternehmen mit gleicher Risikoklasse und gleichen Bruttogewinnen, so stellt man fest, dass diese im Regelfall identisch sind. Dies gilt unabhängig von der Kapitalstruktur der Unternehmen und nur für einen vollkommenen Kapitalmarkt[2] und ohne Steuern. Werden steuerliche Effekte berücksichtigt, steigt der Vorteil des Fremdkapitals wieder.

3.3   Finanzierungsformen

Lernziele

Dieses Kapitel vermittelt:

- Die Darstellung und Abgrenzung verschiedener Finanzierungsformen
- Die unterschiedlichen Finanzierungsformen der Außenfinanzierung
- Die unterschiedlichen Finanzierungsformen der Innenfinanzierung

---

[1]Franco Modigliani und Merton Miller stellten dies bereits 1958 in ihrem Aufsatz „the Cost of Capital, Corporation Finance and the Theory of Investment" vor.
[2]Vgl. hierzu die Definition in Abschn. Bewertung der Kapitalwertmethode.

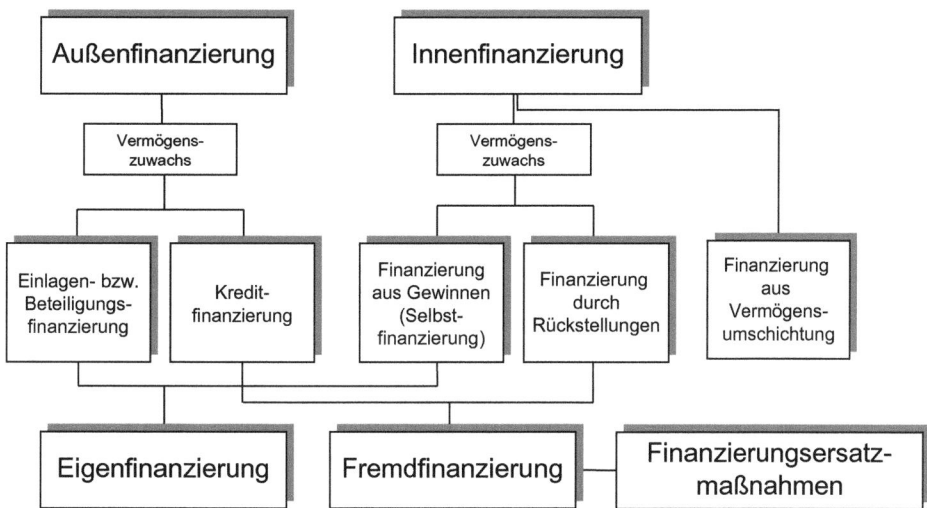

Abb. 3.11 Gliederung der Finanzierungsformen. (Quelle: eigene Darstellung nach Günther und Schittenhelm 2003)

Unter dem Begriff Finanzierungsformen sollen nun die Instrumente beschrieben werden, die den Unternehmen zur Finanzierung zur Verfügung stehen (Abb. 3.11).

Durch die Begriffe Außen- und Innenfinanzierung wird unterschieden, woher physisch das Kapital für die Finanzierung kommt. Fließt das Kapital für eine Finanzierung von außen dem Unternehmen zu, spricht man von einer Außenfinanzierung. Ist das Kapital über Umsatz, Gewinn oder Aktivposten schon im Zugriff des Unternehmens und wird dann zur Finanzierung eingesetzt, spricht man von einer Innenfinanzierung.

Die Begriffe Eigen- und Fremdfinanzierung stellen eine Begriffsabgrenzung nach der Rechtsstellung dar. Erhält der Kapitalgeber durch sein Kapital Anteile, Mitspracherechte oder Einfluss auf das Unternehmen selbst, so spricht man von Eigenfinanzierung. Bei Fremdfinanzierung dagegen erfolgt keine Einflussnahme. Durch die Kapitalzufuhr erhält der Kapitalgeber keine über seine Kapitalrückzahlung weitergehenden Rechte.

Entsprechend Abb. 3.11 gibt es nun Finanzierungsinstrumente, die eine Außenfinanzierung und gleichzeitig Eigenfinanzierung oder Fremdfinanzierung sind. Gleiches gilt für die Innenfinanzierung.

In den weiteren Kapiteln werden nun die einzelnen Finanzierungsformen nach Außenfinanzierung und Innenfinanzierung getrennt und dabei auf die Eigen- und Fremdfinanzierung eingegangen.

3.3.1 Außenfinanzierung

Unter Außenfinanzierung versteht man nun, dass der Kapitalgeber dem Unternehmen neues Kapital von außen zukommen lässt. Dieses kann über eine Eigen- oder Beteiligungsfinanzierung zugeführt werden, was bedeutet, dass das Kapital von den Eigenkapitalgebern bereitgestellt wird. Auch über eine Fremdfinanzierung kann Kapital von Fremdkapitalgebern von außen kommen. Auch Zwischenformen sind möglich, die sowohl Fremd- als auch Eigenkapitalcharakter haben.

Einlagen- oder Beteiligungsfinanzierung

Bei der Einlagen- oder Beteiligungsfinanzierung wird dem Unternehmen Kapital (Eigenkapital) durch einen oder mehrere Eigentümer zugeführt. Einlagen- oder Beteiligungsfinanzierung ist daher Eigen- und Außenfinanzierung zugleich (vgl. Abb. 3.11). Diese Finanzierungsform ist typisch für die Gründungsfinanzierung eines Unternehmens. Im Rahmen von Kapitalerhöhungen oder zusätzlichen Gesellschaftereinlagen kann diese aber auch laufend vorkommen.

Einlagen der Beteiligungsfinanzierung sind entweder Geldmittel, Sacheinlagen oder spezielle Rechte (z. B. Patente). Sacheinlagen oder Rechte werden vor der Einlage zuerst genau bewertet, um die hierfür erworbenen Anteile am Unternehmen abstimmen zu können. Diese ist notwendig, damit der hierfür erworbene Anteil am Unternehmen im Vergleich zu den Kapitalgebern, die Geldmittel dem Unternehmen zuführen, fair bewertet wird. Gesellschafter oder bei Aktienunternehmen Aktionäre können das Eigenkapital nun wie folgt in das Unternehmen einbringen: Entweder erhöhen die bisherigen Gesellschafter oder Aktionäre ihre Einlage oder neue Gesellschafter (Aktionäre) kaufen sich in das Unternehmen ein oder beides.

Durch die erworbenen Anteile am Unternehmen erhalten die Kapitalgeber bei der Einlagen- oder Beteiligungsfinanzierung grundsätzlich einen Anspruch am Gewinn und am Vermögen der Gesellschaft. Je nach Rechtsform ist dabei das Risiko auf die Höhe der Einlage beschränkt. Zudem erhalten die Kapitalgeber sogenannte Vermögens- und Verwaltungsrechte, die z. B. eine Mitsprache im Unternehmen garantieren. Eine Beteiligungsfinanzierung ist grundsätzlich langfristig, kann aber in Ausnahmefällen auch kurzfristiger angelegt sein (z. B. bei Personengesellschaften).

Besonders erwähnenswert ist die Beteiligungsfinanzierung bei Aktienunternehmen. Das von dem Unternehmen zur Finanzierung benötigte Kapital wird dabei in einzelne Aktien unterteilt. Je nach aktuellem Börsenkurs müssen für eine bestimmte Finanzierungssumme mehr oder weniger Aktien bereitgestellt werden. Dabei gilt:

$$\text{Finanzierungssumme} = \text{Ausgabekurs} \cdot \text{Aktienanzahl} - \text{Kosten} \qquad (3.8)$$

Die Kosten für diese Art der Finanzierung variieren stark. Durch eine **Selbstemission** können diese reduziert werden. Hierbei werden die Aktien durch das Unternehmen selbst an den Markt gebracht. Bei einer Fremdemission dagegen übernimmt ein Bankenkonsortium zunächst alle neuen Aktien. Dies geschieht entweder kommissarisch, dann spricht man von einer Emission durch ein Begebungskonsortium oder die Aktien gehen in das Eigentum der Banken über, was eine Emission durch ein Übernahmekonsortium darstellt. Die Banken versuchen dann, die Aktien am Markt zu platzieren. Bei einem Begebungskonsortium übernimmt dabei das Risiko der Platzierung das Unternehmen, während bei einem Übernahmekonsortium das Risiko die Bankengruppe trägt. Die Kosten können natürlich auch in Form von geringeren Ausgabekursen berechnet werden.

Von einer **Kapitalerhöhung** bei einer Einlagen- oder Beteiligungsfinanzierung spricht man, wenn eine Kapitalaufstockung durch die „alten" Eigner erfolgt. Motive hierfür sind die Verbesserung der Liquidität der Gesellschaft, die Erhöhung der Bonität durch eine Verbesserung der Kapitalstruktur sowie ggf. geplante Unternehmensakquisitionen oder - fusionen.

Da Aktiengesellschaften starke volkswirtschaftliche Bedeutung haben, sind wichtige Fragen wie die Kapitalerhöhung einer Aktiengesellschaft gesetzlich (Aktiengesetz AktG) geregelt. Hierbei wird unterschieden in:

- **Ordentliche Kapitalerhöhung (§§ 182–191 AktG)**
  Ausgabe neuer (junger) Aktien
- **Bedingte Kapitalerhöhung (§§ 192–201 AktG)**
  z. B. Umwandlung von Wandelschuldverschreibungen in Aktien
- **Genehmigte Kapitalerhöhung (§§ 202–206 AktG)**
  HV ermächtigt den Vorstand zur späteren Kapitalerhöhung (innerhalb von 5 Jahren)
- **Nominelle Kapitalerhöhung aus Gesellschaftsmitteln (§§ 207–220 AktG)**
  Höhe des Eigenkapitals bleibt unverändert

Bei der **ordentlichen Kapitalerhöhung** wird die Erhöhung des Grundkapitals durch Einlagen der Gesellschafter oder durch die Ausgabe neuer Aktien für die Aktionäre vorgenommen. Dabei muss die Hauptversammlung mit einer mindestens Drei-Viertel-Mehrheit des bei der Beschlussfassung vertretenen Grundkapitals der Kapitalerhöhung zustimmen.

Die **bedingte Kapitalerhöhung** ist eine Kapitalerhöhung, die indirekt erfolgt. Das heißt, die Hauptversammlung einer Aktiengesellschaft ermächtigt den Vorstand zweckgebundenes bedingtes Kapital aufzunehmen. Das bedingte Kapital wird dabei meist unter der Prämisse der Vorbereitung einer Fusion, der Ausgabe von Belegschaftsaktien oder für Umtauschrechte von Wandel- oder Optionsanleihen aufgenommen. Bedingtes Kapital heißt es, da es für diesen Fall zweckgebunden ist. Tritt der Fall nicht ein, so wird das Kapital auch nicht benötigt und es werden keine Aktien emittiert. Auch für eine bedingte Kapitalerhöhung ist eine Zustimmung mit Drei-Viertel-Mehrheit der Hauptversammlung notwendig.

Auch die **genehmigte Kapitalerhöhung** gilt als indirekte Kapitalerhöhung, da die Kapitalerhöhung zwar auf einer Hauptversammlung beschlossen, aber nicht gleich umgesetzt wird. Dabei wird der Vorstand unter Zustimmung des Aufsichtsrates für maximal

5 Jahre nach Beschluss ermächtigt, das Kapital durch die Ausgabe neuer Aktien gegen Einlage zu erhöhen. Auch hierfür bedarf es wieder einer Drei-Viertel-Mehrheit des vertretenen stimmberechtigten Kapitals auf der Hauptversammlung.

Bei einer **nominellen Kapitalerhöhung** werden Gewinn- und/oder Kapitalrücklagen in gezeichnetes Kapital überführt. Das Eigenkapital bleibt dabei unverändert. Es findet kein Geldfluss neuer Mittel statt. Bilanziell ist dies ein Passivtausch. Die Aktionäre erhalten bei der nominellen Kapitalerhöhung Gratis- bzw. Berichtigungsaktien zugeteilt, um den durch die Kapitalerhöhung hervorgerufenen Kursrückgang auszugleichen. Das Vermögen der Aktionäre bleibt somit unverändert. Motiv für eine nominelle Kapital-erhöhung ist meist die Steigerung der Attraktivität der eigenen Aktie (Kurspflege). Die Ausgabe von Gratisaktien macht den Börsenkurs optisch billiger und damit wird die Nachfrage nach der Aktie, insbesondere durch Kleinanleger, angefeuert. Der Marktwert des Unternehmens kann dadurch steigen, womit es besser gegen feindliche Übernahmen geschützt ist.

Beispiel 3.1 (Nominelle Kapitalerhöhung)

Eine Aktiengesellschaft hat ein gezeichnetes Kapital in Höhe von 100 Mio. €, welches im Verhältnis 4:1 zu Lasten der Gewinnrücklagen erhöht werden soll. Das bilanzielle Eigenkapital beträgt 200 Mio. €. Der Nennwert einer Aktie ist 5 €. Bezogen auf das Verhältnis (EK/gezeichnetes Kapital) bedeutet dies, dass sich das Verhältnis von $200/100 = 2$ auf $200/125 = 1,6$ verringert. Das Vermögen eines Aktionärs bleibt aber gleich, da er nun statt 4 Aktien 5 Aktien zum Nennwert von 5 € besitzt, diese aber relativ aufgrund des geringeren Bilanzwertes weniger wert sind.

Bei der Ausgabe neuer Aktien wird für Altaktionäre meist ein **Bezugsrecht** einge-räumt. Bei einer Kapitalerhöhung über 10 % ist dies in Deutschland zwingend vorge-schrieben. Durch die Ausgabe eines Bezugsrechts sollen die Altaktionäre vor Ver-mögensverlusten geschützt werden. Da nach einer Kapitalerhöhung der Marktwert des Unternehmens sich eigentlich nicht verändert hat, dieser aber nun auf mehrere Aktien verteilt wird, fällt die einzelne Aktie in ihrem Wert. Dieser Wertverlust wird durch die Bezugsrechte ausgeglichen (vgl. Abb. 3.12). Gleiches gilt dann für die Stimmrechte bei Stammaktien. Das Bezugsrecht kann bei einer ordentlichen Kapitalerhöhung auch ausge-schlossen werden. Hierzu ist aber wiederum eine Drei-Viertel-Mehrheit auf der Haupt-versammlung notwendig.

Beispiel 3.2 (Ordentliche Kapitalerhöhung mit Bezugsrecht) nach Günther und Schittenhelm (2003)

Ein Unternehmen hat 100.000 Aktien zu einem Nennwert von 50 € ausgegeben, sodass sich das gezeichnete Kapital auf insgesamt 5.000.000 € beläuft. Aufgrund eines Kapitalbedarfs in Höhe von 5.000.000 € plant das Unternehmen eine ordentliche Kapital-erhöhung. Nachfolgende Rechnung zeigt, dass die Höhe des Bezugskurses

Rechnerischer Kurs einer Aktie nach Kapitalerhöhung

$$K_{neu} = \frac{K_{alt} \cdot a + K_{jung} \cdot n}{a + n}$$

K_{neu} = neuer Aktienkurs (Mischkurs)

K_{alt} = alter Aktienkurs (vor KE)

K_{jung} = Aktienkurs junge Aktien (Bezugskurs)

a = Anzahl der alten Aktien

n = Anzahl der neuen Aktien

Wert des Bezugsrechts

$$K_{Bezug} = K_{alt} - K_{neu}$$

K_{Bezug} = Wert bzw. rechnerischer Kurs des Bezugsrechts

Abb. 3.12 Bezugsrechte. (Quelle: eigene Darstellung)

für die Altaktionäre irrelevant ist. Der Kurs der Altaktie (vor Kapitalerhöhung) beträgt 200 €.

a) Bezugskurs 100, Anzahl Neuaktien 50.000
   Mischkurs $= (200 \cdot 100.000 + 100 \cdot 50.000)/150.000 = 166,67$
   Bezugsverhältnis: 100.000/50.000
   $=2$ Altaktien berechtigen zum Bezug einer Neuaktie
   Wert des Bezugsrechts $= (166,67 - 100)/2 = 33,33$
   Kursverlust der Altaktie $= 200 - 166,67 = 33,33$
b) Bezugskurs 125, Anzahl Neuaktien 40.000
   Mischkurs $= (200 \cdot 100.000 + 125 \cdot 40.000)/140.000 = 178,57$
   Wert des Bezugsrechts $= (178,57 - 125)/(100.000/40.000) = 21,43$
   Kursverlust der Altaktie $= 200 - 178,57 = 21,43$

Wird der Bezugskurs auf 100 gesetzt, so fällt der Mischkurs auf 166,67. Über den Wert des Bezugsrechts von 33,33 wird der Verlust des Altaktionärs ausgeglichen. Gleiches gilt für einen Kurs von 125.

Wird dem Altaktionär bei der ordentlichen Kapitalerhöhung ein Bezugsrecht eingeräumt, so hat er danach drei Möglichkeiten:

- **Ausübung des Bezugsrechts**
  Der Aktionär bezieht mit den ihm überlassenen Bezugsrechten gemäß Bezugsrechtsverhältnis neue Aktien. Er nimmt daher frisches Kapital in die Hand und investiert es in das Aktienunternehmen.
- **Verkauf des Bezugsrechts**
  Durch den Verkauf der Bezugsrechte erhält der Aktionär Bargeld, das dem Wertverlust seiner Altaktie nach der Kapitalerhöhung entsprechen sollte. Dieses Geld kann als eine Art zusätzlicher Dividende betrachtet werden. Er verliert jedoch Stimmrechtsanteile dabei.

- **Operation Blanche**

  Unter einer Operation Blanche versteht man eine Mischung aus Verkauf von Bezugsrechten und Bezug von neuen Aktien. Es wird dabei versucht, möglichst so viele
  Aktien zu beziehen, wie durch den Verkauf der restlichen Bezugsrechte zu erzielen
  sind (vgl. Beispiel 3.3).

Beispiel 3.3 (Operation Blanche)

Eine Aktiengesellschaft verfügt über ein Grundkapital von 500.000 € aufgeteilt in
500.000 Aktien zu einem Nennbetrag von jeweils 1 € pro Aktie. Der aktuelle Kurs
beträgt 50 € pro Aktie. Um einen zusätzlichen Kapitalbedarf von 4.000.000 € zu
decken, sollen weitere 100.000 Aktien zu einem Bezugskurs von 40 € ausgegeben
werden (Nennbetrag 1 €).

Wie viele Bezugsrechte muss ein Investor, der 50.000 Aktien besitzt, verkaufen, um
eine Operation Blanche durchzuführen?

Mischkurs $= (50 \cdot 500.000 + 40 \cdot 100.000)/600.000 = 48,33$

Bezugsverhältnis: $500.000/100.000 = 5 : 1$

5 Altaktien berechtigen zum Bezug 1 Neuaktie

Wert des Bezugsrechts $= (48,33 - 40)/5 = 1,67$

$x \cdot 1,67 = 40 \cdot (50.000 - x)/5 \rightarrow x = 41.365$ Bezugsrechte

Durch den Verkauf von 41.365 Bezugsrechten erhält er so viel Geld, dass er 8.635/
5 = 1.727 Aktien zu 40 € beziehen kann.

Die Vermögenssituation nach der Kapitalerhöhung entspricht bei allen drei Möglichkeiten im Zeitpunkt der Ausübung oder des Verkaufs derjenigen vor der Kapitalerhöhung,
wenn der Mischkurs dem tatsächlich an der Börse gehandelten Kurs und der rechnerische
Wert des Bezugsrechts dem tatsächlichen Kurs an der Börse entspricht!

Aktiengesellschaften können nicht nur ihr Aktienkapital erhöhen, sondern auch ver-
ringern. Man spricht hierbei von einer **Kapitalherabsetzung**. Formen der Herabsetzung
des gezeichneten Kapitals sind:

- **Ordentliche Kapitalherabsetzung (§§ 222–228 AktG)**
  Auszahlung eines Teils des Gesellschaftsvermögens an die Aktionäre
- **Vereinfachte Kapitalherabsetzung (§§ 229–236 AktG)**
  buchmäßige Sanierung in Verbindung mit einer Kapitalerhöhung
- **Kapitalherabsetzung durch Einziehen von Aktien (§§ 237–239 AktG)**
  Erwerb eigener Aktien durch das Unternehmen und anschließende Einziehung laut
  Satzung

Die Kapitalherabsetzung geschieht entweder durch eine Verminderung des Nennwerts
der Aktie oder durch die Zusammenfassung mehrerer Altaktien zu einer neuen Aktie.

Die Einlagen- und Beteiligungsfinanzierung durch Aktien haben diverse Vor-, aber
auch Nachteile zu anderen Finanzierungsformen:

Vorteile hierbei sind, dass durch die Handelbarkeit der Aktien an Börsen ein freier Zugang zum Kapitalmarkt erfolgt. Dieser ermöglicht leichtere Deckung des Kapitalbedarfs, bedingt durch eine unbegrenzte Anzahl von Anteilseignern. Durch eine große Stückelung des Aktienkapitals können die Aktien sehr breit gestreut werden. Zudem kann Aktienkapital durch den Anteilseigner nicht gekündigt werden.

Dagegen kann als **Nachteil** angeführt werden, dass durch die Ausgabe von stimmberechtigten Aktien eine feindliche Übernahme des Unternehmens erleichtert wird. Zudem kommen Informationspflichten und eine erhöhte Kommunikation gegenüber den Anteilseignern (Quartals-, Halbjahres-, Jahresberichte, Pressekonferenzen, Hauptversammlungen, Public Relation) auf die Unternehmen zu.

Kreditfinanzierung

Kreditfinanzierung ist die Beschaffung von Kapital für die Unternehmen über Kredite von Banken, Finanzdienstleistern oder über den Kapitalmarkt. Fremdfinanzierung wird dabei in langfristige und kurzfristige Fremdfinanzierung unterschieden.

Formen der langfristigen Kreditfinanzierung sind:

- **Darlehen**
  Kapital von Kreditinstituten mittels Kreditvertrag.
- **Schuldscheindarlehen**
  Kapital von Kapitalsammelstellen (Bausparkassen, Versicherungen) mittels Schuldscheine.
- **(Inhaber) Schuldverschreibungen (Bonds)**
  Anleihen/(Industrie-)Obligationen, Pfandbriefe. Diese Form der Fremdfinanzierung wird i. d. R. über den Kapitalmarkt verbrieft.

Von kurzfristiger Kreditfinanzierung spricht man bei:

- **Lieferantenkredit**
  Ausnutzen von Zahlungszielen des Lieferanten.
- **Kontokorrentkredit**
  Einräumen einer Kreditlinie bei einer Bank. Bis zur Höhe dieses Kreditlimits kann das Firmenkonto dann belastet (überzogen) werden.
- **Kundenanzahlung**
  Kunde leistet eine Zahlung vor Lieferung des Wirtschaftsgutes.
- **Diskont- und Lombardkredit**
  Spezielle Kreditformen, die einen Wechsel (Diskontkredit) oder ein Pfand (Lombardkredit) einsetzen, um kurzfristige Kredite zu erhalten. Der Diskont- bzw. der Lombardsatz der Zentralbank sind hierfür die Richtgrößen zur Bemessung der Kosten des Kredits.

Sonderformen der Kreditfinanzierung sind:

- **Wandelschuldverschreibungen**
  Ähnlich strukturiert wie Inhaberschuldverschreibungen, beinhalten aber das Recht des Gläubigers auf Wandel in Aktien nach Ende der Laufzeit.
- **Genussscheine (Mezzaninekapital)**
  Schuldverschreibungen, die keinen oder nur einen geringen festen Zins garantieren, aber noch zusätzliche Verzinsungskomponenten, abhängig vom Erfolg des Unternehmens, beinhalten.

Langfristige Kreditfinanzierung
Darlehen Darlehen sind mittel- bis langfristige Kredite von Kreditinstituten für die Anschaffung von langlebigen Wirtschaftsgütern. Sie werden als individueller Vertrag zwischen dem Kreditgeber (Gläubiger) und Kreditnehmer (Schuldner) abgeschlossen. Folgende Kreditmodalitäten werden im Kreditvertrag geregelt:

- **Auszahlungs- und Rückzahlungsbetrag**
  Der Auszahlungsbetrag kann gleich der Kreditsumme (pari), größer als die Kreditsumme (über pari; Agio) und kleiner als die Kreditsumme (unter pari; Disagio) sein. Der Rückzahlungsbetrag ist der nach der Laufzeit des Darlehens zu zahlende Betrag, der nach möglichen Tilgungen noch übrig ist. Von einem Disagio spricht man, wenn Gebühren aus dem Darlehen mit dem Auszahlungsbetrag verrechnet werden.
- **Tilgungsart**
  Je nach vertraglicher Abstimmung können Darlehen unterschiedlich getilgt werden. Endfällige Tilgung bedeutet, dass während der Laufzeit keine Tilgungen geleistet werden. Das Darlehen wird dann am Ende der Laufzeit in einem Betrag getilgt. Von Ratentilgung spricht man, wenn über die gesamte Laufzeit des Darlehens der gleiche Tilgungsbetrag gezahlt wird. Bei der Annuitätentilgung verschieben sich Zinszahlung und Tilgungsleistung über die Laufzeit. Die Annuität, also der Betrag aus Zinsen und Tilgung, bleibt dabei gleich (vgl. Abschn. 1.2.3).
- **Zinssatz**
  Der Zinssatz für das Darlehen wird ebenfalls individuell abgestimmt. Dieser sollte sich am aktuellen Marktzins orientieren. Hinzu kommt ein angemessener Risikozuschlag über den der Kreditgeber ein mögliches Ausfallrisiko abdeckt. Der Zinssatz, der für den Vertrag maßgeblich ist, wird mit Nominalzins bezeichnet. Je nach periodengerechter Zahlungsweise der Zinszahlungen (monatlich, quartalsweise, halbjährlich, jährlich) und Hinzurechnung von Kostenpositionen ergibt sich für das Darlehen dann ein unterschiedlicher Effektivzinssatz (vgl. Abschn. 1.2.1). Auch variable Zinszahlungen sind möglich. Hierbei orientiert sich der Zinssatz an einem Vergleichszinssatz (z. B. EURIBOR).

- **Laufzeit**

  Die Laufzeit eines Darlehens kann unterschiedlich und sehr individuell geregelt sein. Allgemein werden in Deutschland meist Laufzeiten von 5 Jahren oder 10 Jahren abgestimmt. Laufzeiten über 10 Jahren sind seit einem BGH-Urteil (nun § 489 BGB) eher unüblich. Ziel der Laufzeitwahl sollte eine Fristenkongruenz zwischen Finanzmittelbedarf und -bereitstellung sein. Sollte dies nicht möglich sein, können Darlehen verlängert (Prolongation) oder außerordentlich durch den Schuldner gekündigt werden, wobei im letzten Fall i. d. R. eine Vorfälligkeitsentschädigung bezahlt werden muss.

- **Besicherung**

  Darlehen können ganz unterschiedlich mit Sicherheiten versehen werden. Man unterscheidet hier zwischen Personensicherheiten (z. B. Bürgschaft, Garantie, Schuldbeitritt) und Sachsicherheiten (z. B. Grundschuld, Sicherungsübereignung).

Schuldschein(darlehen) Schuldscheindarlehen sind spezielle Darlehen, die meist mit Lebensversicherungsunternehmen abgeschlossen werden. Diese Darlehen sind aufgrund der hohen Bonität der Schuldner sehr sicher und können daher in den Deckungsstock der Versicherung integriert werden. Versicherungsunternehmen investieren aufgrund der hohen Sicherheit und der bilanziellen Vorteile (Bilanzierung zum Nennwert, keine Abschreibungen) den Großteil ihres Vermögens in diese Anlagekategorie. Kapitalnehmer sind große (nicht-emissionsfähige) Unternehmen, die Laufzeiten zwischen 4 und 10 Jahren abschließen. Vermittelt werden diese Geschäfte durch Banken und Finanzmakler, was zu weiteren Nebenkosten führt. Schuldscheindarlehen sind aufgrund ihrer sehr individuellen Konzeption meist nicht handelbar und haben somit eine geringe Fungibilität. Der Zinssatz liegt im Schnitt ¼ bis ½ Prozentpunkte über dem Zinssatz einer Anleihe. Eine Tilgung kann sehr individuell gemäß des Darlehensvertrags erfolgen.

Schuldverschreibungen Langfristige Darlehen können auch als Wertpapier verbrieft und über den Kapitalmarkt ausgegeben (emittiert) werden. Man spricht dann von Schuldverschreibungen oder Anleihen (Bonds). Emittenten sind dabei große börsenfähige Unternehmen, die zum Handel zugelassen sind. Die Schuldurkunde wird dabei zum Wertpapier und nach der Emission an einer Börse gehandelt. Die Emission der Anleihe erfolgt immer zum Nennwert, der Zins der Anleihe orientiert sich an der aktuellen Rendite des Kapitalmarktes für risikolose Papiere mit entsprechender Laufzeit. Hinzu kommen Risikoaufschläge für das Bonitätsrisiko des Unternehmens, das von externeren Rating-Agenturen (S&P, Moody's, Fitch) definiert wird. Eine vorzeitige Tilgung durch den Rückkauf der Anleihe ist grundsätzlich möglich.

Um eine Anleihe emittieren zu können, ist ein Emissionsprospekt zwingend erforderlich. Das Wertpapier-Verkaufsprospektgesetz erhebt den Grundsatz des Emissionszwangs zur Norm. Es muss ein öffentliches Angebot erstellt werden, ohne dass dieser Begriff

genau definiert wird. Die Emission kann dann entweder als Selbst- oder als Fremdemission durchgeführt werden.

- **Selbstemission**
  Obwohl der Emittent die technische Abwicklung der Emission (Information der
  potenziellen Anleger, Abrechnung der Kaufaufträge und Inkasso, wertpapiermäßige
  Belieferung) in eigener Regie und Verantwortung durchführt, können zur Platzierung
  Institute mit einer breiten Absatzorganisation eingeschaltet werden, die für ihre Ver-
  mittlerleistung eine Bonifikation erhalten.
- **Fremdemission**
  Bei der Fremdemission unterscheidet man zwischen einem Begebungs- und einem
  Übernahmekonsortium. Beim Begebungskonsortium übernimmt das Konsortium die
  Funktion einer Zeichnungs-, Werbe- und Verkaufsstelle. Das Platzierungsrisiko liegt
  beim Emittenten. Beim Übernahmekonsortium übernimmt das Konsortium auch das
  Platzierungsrisiko, also hält es zuerst alle Anleihen, bevor es sie an mögliche Investoren weitergibt. Auch ein kombiniertes Übernahme- und Begebungskonsortium ist
  möglich. Die Konsorten verpflichten sich dabei, den auf ihre Quote entfallenden Teil
  der Emission zu übernehmen. Sie tragen für diesen Teil der Emission das Platzierungsrisiko.

Steht die Emissionsart fest, so muss der Anleihebetrag noch am Markt platziert und ein
Kurs festgelegt werden. Auch hier gibt es mehrere Möglichkeiten, um eine Platzierung
darzustellen:

- **Auflegung zur öffentlichen Zeichnung**
  Die Öffentlichkeit wird eingeladen an der Zeichnung der Anleihe teilzunehmen.
  Hierzu werden Anzeigen in den einschlägigen Zeitungen geschaltet. In d er Regel
  können beliebige Mengen gezeichnet werden.
- **Freihändiger Verkauf**
  Verkauft wird die Anleihe, nur solange der Vorrat reicht. Beim Festpreisverfahren, das
  meist bei Einmalemission angewendet wird, werden die Anleihebeträge nach Kon-
  sortialquoten zugeteilt. Die Konsortialbanken können daher die Anleihen bereits vor
  Emissionsbeginn verkaufen. Bei Daueremissionen wird dagegen der Emissionskurs in
  Abhängigkeit von der Kapitalmarktentwicklung ständig angepasst.
- **Verkauf über die Börse**
  Diese Platzierungsmethode wird zunehmend von der Bundesbank zur Emission von
  Bundesanleihen und Bundesobligationen praktiziert.
- **Privatplatzierung**
  Neben dem bisher beschriebenen öffentlichen Angebot an Wertpapieren gibt es einen
  Markt für Privatplatzierungen. An diesem Markt werden vor allem kleinere Tranchen
  abgewickelt oder aber auch Emissionen von Unternehmen, die sich die Kosten eines

öffentlichen Angebots nicht leisten können oder vermeiden wollen, dass ihre Emission öffentlich bekannt wird.

Bei einer Auflegung zur öffentlichen Zeichnung steht der Preis der Anleihe im Gegensatz zu den anderen Platzierungsarten noch nicht fest. Hier haben sich drei verschiedene Möglichkeiten herausgebildet:

- **Zuteilung nach quantitativem Ergebnis**
  Ergibt sich nach Abschluss der Zeichnungsfrist eine Überzeichnung, wird der Anleihebetrag im Verhältnis zu den von den Konsortialbanken gemeldeten Zeichnungsergebnissen zugeteilt. Erst danach steht der Preis für die Anleihe fest.
- **Bookbuilding-Verfahren**
  Die institutionellen Anleger werden direkt in die Preisfindung eingebunden, indem sie aufgefordert werden, ihre innerhalb der vom Konsortialführer vorgegebenen Preisspanne liegenden Zeichnungswünsche einschließlich ihrer konkreten Preisvorstellungen beim Lead Manager einzureichen. In seiner Funktion als Bookrunner erfasst er die Zeichnungswünsche quantitativ und qualitativ im elektronischen Zeichnungsbuch. Die aus diesem Bookbuilding-Vorgang gewonnenen Erkenntnisse fließen zeitnah in die Preisfestlegung und Zuteilung der Papiere ein.
- **Tenderverfahren**
  Die Konditionen des zu emittierenden Papiers werden im Rahmen eines Ausschreibungsverfahrens den Bietungsberechtigten bekannt gegeben. Beim *Zinstender* liegt neben den Anleihebedingungen der Emissionsbetrag fest, offen ist dagegen der Ausgabepreis und damit die Verzinsung der zu emittierenden Papiere. Der Ausgabepreis ergibt sich durch die Angebote der Bietungsberechtigten. Beim *Amerikanischen Verfahren* werden alle Kursgebote, die über dem akzeptierten Mindestkurs liegen, zum individuell gebotenen Kurs zugeteilt. Gebote ohne Kursangaben werden zum gewogenen Durchschnittskurs der akzeptierten Kursgebote zugeteilt. Erfolgt die Zuteilung einheitlich zum akzeptierten Mindestkurs, spricht man vom *Holländischen Verfahren*.

Schuldverschreibungen, die am Kapitalmarkt emittiert werden, können gedeckt oder ungedeckt sein. Ungedeckte Schuldverschreibungen (Anleihen) haben keine zusätzliche Sicherheit und hängen damit von der Solvenz der jeweils emittierenden Unternehmen ab. Gedeckte Schuldverschreibungen haben zum „Namen" des Emittenten noch zusätzliche Sicherheiten gegen das Ausfallrisiko. Insbesondere Pfandbriefe sind emittierte Schuldverschreibungen (nach PfandBG) und besitzen noch zusätzliche Sicherheiten. Bei öffentlichen Pfandbriefen (Kommunalobligationen) ist dies die Haftung der Kommune, bei Hypothekenpfandbriefen die Haftung über die Immobilie bzw. das Grundstück.

Fällt der Emittent einer Anleihe aus, so wird der Investor als Fremdkapitalgeber vorrangig aus der Insolvenzmasse bedient. Schuldverschreibungen sind aber nicht immer Fremdkapital. Sie können auch so ausgestattet werden, dass sie teilweise zum Eigenkapital hinzugerechnet werden können. Hierbei spricht man dann von nachrangigen Schuldverschreibungen. Nachrangige Schuldverschreibungen werden im Insolvenzfall „nachrangig" bedient, d. h., erst wenn nach der Rückzahlung von Krediten und „normalen" Anleihen noch Geld vorhanden ist, kommt es zur Auszahlung. Nachrangige Schuldverschreibungen werden somit zwischen dem Eigen- und dem Fremdkapital angesiedelt. Man spricht hier von Mezzaninekapital.

Unter **Mezzaninekapital** sind sämtliche Finanzierungsformen, die eine Zwischenform von Eigen- und Fremdkapital darstellen, zu verstehen. Wesentliches Merkmal von Mezzaninetiteln ist deren Nachrangigkeit. Dies bedeutet, dass diese Titel im Falle der Insolvenz des Emittenten den anderen Gläubigern im Range nachgehen und lediglich vor den Aktionären bedient werden. In Abhängigkeit davon, mit welchen zusätzlichen Merkmalen die Papiere ausgestaltet sind, bestimmt sich ihr Eigen- bzw. Fremdkapitalcharakter. Für das höhere Ausfallrisiko wird der Investor vom Schuldner mit einem höheren Zinskupon entschädigt (Preferred Bonds). Das KWG weist die nachrangigen Papiere, abhängig von deren Ausstattung, den qualitativ verschiedenen Kategorien haftenden Eigenkapitals zu. International werden Nachranganleihen häufig als Tier-Anleihen[3] bezeichnet. Je nach Grad der Nachrangigkeit unterscheidet man dabei Tier-1- und Tier-2-Anleihen. Tier-1-Anleihen haben eine größere Eigenkapitalnähe als Tier-2-Anleihen und sind damit nachrangiger. Innerhalb des Tier-2-Kapitals wird unterschieden zwischen Upper Tier-2 (hierzu zählen auch die deutschen Genussscheine) und Lower Tier-2. Dabei ist Upper Tier-2 nachrangiger.

Kurzfristige Kreditfinanzierung

Als Zahlungsziel bezeichnet man einen vom Lieferanten eingeräumten Zeitraum, in dem eine Rechnung beglichen werden muss. Dieser kann als Kredit vom Lieferanten an das Unternehmen verstanden werden.

Ein **Lieferantenkredit** ist ein vom Lieferanten eingeräumtes Zahlungsziel nach Leistungserfüllung. Das Unternehmen kann den Lieferanten entweder sofort bezahlen und erhält dafür im Regelfall ein Skonto eingeräumt, also einen teilweisen Nachlass der Forderung, oder es nutzt das Zahlungsziel aus und begleicht die Forderung erst nach der eingeräumten Frist (z. B. 30 Tage).

Beispiel 3.4 (Lieferantenkredit)
Zahlung des Rechnungsbetrags innerhalb 30 Tagen netto Kasse oder innerhalb 10 Tagen abzüglich 2 % Skonto

---

[3]englisch: tier = Rang, Stufe.

- Vergleichbarkeit mit alternativen Finanzierungen herstellen.
- Berechnung des rechnerischen Jahreszinssatzes bei Verzicht auf Skonto:

$$Vergleichszins = Skonto/Skontobezugsspanne \cdot 360$$
$$= 2\,\% \ / \ (30-10) \cdot 360 = 36\,\%$$

- Skontobetrag entspricht Jahreszins von 36 %.
- Wenn Zins auf Kontokorrentkredit < 36 %, dann Bezahlung des Kaufpreises (98 % davon) sofort und Finanzierung über Kontokorrent.

Unter einem **Kundenkredit** versteht man Anzahlungen, Vorauszahlungen oder Abschlagszahlungen des Kunden an den Lieferanten. Dabei ist der Kreditnehmer der Produzent, der Kreditgeber ist der Kunde. Häufig kommt die Kundenanzahlung bei langfristigen Produktionszeiten, wie z. B. im Schiffs- und Wohnungsbau oder Großanlagenbau, zum Einsatz. Beim Kundenkredit erhält der Kunde keine Zinszahlungen, dafür aber i. d. R. einen Preisnachlass. Vereinbarungen von Anzahlungen sind dabei sehr individuell gestaltet. Entscheidend ist auch, welche Marktmacht und Auftragslage des Lieferanten existieren, also ob der Kunde vom Lieferanten teilweise abhängig ist. Der Produzent hat dabei diverse Vorteile. Zum einen wird durch die Vorfinanzierung der Produktion die Liquiditätslage des Produzenten verbessert, zum anderen wird das Abnahmerisiko reduziert, da ein Kunde, der erhebliche Anzahlungen geleistet hat, das Produkt auch eher abnehmen wird.

Bei einem **Kontokorrentkredit** räumt eine Bank einem Unternehmen eine Kreditlinie (Höchstbetragslimit) als Überziehungskredit ein. Dieser Kredit kann variabel in Anspruch genommen werden, muss also nach Einrichtung nicht von der Bank genehmigt werden. Die Zinskonditionen hängen vom Geldmarkt ab, sind aber meist deutlich günstiger als ein klassischer Überziehungskredit für Privatpersonen (Dispositionskredit). Man taxiert hier 3 bis 5 % über dem aktuellen Basiszinssatz (früher Diskontsatz). Sollte der zuvor festgelegte Kreditrahmen nicht ausreichen, kann kurzfristig die Kreditlinie erhöht werden. Dabei werden dann weitere Kosten als Überziehungsprovisionen fällig. Zinsen müssen nur für die wirklich in Anspruch genommenen Kreditbeträge gezahlt werden. Zahlungseingänge auf dem Konto reduzieren somit wieder automatisch die Kreditposition.

Prüfung der Kreditwürdigkeit

Die **Kreditwürdigkeitsprüfung** ist die Prüfung eines möglichen Schuldners, ob dieser den verlangten Kredit zurückzahlen kann. Der Vorgang der Prüfung auf Kreditwürdigkeit ist für Banken verbindlich im KWG geregelt. Für Kredite an einen Schuldner über 750.000 € ist diese Prüfung für die Banken verpflichtend und wird von der BaFin im Rahmen deren jährlichen Prüfungen der Kreditinstitute überwacht.

Bedingt durch Basel II wird für Kreditkunden jährlich eine Krediteinordnung (Rating) durchgeführt, die als Ergebnis eine Klassifizierung des Kunden bezüglich dessen Bonität vornimmt (Einteilung in Ratingklassen).

Prüfungskriterien sind persönliche Faktoren (Kreditwürdigkeit i. e. S.) oder sachliche Faktoren (Kreditfähigkeit). Unter die persönlichen Faktoren zählen kaufmännische Fachkenntnisse, geistig-analytische Fähigkeiten, die unternehmerische Mentalität sowie das persönliche Engagement des Kreditnehmers. Sachliche Faktoren sind Bilanz- und GuV-Analyse (Vermögens- und Schuldenlage) sowie die Unternehmens- und Finanzplanung (zukünftiger Kapitalbedarf).

3.3.2   Innenfinanzierung

Formen der Innenfinanzierung

Wie der Begriff Innenfinanzierung schon andeutet, finanziert sich das Unternehmen bei dieser Form von innen heraus. Dies kann entweder über die erwirtschafteten Gewinne eines Geschäftsjahres geschehen, die nicht an seine Anteilseigner zur Ausschüttung kommen – sogenannte offene Selbstfinanzierung –, oder über den Umsatzprozess des Unternehmens in Form von Abschreibungs- und Rückstellungsgegenwerten (vgl. Abb. 3.13).

Die Finanzierung über den Umsatzprozess funktioniert nur, wenn die jeweiligen Aufwandspositionen, die bei der Kalkulation des Verkaufspreises eingehen, auch tatsächlich am Markt erlöst werden und nicht sofort wieder zur Auszahlung kommen

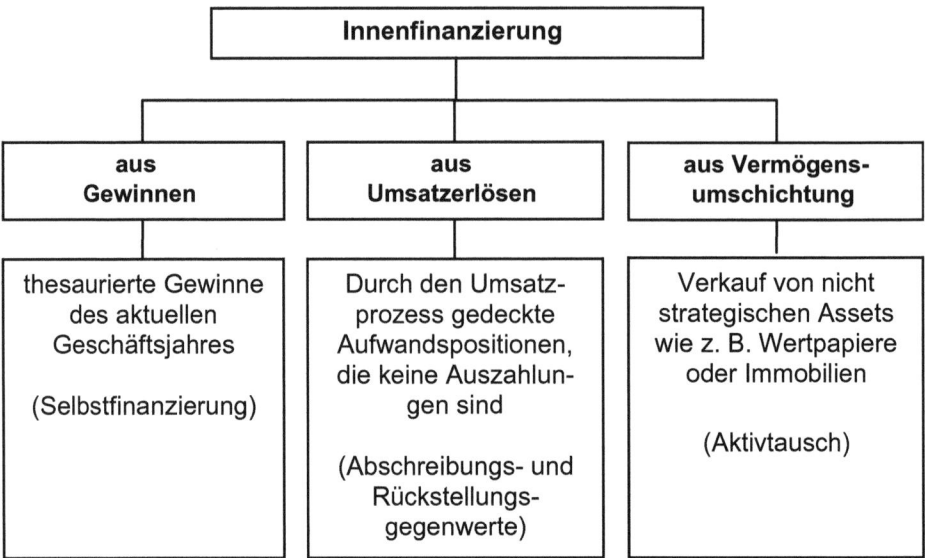

Abb. 3.13   Formen der Innenfinanzierung. (Quelle: eigene Darstellung)

Materialkosten	Aufwand = Auszahlung
+ Lohnkosten	Aufwand = Auszahlung
+ Abschreibungen	Aufwand ≠ Auszahlung
+ Rückstellungen	Aufwand ≠ Auszahlung
+ sonstige Kosten	Aufwand = Auszahlung
+ Gewinnmarge	
= Angebotspreis	

Abb. 3.14 Kalkulationsschema eines Verkaufspreises. (Quelle: Darstellung in Anlehnung an Schäfer 2002, S. 458)

(Aufwand ≠ Auszahlungen). Dies ist bei Abschreibungen und bei Rückstellungs-positionen grundsätzlich der Fall (vgl. Abb. 3.14). Die Abschreibungen vermindern lediglich den Gewinn, geflossen ist das Geld aber bereits bei der Anschaffung. Rückstellungen sind Verbindlichkeiten, die mit entsprechender Wahrscheinlichkeit erst in der Zukunft zur Auszahlung kommen werden. Somit stehen beide Positionen für Finanzierungszwecke zur Verfügung.

Als Zwischenfazit können wir festhalten, dass bei der Innenfinanzierung liquide Mittel über den Umsatzprozess fließen, die nicht sofort wieder zur Auszahlung kommen.

Eine weitere Form der Innenfinanzierung stellt die Vermögensumschichtung dar. Hier trennt sich das Unternehmen von Assetpositionen wie z. B. Wertpapieren oder Immobilien, um aus diesem Erlös wiederum andere Investitionen zu refinanzieren. Es handelt sich hierbei nicht um einen Vermögenszuwachs, wie bei den anderen beiden Formen, sondern um einen Aktivtausch.

Die wesentliche Kennzahl für das Innenfinanzierungspotenzial ist der Cashflow. Ist der Cashflow hoch, so kann das Unternehmen seine betrieblichen Aktivitäten auch unabhängig von Dritten (Außenfinanzierung) sehr gut von innen heraus selbst finanzieren.

Selbstfinanzierung

Unter einer offenen Selbstfinanzierung versteht man die Finanzierung aus einbehaltenen Gewinnen. Diese Form ist daher auch Teil der Eigenfinanzierung, weil die Anteilseigner Anspruch auf den nicht ausgeschütteten Gewinn haben. Daneben existiert die stille Selbstfinanzierung, die aufgrund von Überbewertungen der Passiva oder durch eine Unterbewertung der Aktiva entsteht. Diese Finanzierungsform hat in letzter Zeit jedoch aus zweierlei Gründen stark an Bedeutung verloren, weswegen wir sie auch nicht weiter vertiefen wollen:

- Mit der Unternehmensteuerreform 2008 dürfen nach § 52 Abs. 21a EStG seit dem 01.01.2008 in Deutschland bei neuen Anschaffungsgütern keine degressiven Abschreibungen mehr vorgenommen werden, die jedoch in der Vergangenheit maßgeblich für die Unterbewertung der Aktiva verantwortlich waren.

- Die internationalen Rechnungslegungsvorschriften nach IFRS und US-GAAP verdrängen in Deutschland immer stärker die nationalen Rechnungslegungsvorschriften nach dem Handelsgesetzbuch, womit die Fair-Value-Betrachtung bei Aktiv- und Passivpositionen Einzug in die Firmenbilanzen erhalten. Mit dem Fair-Value ist aber die Bildung von stillen Reserven nicht mehr darstellbar.

Beispiel 3.5 (Offene Selbstfinanzierung)

Eine Kapitalgesellschaft möchte ihren erwirtschafteten Gewinn thesaurieren. Der Gewinn vor Steuern beträgt 100.000 €. Es fallen Gewerbeertragsteuern in Höhe von 15,75 % an. Darüber hinaus sind 15 % Körperschaftsteuer und 5,5 % Solidaritätszuschlag zu entrichten. Wie hoch ist der Thesaurierungsbetrag bzw. die Selbstfinanzierungsquote?

Lösung:

Nach Abzug aller Steuern verbleibt ein Thesaurierungsbetrag in Höhe von 68.425 €. Dieser Betrag ins Verhältnis zum Jahresüberschuss in Höhe von 100.000 € gesetzt, ergibt eine Selbstfinanzierungsquote von 68,43 % (vgl. Tabelle in Anlehnung an Wöhe et al. 2009, S. 400).

	in €	in Prozent (%)
Gewinn vor Steuern	100.000	100
Gewerbeertragsteuer	15.750	15,75
Körperschaftsteuer	15.000	15,00
SolZ	825	5,50
Steuern insgesamt	−31.575	31,6
Gewinn nach Steuern = Thesaurierungsbetrag	68.425	68,43

Das Potenzial der offenen Selbstfinanzierung hängt von verschiedenen rechtlichen, steuerlichen und ökonomischen Faktoren ab. Zum einen gibt es Unterschiede bei der Rechtsform des Unternehmens. Bei Personengesellschaften wie der OHG entscheiden die Gesellschafter, wie viel des Gewinns ausgeschüttet wird. Der einbehaltene Gewinn erscheint nicht in der Bilanz, sondern wird den Kapitalkonten der Gesellschafter gutgeschrieben. Bei der KG steht nur der Gewinn der Komplementäre zur Selbstfinanzierung zur Verfügung, da der Gewinnanteil der Kommanditisten in der Bilanz als Verbindlichkeit verbucht wird. Stille Gesellschafter haben keine Möglichkeit der Selbstfinanzierung, da der gesamte Gewinn eines Geschäftsjahres an die Gesellschafter auszuschütten ist (vgl. Stiefl 2008).

Bei den Kapitalgesellschaften, und hier insbesondere bei der AG, macht der Vorstand bzw. der Aufsichtsrat einen Vorschlag über die Gewinnverwendung, über den die bei der ordentlichen Hauptversammlung anwesenden Anteilseigner abstimmen. Der thesaurierte Gewinn wird anschließend in die Gewinnrücklagen eingestellt und erscheint somit in der Bilanz als Eigenkapital. Der einbehaltene Gewinn speist sich aus dem Jahresüberschuss nach Steuern. Bei der AG muss zwischen der gesetzlich erzwungenen und der freiwilligen

Gewinnrücklage unterschieden werden. 5 % des Jahresüberschusses müssen so lange der gesetzlichen Gewinnrücklage zugeführt werden, bis diese gesetzliche Rücklage und die Kapitalrücklage zusammen 10 % des gezeichneten Kapitals erreichen (§ 150 Abs. 1 AktG iVm. § 272 Abs. 2 Nr. 1 bis 3 HGB).

Die Höhe des Selbstfinanzierungsbetrags ist aber auch von ökonomischen Faktoren, wie der Investitions- und Ausschüttungspolitik, abhängig. Plant das Unternehmen in absehbarer Zukunft größere Investitionen oder Akquisitionen, so wird die Geschäftsleitung bemüht sein, so viel wie möglich vom Gewinn im Unternehmen zu belassen. Andererseits fordern die Gesellschafter eine konstante bzw. sogar steigende Ausschüttung des erwirtschafteten Jahresgewinns. Gerade bei AGs kommt der Dividendenpolitik eine große Bedeutung zu, da die Dividendenrendite einer Aktie bei einigen Aktionären stark im Fokus steht. Bei Personengesellschaften spielen die Konsumpräferenzen der Gesellschafter sicherlich die dominierende Rolle. Planen die Gesellschafter größere Privatausgaben, so werden sie sicherlich darauf drängen, dass ein großer Teil des erwirtschafteten Gewinns an sie ausgeschüttet wird.

Eine zentrale Bedeutung bei dem Selbstfinanzierungspotenzial bekommt die Besteuerung des Gewinns. Lediglich der versteuerte Teil des Gewinns steht als Innenfinanzierungsspielraum zur Verfügung. Neben der Gewerbeertragsteuer werden bei der Kapitalgesellschaft ein einheitlicher Körperschaftsteuersatz in Höhe von 15 % sowie der Solidaritätsbeitrag in Höhe von 5,5 % erhoben. Bei Personengesellschaften werden nicht die Gesellschaft, sondern die einzelnen Gesellschafter mit ihrem jeweiligen, individuellen Einkommensteuersatz besteuert (vgl. Busse 2003, S. 665). Um die Selbstfinanzierungsquote bei Kapitalgesellschaften zu bestimmen, sind folgende Schritte zu unternehmen:

- Ermittlung der Gewerbeertragsteuer (Bezugsgröße ist der Jahresüberschuss)
- Ermittlung der Körperschaftsteuer (Bezugsgröße ist der Jahresüberschuss)
- Ermittlung des Solidaritätszuschlags (Bezugsgröße ist die Körperschaftsteuer)
- Thesaurierungsbetrag ist der Gewinn nach Steuern (Jahresüberschuss abzüglich Gewerbeertrag-, Körperschaftsteuer und Solidaritätszuschlag)
- Selbstfinanzierungsquote ist der Thesaurierungsbetrag im Verhältnis zum Gewinn vor Steuern

Bewertung der Selbstfinanzierung (vgl. Süchting 1995, S. 258)

- Gesellschafterkreis bleibt unverändert → keine Verschiebung der Herrschaftsverhältnisse.
- Kostengünstige Beschaffung der Finanzmittel → keine Verpflichtungen durch Tilgungs- und Zinszahlungen, keine Emissionskosten für Wertpapiere.
- Stärkung der Eigenkapitalbasis erhöht die Bonität des Unternehmens → zinsgünstigeres Fremdkapital und Stärkung der Finanzkraft.
- Unabhängige, freie Disposition über die Finanzmittel → keine Mitsprache bei Investitionen durch Dritte wie z. B. Kreditinstitute.

Finanzierung aus Abschreibungsgegenwerten

Die Abschreibungen eines Wirtschaftsgutes, die innerhalb der Nutzungsdauer Aufwand bedeuten und damit den Gewinn schmälern, aber nicht gleichzeitig zu Auszahlungen führen, können über die Abschreibungsgegenwerte zur Finanzierung des Unternehmens herangezogen werden. Voraussetzung ist, dass die **Abschreibungsgegenwerte**, die in den Verkaufspreisen anteilig eingepreist sind, auch über den Umsatzprozess verdient werden.

Am Markt verdiente Abschreibungen setzen das im Wirtschaftsgut gebundene Kapital frei (sogenannter Kapitalfreisetzungseffekt), das für weitere Investitionen zur Verfügung steht. Ersatzinvestitionen sind erst am Ende der Nutzungsdauer vorzunehmen. Werden diese freien Finanzmittel wieder in das gleiche Abschreibungsgut reinvestiert, so wird kein weiteres Kapital zur Finanzierung benötigt. Allein durch die Reinvestition der Abschreibungsgegenwerte erzielt das Unternehmen über die Zeit einen Kapazitäts-erweiterungseffekt. Dieser Effekt wird in der Literatur als Lohmann-Ruchti- oder Marx-Engels-Effekt bezeichnet. (vgl. Süchting 1995, S. 259, und die dort angeführte Literaturhinweise in Fußnote 174).

Unter idealisierten Bedingungen ist sogar eine Verdoppelung der ursprünglichen Periodenkapazität theoretisch möglich. Die vereinfachten Annahmen des Kapazitäts-erweiterungseffekts lauten:

- Erstanschaffung des Investitionsobjektes durch eigene Mittel
- Wertminderung entsprechend der linearen Abschreibung
- Beliebige Teilbarkeit des Investitionsobjektes
- Abschreibung und Reinvestition erfolgt kontinuierlich
- Konstante Wiederbeschaffungspreise → keine De- oder Inflation
- Abschreibungsgegenwerte sind über den Verkauf der Produkte vollkommen liquide
- Keine Marktsättigung bei Kapazitätserweiterung

Der Kapazitätserweiterungsfaktor (KEF) hängt ausschließlich von der Länge der Nutzungsdauer n ab. Es gilt:

$$KEF = 2\frac{n}{n+1} \tag{3.9}$$

Anhand eines Beispiels soll der Sachverhalt verdeutlicht werden.

Beispiel 3.6 (Finanzierung aus Abschreibungen)

Ein Transportunternehmen hat einen Bestand von 15 Lkws, die in $t = 0$ zu je 280.000 € angeschafft wurden. Die Nutzungsdauer beträgt 5 Jahre. Die Abschreibung erfolgt linear entsprechend der Wertminderung. Weiterhin gelten die allgemeinen Prämissen des Lohmann-Ruchti-Effektes, mit der Ausnahme, dass die Abschreibung und die Reinvestition am Periodenende erfolgen sollen. Zeigen Sie, wie sich die Periodenkapazität bis zum 15. Jahr entwickelt. Bestimmen Sie den Kapazitätserweiterungsfaktor (KEF).

Lösung:

Ein LKW mit einem Anschaffungspreis in Höhe von 280.000 € wird entsprechend der Nutzungsdauer über 5 Jahre abgeschrieben. Das ergibt eine Abschreibung von 56.000 € p. a. Die Gesamtabschreibung am Ende der ersten Periode ($t = 1$) beläuft sich damit auf 840.000 € (15 LKW · 56.000 €). Diese gesamten Abschreibungen werden annahmegemäß über den Markt erlöst und stehen somit für die Reinvestition in weitere LKWs gleichen Typs und Preis zur Verfügung. Dies ergibt einen Zugang von 3 LKWs (840.000 €/280.000 €). Ein Abgang ist nicht zu verzeichnen, da alle LKWs noch eine Restabschreibungszeit von 4 Jahren haben. Die Periodenkapazität in $t = 1$ erhöht sich damit auf 18 LKWs (vgl. Tabelle). Am Ende der zweiten Periode, also in $t = 2$, beträgt die Gesamtabschreibung schon 1.008.000 € (18 LKW · 56.000 €). Beliebige Teilbarkeit der LKWs vorausgesetzt, können diese über den Markt erlösten Abschreibungsgegenwerte in 3,6 neue LKWs reinvestiert werden. Der Bestand in $t = 2$ erhöht sich auf 21,6 LKWs. Dieser Kapazitätserweiterungseffekt setzt sich bis im Zeitpunkt $t = 5$ kontinuierlich fort. Erst dann ist die Erstanschaffung der 15 LKWs vollständig abgeschrieben, sodass sie die Periodenkapazität deutlich spürbar von 31,1 auf 22,3 abnimmt. Danach pendelt sich die Kapazität zwischen 24 und 26 LKWs ein. Am Ende der 10. Periode liegt sie bei 24,5. Im Vergleich zur Anfangsausstattung mit 15 LKWs in $t = 0$ hat sich die Periodenkapazität um das 1,63-fache erhöht. Diese Zahl wird als Kapazitätserweiterungsfaktor bezeichnet.

Entwicklung der Periodenkapazität

t	Zugang	Abgang	Bestand
0	15,0	0	15,0
1	3,0	0	18,0
2	3,6	0	21,6
3	4,3	0	25,9
4	5,2	0	31,1
5	6,2	15,0	22,3
6	4,5	3,0	23,8
7	4,8	3,6	25,0
8	5,0	4,3	25,7
9	5,1	5,2	25,6
10	5,1	6,2	24,5

Würde die zeitliche Betrachtung um weitere 5 Jahre ausgedehnt werden, so käme man auf einen KEF in Höhe von 1,66. Wendet man die obige Formel für die Bestimmung des KEF an, so ergibt sich genau dieser Wert:

$$KEF = 2\frac{5}{5 + 1} = 1,\overline{66}$$

Man darf bei der Darstellung des Kapazitätserweiterungseffektes jedoch nicht die zum Teil realitätsfernen Prämissen vergessen, sodass eine Umsetzung dieses Effektes in dem gezeigten Ausmaß in der Praxis so sicherlich nicht gewährleistet ist. Nicht nur die beliebige Teilbarkeit des Investitionsobjekts, sondern auch die unterstellte Welt ohne Inflation und der unersättliche Markt für die produzierten Güter lassen sich in der Realität so nicht finden. Lediglich große Unternehmen mit einer starken Marktstellung können annähernd den demonstrierten Kapazitätserweiterungseffekt erzielen.

Finanzierung aus Rückstellungsgegenwerten

Rückstellungen sind Verbindlichkeiten, die der Art nach feststehen, der genauen Höhe und dem Zeitpunkt des Anfallens nach aber noch nicht bekannt sind. Grundsätzlich sind die Rückstellungen nach dem Prinzip der kaufmännischen Vorsicht (§ 253 Abs. 1 HGB) im Jahr des Entstehens in ausreichender Höhe zu bilanzieren. Durch die Rückstellungsbildung entsteht im Jahr der Bilanzierung Aufwand, der nicht sofort zur Auszahlung führt. Sofern die im Verkaufspreis kalkulierten Rückstellungen aus dem Umsatzprozess wieder an das Unternehmen zurückfließen, kann sich das Unternehmen über diese Rückstellungsgegenwerte in der Zwischenzeit refinanzieren. Dieser Refinanzierungseffekt ist umso größer, je höher das Rückstellungsvolumen und je länger die Rückstellungen bestehen bleiben.

Pflichtrückstellungen nach § 249 HGB sind z. B. für folgende Fälle zu bilden:

- Ungewisse Verbindlichkeiten, wie z. B. für Prozesskosten
- Unterlassene Aufwendungen für Instandhaltung innerhalb von 3 Monaten
- Gewährleistungen, die ohne rechtliche Verpflichtung erbracht werden

Beispiele für Rückstellungen sind (vgl. Prätsch et al. 2007, S. 174):

- Steuerrückstellungen
- Garantierückstellungen
- Pensionsrückstellungen
- Rückstellungen für Prozessrisiken

Große Bedeutung für den Finanzierungseffekt haben lediglich Rückstellungen, die über einen längeren Zeitraum gebildet werden. Dies sind neben den Garantierückstellungen in erster Linie die Pensionsrückstellungen. Diese sollen nun näher betrachtet werden.

Pensionsrückstellungen werden für Verbindlichkeiten gegenüber Arbeitnehmern gebildet, die vom Arbeitgeber eine Alters-, Invaliden- oder Hinterbliebenenversorgung vertraglich zugesichert bekommen haben. Diese Art der betrieblichen Altersversorgung nennt man auch Direkt- oder Pensionszusage und stellt einen von fünf möglichen Durchführungswegen dar. Typische Merkmale von Pensionsrückstellungen sind:

- Fremdkapitalcharakter, da der Arbeitnehmer Anspruch auf Zahlung im Versorgungsfall hat
- Wirtschaftlich gesehen Lohn- und Gehaltsaufwendungen
- Rückstellungsbildung für Pensionsanwartschaften und -zahlungen

Die Höhe der zu bilanzierenden Rückstellungen richtet sich danach, ob nach nationalen (HGB) oder internationalen Rechnungslegungsvorschriften (IAS/IFRS) bilanziert wird. Nach HGB kommt das Anwartschaftsdeckungsverfahren, auch Teilwertverfahren genannt, zum Einsatz. Folgende Kriterien sind dabei zu beachten:

- Rückstellungsbildung ab der Zusage
- Passivierungspflicht für alle Zusagen seit dem 01.01.1987
- Berechnung der Barwerte der Pensionsverpflichtungen nach versicherungstechnischen Grundsätzen und
- mit einem steuerlich anerkannten, einheitlichen Zinssatz von 6 % (§ 6a EStG)

Im Gegensatz dazu kommt nach IFRS das Anwartschaftsbarwertverfahren zum Einsatz. Dieses Verfahren unterscheidet sich zum oben beschriebenen Teilwertverfahren in folgenden Punkten (vgl. Leibfried und Weber 2003, S. 78):

- Rückstellungsbildung für alle Zusagen, also auch für „Altzusagen"
- Berechnung der Barwerte der Pensionsverpflichtungen mit einem marktkonformen Zinssatz, der auf Corporate Bonds bester Bonität beruht
- Zukünftige Änderungen des Gehalts- und Rentenniveaus müssen sofort bei der Berechnung der Rückstellungshöhe berücksichtigt werden

Die Höhe der Rückstellungsbildung kann also je nach Verfahren bzw. Rechnungslegungsvorschrift differieren. Auf die detaillierte Berechnung der Teilwerte und die damit zulässige Zuführung zu den Pensionsrückstellungen wollen wir an dieser Stelle verzichten. Der interessierte Leser sei an die entsprechende Literatur verwiesen (vgl. z. B. Jahrmann 2009, S. 373 ff., oder Wöhe et al. 2009, S. 376 ff.).

Der Finanzierungseffekt durch die Bildung von Pensionsrückstellungen ist einerseits abhängig von dem Verhältnis der Zuführungen zu den Pensionsrückstellungen (ZPR) zur Höhe der Pensionszahlungen (PZ) und andererseits von der Art der Gewinnverwendung (Thesaurierung versus Ausschüttung). Aufgrund dessen, dass die finanzwirtschaftlichen Auswirkungen von Pensionsrückstellungen sehr langfristig sind, da zwischen der Bildung der Pensionsrückstellungen und der Auszahlung mitunter 50 Jahre liegen, ist eine nachhaltige Betrachtung des Finanzierungseffektes angebracht. Wir wollen im Folgenden den gesamten Betrachtungszeitraum in drei Phasen unterteilen:

- Phase 1: Rückstellungsbildung $>$ Pensionszahlungen
- Phase 2: Rückstellungsbildung $=$ Pensionszahlungen
- Phase 3: Rückstellungsbildung $<$ Pensionszahlungen

Des Weiteren führen wir je Phase eine Fallunterscheidung bezüglich der Gewinnverwendungspolitik des Unternehmens durch in:

- Gewinnthesaurierung
- Ausschüttung

Beispiel 3.7 (Finanzierung durch Pensionsrückstellungen)

Der Gewinn vor Ertragsteuern beträgt 100.000 €. Die Ertragsteuer beläuft sich auf insgesamt 39,9 %. Die Zuführungen zu den Pensionsrückstellungen liegen bei 40.000 € p. a. Zeigen Sie den Finanzierungseffekt durch die Bildung von Pensionsrückstellungen für die einzelnen Phasen auf, indem Sie von dem Extremszenario in Phase 1 (PZ $=0$) und in Phase 3 (ZPR $=0$) ausgehen.

Lösung:

Es sind insgesamt sechs Fälle zu unterscheiden, und zwar je Phase zwei für die beiden Gewinnverwendungsmöglichkeiten:

- Phase 1: Rückstellungsbildung $>$ Pensionszahlungen
- Fall 1: Thesaurierung der Gewinne

Phase 1 Fall 1 (Thesaurierung)	Pensionsrückstellungen	
	ohne	mit
Gewinn vor Steuern	100.000	100.000
Zuführung zu den PRSt	0	40.000
Steuerpflichtiger Gewinn	100.000	60.000
Ertragsteuern (39,9 %)	39.900	23.940
Rentenzahlungen	0	0
Ausschüttung	0	0
Innenfinanzierungsbetrag	60.100	76.060
Finanzierungseffekt		$15.960 = s \cdot \text{ZPR}$

Der Finanzierungseffekt in Phase 1 beträgt im Vergleich zu einem Unternehmen ohne Direktzusage 15.960 € ($s \cdot$ ZPR). Dieser Effekt ist allein auf die Steuerersparnis dank ZPR zurückzuführen. Der in der Tabelle ausgewiesenen Innenfinanzierungsbetrag setzt sich bei dem Unternehmen mit Pensionszusage aus dem einbehaltenen Gewinn in Höhe von 60.100 € plus der Steuerersparnis zusammen.

- Phase 1: Rückstellungsbildung $>$ Pensionszahlungen
- Fall 2: Ausschüttung der Gewinne

Phase 1	Pensionsrückstellungen		
Fall 2 (Ausschüttung)	ohne	mit	
Gewinn vor Steuern	100.000	100.000	
Zuführung zu den PRSt	0	40.000	
Steuerpflichtiger Gewinn	100.000	60.000	
Ertragsteuern (39,9 %)	39.900	23.940	
Rentenzahlungen	0	0	
Ausschüttung	60.100	36.060	
Innenfinanzierungsbetrag	0	40.000	
Finanzierungseffekt		40.000 = ZPR	

Im Fall der Ausschüttung der Gewinne ist der Finanzierungseffekt in Phase 1 sogar noch höher als im Fall der Thesaurierung. Das liegt alleine an der ZPR in Höhe von 40.000 €, die den Gewinn schmälern und vollständig im Unternehmen verbleiben, da Pensionszahlungen in dieser Phase ausbleiben. Vergleicht man den ausgeschütteten Gewinn der beiden Unternehmen, so wird deutlich, dass die Anteilseigner diesen Effekt mit einer Summe von 24.040 € mitfinanzieren. Der restliche Betrag ist auf die Steuerersparnis in Höhe von 15.960 € zurückzuführen.

- Phase 2: Rückstellungsbildung = Pensionszahlungen
- Fall 3: Thesaurierung der Gewinne

Phase 2	Pensionsrückstellungen		
Fall 3 (Thesaurierung)	ohne	mit	
Gewinn vor Steuern	100.000	100.000	
Zuführung zu den PRSt	0	40.000	
Steuerpflichtiger Gewinn	100.000	60.000	
Ertragsteuern (39,9 %)	39.900	23.940	
Rentenzahlungen	0	40.000	
Ausschüttung	0	0	
Innenfinanzierungsbetrag	60.100	36.060	
Finanzierungseffekt		$-24.040 = s \cdot \text{ZPR-PZ}$	

In Phase 2 dreht sich der positive Finanzierungseffekt aus Phase 1 in. Negative bzw. in den neutralen Bereich. Im Fall der Thesaurierung der Gewinne haben wir zwar noch einen Steuervorteil in Höhe von 15.960 € ($s \cdot$ ZPR), jedoch fallen Auszahlungen an die Rentner in gleicher Höhe wie die ZPR an, sodass dieser Effekt jetzt zum Nachteil für das Unternehmen mit Direktzusage wird. Der Finanzierungseffekt wird mit 24.040 € (15.960 € – 40.000 €) negativ.

- Phase 2: Rückstellungsbildung = Pensionszahlungen
- Fall 4: Ausschüttung der Gewinne

Phase 2	Pensionsrückstellungen	
Fall 4 (Ausschüttung)	ohne	mit
Gewinn vor Steuern	100.000	100.000
Zuführung zu den PRSt	0	40.000
Steuerpflichtiger Gewinn	100.000	60.000
Ertragsteuern (39,9 %)	39.900	23.940
Rentenzahlungen	0	40.000
Ausschüttung	60.100	36.060
Innenfinanzierungsbetrag	0	0
Finanzierungseffekt		0

Im Fall der Ausschüttung gibt es weder einen positiven noch einen negativen Finanzierungseffekt.

- Phase 3: Rückstellungsbildung $<$ Pensionszahlungen
- Fall 5: Thesaurierung der Gewinne

Phase 3	Pensionsrückstellungen	
Fall 5 (Thesaurierung)	ohne	mit
Gewinn vor Steuern	100.000	100.000
Zuführung zu den PRSt	0	0
Steuerpflichtiger Gewinn	100.000	100.000
Ertragsteuern (39,9 %)	39.900	39.900
Rentenzahlungen	0	40.000
Ausschüttung	0	0
Innenfinanzierungsbetrag	60.100	20.100
Finanzierungseffekt		$-40.000 = -PZ$

In Phase 3 ist der Finanzierungseffekt unabhängig von der gewählten Gewinnausschüttung immer negativ. Er entspricht genau der Höhe der Pensionszahlungen (PZ).

- Phase 3: Rückstellungsbildung $<$ Pensionszahlungen
- Fall 6: Ausschüttung der Gewinne

Phase 3	Pensionsrückstellungen	
Fall 6 (Ausschüttung)	ohne	mit
Gewinn vor Steuern	100.000	100.000
Zuführung zu den PRSt	0	0
Steuerpflichtiger Gewinn	100.000	100.000
Ertragsteuern (39,9 %)	39.900	39.900
Rentenzahlungen	0	40.000
Ausschüttung	60.100	60.100

(Fortsetzung)

Phase 3	Pensionsrückstellungen	
Fall 6 (Ausschüttung)	ohne	mit
Innenfinanzierungsbetrag	0	−40.000
Finanzierungseffekt		−40.000 = −PZ

Die Ergebnisse aus der Beispielaufgabe werden nun nachfolgend zusammengefasst (Abb. 3.15):

	Phase 1 ZPR > PZ (PZ = 0)	Phase 2 ZPR = PZ	Phase 3 ZPR < PZ (PZ = 0)
Thesaurierung	S * ZPR	S * ZPR - PZ	-PZ
Ausschüttung	ZPR	0	-PZ

Abb. 3.15 Finanzierungseffekt in Abhängigkeit der Phasen und der Gewinnverwendungsart. (Quelle: eigene Darstellung)

Nachfolgend wird diese Finanzierungsart wie folgt bewertet:

- Ein positiver Finanzierungseffekt kann nur in der frühen ersten Phase eines Unternehmens mit Pensionsrückstellungen erzielt werden, sofern in dieser Phase ein Gewinn erzielt wird.
- Bereits ab Phase 2 tritt kein oder sogar ein negativer Finanzierungseffekt ein, der sich in Phase 3 nochmals verstärkt.

Als Fazit können wir konstatieren: Die Finanzierung durch Pensionsrückstellungen ist besonders für junge, expandierende Unternehmen bzw. für nicht schrumpfende Unternehmen von großem Interesse. Spätestens in Phase 3 kehrt sich der zunächst positive Effekt um und die Auszahlungen müssen aus dem laufenden Cashflow finanziert werden.

Finanzierung aus Vermögensumschichtung
Bei der Finanzierung aus Vermögensumschichtung werden bewusst Teile des Vermögens verkauft, um neue Investitionen oder Konsumpräferenzen der Eigentümer eines Unternehmens zu finanzieren. Da der Erlös aus der verkauften Vermögensposition zunächst in die Kasse fließt, wird in der Literatur in diesem Zusammenhang auch von einem Aktivtausch gesprochen. Da Abschreibungen regelmäßig den Vermögensbestand des betroffenen Anlagegutes reduzieren, und dafür über den Umsatzprozess die Abschreibungsgegenwerte den Kassenbestand wieder auffüllen, könnte man streng genommen auch die Finanzierung aus Abschreibungsgegenwerten als Vermögensumschichtung bezeichnen.

Dieser Betrachtungsweise wollen wir hier aber nicht folgen, da diese Form der Finanzierung den Umsatzprozess voraussetzt.

In der Literatur finden sich im Zusammenhang mit der Vermögensumschichtung auch die Begriffe Kapitalfreisetzung oder auch Substitutionsfinanzierung (vgl. Prätsch et al. 2007, S. 181). Gründe für die Vermögensumschichtung können Rationalisierungsmaßnahmen im Anlagevermögen oder auch mangelnde Liquidität sein.

Zur Disposition stehen grundsätzlich alle Vermögensteile, die nicht den Wertschöpfungsprozess des Unternehmens gefährden. In Betracht kommen in erster Linie Positionen aus dem Umlaufvermögen, wie:

- Wertpapiere (Aktien oder Anleihen)
- Fondsanteile
- Forderungen
- Vorräte und Lagerbestände

Wertpapiere und Fondsanteile lassen sich an der Börse sehr schnell verkaufen. Sieht man von den zum Teil hohen Volatilitäten der Aktienkurse und Aktienfondsanteilspreise einmal ab, bieten sich Wertpapiere und Fonds für das Liquiditätsmanagement besonders gut an. Der Verkauf von Forderungen kann über ein darauf spezialisiertes Unternehmen erfolgen, dann ist vom Factoring die Rede (vgl. Abschn. 3.5.1), oder über den Kapitalmarkt in Form der Asset-Backed-Securities (ABS-Papiere, vgl. ebenfalls Abschn. 3.5.1). Von Vermögensumschichtung im engeren Sinne, wie oben definiert, kann beim Factoring aber nur gesprochen werden, wenn auch das sogenannte Delkredererisiko vom Factor mit übernommen wird, da es sich sonst nicht um einen Verkauf, sondern nur um eine „Überbrückungsfinanzierung" handelt. Vorräte und Lagerbestände lassen sich bei geplanten Rationalisierungsmaßnahmen, insbesondere im Zuge von Just-in-time-Überlegungen, gut einbinden.

Auch Positionen aus dem Anlagevermögen bieten sich für den Verkauf durchaus an:

- Patente
- Immobilien
- Maschinen und Fuhrpark
- Nicht-strategische Beteiligungen

Der Verkauf von ungenutzten Patenten oder auch Patente im jüngeren Reifestadium verbreitet sich in Deutschland erst in letzter Zeit. Als Verkaufsplattform bieten sich öffentliche Auktionen, Publikumfonds oder auch Privatplatzierungen an (vgl. Demberg und Bastian im Handelsblatt vom 30.05.2007). Üblicher ist dagegen der Verkauf von selbstgenutzten und fremdvermieteten Immobilien. Im Fall selbstgenutzter Immobilien mietet das Unternehmen das verkaufte Bürogebäude oder die Produktionsstätte wieder zurück. Diese Vorgehensweise wird im Allgemeinen als Sale-and-Lease-Back-Verfahren bezeichnet. Stillgelegte oder technisch veraltete Maschinen lassen sich genauso gut wie

Teile des Fuhrparks veräußern. Beteiligungen, die nicht von strategischer Bedeutung sind, können ebenfalls zum Verkauf gestellt werden.

Der Verkaufsprozess ist bei Teilen des Anlagevermögens sicherlich langwieriger als bei Teilen des Umlaufvermögens. Die Ursache der Vermögensumschichtung ist maßgeblich, welche Teile des Vermögens verkauft werden sollen. Ist das Unternehmen in Liquiditätsschwierigkeiten, so werden die Vermögenspositionen im Umlaufvermögen wie z. B. Wertpapiere zunächst verkauft.

3.4 Basel II, Basel III und Rating

Lernziele

Dieses Kapitel vermittelt:

- Die Grundzüge der Eigenkapitalvorschriften von Banken und deren Auswirkung auf alle Unternehmen
- Das Rating als wichtiges Instrument zur Einschätzung der Bonität eines Kreditnehmers

Wichtig für die Einschätzung einer Finanzierung ist, ob der Investor, der die Gelder für die Finanzierung bereitstellt, nach Ende der Laufzeit der Finanzierung wieder seine Investition zurückerhält. Vertraglich ist dies unproblematisch. In der Praxis kann es aber vorkommen, dass das Unternehmen, das eine Finanzierung aufgenommen hat, die Rückzahlung dieser Finanzierung nicht leisten kann. Dies geschieht, wenn ein Unternehmen insolvent zu werden droht oder bereits insolvent ist. Es kann aber auch zu plötzlichen Liquiditätsschwierigkeiten kommen (vgl. Abschn. 3.2.1), die eine Rückzahlung unmöglich machen. Der Investor versucht daher, möglichst schon vor der Auszahlung des Betrags abzuschätzen, mit welcher Sicherheit der Finanzierungsbetrag vom zu finanzierenden Unternehmen zurückbezahlt werden kann.

Die traditionelle Prüfung der Kreditwürdigkeit, also der Fähigkeit zur Rückzahlung des Finanzierungsbetrags, stützt sich im Wesentlichen auf den Jahresabschluss. Die Positionen der Bilanz sowie der Gewinn- und Verlustrechnung werden dabei zur Einschätzung der finanziellen Lage des Unternehmens herangezogen. Das Problem dieser Vorgehensweise ist aber, dass die Bilanzkennzahlen vergangenheitsorientiert sind und damit zukünftige Entwicklungen nur eingeschränkt beschreiben können.

In den letzten Jahren haben daher nun sogenannte Rating-Agenturen[4] die Aufgabe übernommen, Unternehmen auf die Glaubwürdigkeit der Rückzahlung ihrer Schulden einzuschätzen. Diese Rating-Agenturen sind selbstständige Unternehmen. Dominiert wird dieser Markt von den amerikanischen Unternehmen S&P (Standard and Poor's) und

---

[4]Rating steht hier für Bewerten. Diese Bewertung erfolgt mit einer Note (A–D).

Finanzielle Stärke	Rating-Symbol		
	Moody's	S&P	Fitch
Ausgezeichnete Anleihequalität: Beste Qualität, geringstes Ausfallrisiko Hohe Qualität, unwesentlich höheres Ausfallrisiko.	Aaa Aa1, Aa2, Aa3	AAA AA+, AA, AA-	AAA AA+, AA, AA-
Gute Anleihequalität: Gute Anleihequalität, aber mit Elementen, die zu einer negativen Entwicklung bei schlechter Marktlage führen können.	A1, A2, A3	A+, A, A-	A+, A, A-
Befriedigende Anleihequalität: Mittlere Anleihequalität, aber geringe Absicherung gegen negative Marktentwicklungen.	Baa1, Baa2, Baa3	BBB+, BBB, BBB-	BBB+, BBB, BBB-
Spekulative Anleihen: Spekulative Anleihequalität. Nur geringe Bedeckung von Tilgung und Zinsen.	Ba1, Ba2, Ba3 B1, B2, B3	BB+, BB, BB- B+, B, B-	BB+, BB, BB- B+, B, B-
Junk Bonds: Schlechteste Qualität. In Insolvenz oder davor.	Caa, Ca, C	CCC, CC, C	CCC, CC, C
No Rating: Schuldner in Zahlungsverzug oder in Konkurs.	D	D	D

Abb. 3.16 Rating einer Anleihe/eines Unternehmens mit Rating-Symbolen. (Quelle: eigene Darstellung)

Moody's. Die eher europäische Rating-Agentur Fitch hat geringere Marktanteile. **Rating** bezeichnet dabei eine Bewertung der Bonität und damit der Kreditwürdigkeit eines Unternehmens oder einer von diesem Unternehmen emittierten Anleihe. Sie bewerten die Fähigkeit eines Kreditnehmers, seinen Zahlungsverpflichtungen in der Zukunft nachzukommen. Die Bewertung erfolgt in amerikanischen Schulnoten von A (amerikanische Note für 1) bis D (amerikanische Note für ausreichend). Je nach Rating-Agentur erfolgen hiervon noch Abweichungen nach oben oder unten. Eine Einschätzung der einzelnen Ratings kann durch Abb. 3.16 gegeben werden.

Die von den Rating-Agenturen vergebenen Noten zur Kreditwürdigkeit von Unternehmen oder Anleihen werden mathematisch aus Ausfallwahrscheinlichkeiten vergleichbarer Positionen abgeleitet. Ein Beispiel für die Ermittlung dieser Noten gibt Abb. 3.17. Über einen Zeitraum von 32 Jahren (1970–2001) wurde hier gemessen, wie viele Anleihen im jeweiligen Jahr ausfielen, die mit einem bestimmten Rating-Symbol versehen waren. Eine Anleihe mit (Moody's)-Symbol Aaa (S&P AAA) fiel über einen Ein-Jahres-Zeitraum nie aus, während 0,15 % also 15 von 10.000 Anleihen, die mit Note Baa (S&P BBB) bewertet wurden, nicht zurückgezahlt werden konnten.

Die Bewertung Baa oder bei S&P BBB stellt hierbei eine wichtige Grenze dar. Anleihen oder Kredite an Unternehmen, die so oder besser eingestuft wurden, gelten als Investment Grade, was bedeutet, dass Investments, also Anlagen in diese Finanzprodukte, in Abwägung des eingegangenen Risikos als sicher einzustufen sind. Daher investieren insbesondere Banken und Versicherungsunternehmen sehr stark in Finanzprodukte, die diese Einstufung erhalten haben. Finanzprodukte, die schlechter als die Grenze des Investment Grade eingestuft wurden, gelten als spekulativ. Ein Investment kann zwar

Moody's Rating	Durchschnittliche Ausfallwahrscheinlichkeit In einem Rating-Jahr (1970-2001)	Definition	Bemerkung
Aaa	0,00%	Höchstes Rating	
Aa	0,01%	Sehr hohe Qualität	Investment Grade
A	0,02%	Hohe Qualität	
Baa	0,15%	Minimaler Investment Grade	
Ba	1,21%	Schlechtere Qualität	
B	6,53%	Spekulativ	
Caa		Substantielles Risiko	Unter Investment Grade „Junk Bonds"
Ca	24,73%	Sehr schlechte Qualität	
C		Kurz vor oder im Konkurs	

Abb. 3.17 Durchschnittliche Default Rates (Ausfallwahrscheinlichkeiten) von Anleihen. (Quelle: abgeleitet aus Informationen von Moody's)

immer noch vorgenommen werden, es muss aber mit einem höheren Ausfallrisiko (Default) gerechnet werden. Ein Verlust des eingesetzten Kapitals muss daher einkalkuliert werden. Unternehmen oder Anleihen, die schlechter als die absolute Bestnote AAA bewertet werden, werden durch einen Zinsaufschlag (Spread) „bestraft". Liegt der Zins für eine deutsche Staatsanleihe (Rating AAA) bei 4 %, so muss für BBB mit einem Aufschlag von 1 bis 5 % gerechnet werden.[5] Der für die Finanzierung zu zahlende Zins liegt daher bei 5 bis 9 %.

Die derzeit immer noch schwellende Finanzkrise hat insbesondere ihren Ausgangspunkt in dieser Problematik. Durch die Rating-Agenturen wurden verbriefte (also zusammengefasste) schlechte Kredite amerikanischer Hausfinanzierer (vgl. hierzu auch Abschn. 3.5.1 „Factoring und Verbriefungen") bewertet und weiterverkauft. Durch die fehlerhafte Einschätzung des in den verbrieften Finanzprodukten innewohnenden Risikos kam es zu Bewertungen der Rating-Agenturen, die besser als A lagen, was eine sehr hohe Sicherheit der Produkte darlegte. Diese nun „sicheren" Produkte wurden international verkauft und kamen so in die Bücher fast aller Banken. Nachdem die Kredite in Amerika reihenweise ausfielen und zwar mit Wahrscheinlichkeiten, die nicht der durch die Rating-Agenturen eingeschätzten Note entsprachen, mussten auch die verbrieften Finanzprodukte bilanziell abgeschrieben werden, was die betroffenen Banken und Versicherungsunternehmen teilweise an die Existenzgrenze brachte. Wäre hier eine „richtige" Note des Finanzprodukts angesetzt worden (eher C als A), so hätte die Finanzkrise bzw. die internationale Auswirkung dieser vermieden werden können, da ein Risiko schlechter

---

[5]Je nach Laufzeit und Marktsituation. Mitte in der Finanzmarktkrise wurden auch deutlich höhere Aufschläge beobachtet.

als BBB nicht in die Bücher der Banken gekommen wäre. Sogar ein Rating BBB hätte für das verbriefte Produkt eine höhere Renditeanforderung verlangt, was vermutlich dazu geführt hätte, dass das Finanzprodukt diese Renditeforderung gar nicht darstellen hätte können. Die Ausweitung der inneramerikanischen Finanzkrise auf die übrige Welt hätte somit vermieden werden können.

Diese grundlegende Problematik der Finanzkrise führt nun dazu, dass Ratings von Rating-Agenturen grundsätzlich zu hinterfragen sind und nicht mehr, wie früher gängig, darauf verwiesen werden kann. Hier muss sich erst in Absprache mit den jeweiligen Aufsichtsbehörden eine neue Struktur etablieren, die aus heutiger Sicht immer noch nicht abschätzbar ist.

In diesem Zuge ist nun **Basel II** neu zu bewerten. Der Begriff Basel II bezeichnet dabei die Eigenkapitalvorschriften, die vom Baseler Ausschuss für die Bankenaufsicht, dem die meisten europäischen Staaten sowie die USA angehören, beschlossen wurden. Diese Regeln müssen entsprechend besonderer EU-Richtlinien von allen Mitgliedsstaaten der Europäischen Gemeinschaft für alle Banken und Finanzdienstleister angewandt werden. Aufbauend auf die älteren Vorschriften von Basel I zielt Basel II auf eine Stärkung der Sicherheit und Solidität des Finanzsystems ab. Die Regeln von Basel II wurden dazu in drei sich ergänzenden Säulen zusammengefasst (vgl. Abb. 3.18),[6] die nachfolgend beschrieben werden.

- **Mindestkapitalanforderung**
  Die Mindestkapitalanforderungen fordern eine Eigenkapitalunterlegung für alle Kredit-, Markt- und operationale Risiken. Zur Bestimmung dieser Eigenkapitalanforderungen stehen verschiedene Verfahren zur Wahl. Bessere genauere Verfahren können dabei zu Erleichterungen bei der Kapitalanforderung führen.

Abb. 3.18 Die drei Säulen von Basel II. (Quelle: eigene Darstellung nach Basel II)

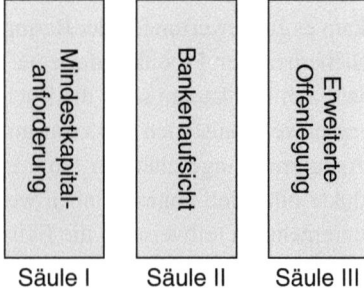

⁶Vgl. hierzu z. B. http://www.bundesbank.de/bankenaufsicht/bankenaufsicht_basel.php.

- **Bankenaufsicht**
  Hierunter wird der aufsichtsrechtliche Überprüfungsprozess verstanden, der die quantitativen Eigenkapitalanforderungen der 1. Säule um eine qualitative Komponente ergänzt. Dazu sollte innerhalb des Kreditinstituts ein Risikomanagementsystem eingerichtet werden, das die Risiken im Unternehmen adäquat bewerten kann.
- **Erweiterte Offenlegung**
  Durch eine erweiterte Offenlegung soll die Marktdisziplin insgesamt gestärkt werden. Die Weitergabe von Informationen im Rahmen der externen Rechnungslegung der Banken dient dazu, dass die Banken auf eine vernünftige Eigenkapital- bzw. Risikokapitalstruktur selbstständig achten, um mögliche Kursreaktionen auf die eigene Aktie frühzeitig zu vermeiden.

Basel II sieht dabei vor, dass die Bonitätseinstufung eines Kreditnehmers durch Rating das zentrale Kriterium für die Eigenkapitalunterlegung bei der kreditvergebenden Bank ist. Dieses Rating muss entweder intern durch eigene Untersuchungen oder über ein externes Rating (Rating-Agentur) dargelegt werden. Die interne Einrichtung eines Rating-Prozesses bei den Banken ist daher unumgänglich. In Abb. 3.19 wird die Struktur eines internen Rating-Prozesses dargestellt.

- **Analyse, Bewertung**
  Identifikation und Bewertung der Faktoren, die den größten Einfluss auf das Unternehmen bzw. auf die Anleihe haben durch speziell geschulte Analysten.
- **Rating-Komitee**
  Vorstellung der Analyse mit Einschätzung des Ratings vor dem Rating-Komitee. Das Rating-Komitee besteht aus erfahrenen Analysten und Vorständen der Bank. Falls das Unternehmen das Rating nicht akzeptiert, erfolgt nochmals eine genaue Überprüfung.
- **Publikation**
  Nach erfolgtem Rating-Urteil erfolgt i.d.R. innerhalb 24 Stunden die Veröffentlichung, falls das Rating öffentlich gemacht wird.
- **Laufende Überwachung**
  Die Bank begleitet das Unternehmen oder die Anleihe kontinuierlich.

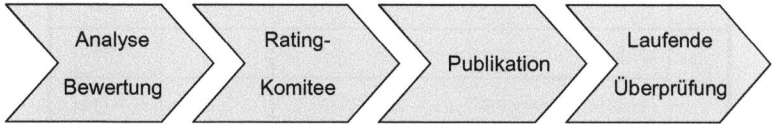

Abb. 3.19 Struktur eines internen Rating-Prozesses. (Quelle: eigene Darstellung nach Gleisner und Füssner 2003)

Die Bewertung, also das Rating, basiert auf den der Bank überlassenen Unterlagen bzw. auf Jahresabschluss- (oder Quartalsabschluss-)Unterlagen:

- **Unternehmensinterne Unterlagen**
  Unternehmensinterne Unterlagen sind Bilanz/GuV der letzten 3 bis 5 Jahre, der Lagebericht sowie der Anhang. Zusätzlich können noch Strategieunterlagen des Unternehmens berücksichtigt werden.
- **Standardisierte Bewertungsgrundlagen**
  Die Unternehmensunterlagen werden in diesem Schritt standardisiert, also auf eine möglichst allgemeingültige Form gebracht. Diese Struktur kann dann mit anderen Branchendaten verglichen und bewertet werden.
- **Auswertung**
  Aus den standardisierten Unterlagen werden dann Rückschlüsse auf die Ertrags- und Finanz-/Vermögenslage des Unternehmens gezogen. Aus diesen werden die aktuelle sowie auch die kommende Bonitätslage des Unternehmens und damit die Ausfallrate der Bank abgeleitet.

Um eine endgültige Beurteilung über die Bonität eines Unternehmens zu erhalten, werden die erhaltenen Bewertungen in den unterschiedlichen Positionen nun zu einer Endnote gewichtet (vgl. Abb. 3.20 und 3.21). Diese Gewichtung ist aber sehr subjektiv und wird sich sicherlich von Bank zu Bank unterscheiden.

Diese Verpflichtung zum Rating ist nach Basel II bindend für alle Kredite, die eine Bank vergibt. Dies gilt auch für Kredite an Privatkunden. Jeder Bankkunde findet sich daher in einer entsprechenden (internen) Banktabelle wieder.

Für die Bank selbst ist diese Ratingeinstufung aller Kunden nun die Voraussetzung für die Eigenkapitalhinterlegung der Bank bei der jeweiligen Zentralbank. Nach Basel I

		Bank 1	Bank 2
I.	Finanzielle Situation (Bilanz, GuV)	50%	20%
II.	Prognose und Prognosestabilität	15%	15%
	Management und Strategie	5%	10%
	Kommunikation und Transparenz	5%	5%
III.	Unternehmensorganisation	5%	10%
	Rechnungswesen und Controlling	5%	10%
IV.	Produkte und Marktstellung	5%	15%
	Branche und Wettbewerbssituation	10%	15%

Abb. 3.20 Beispiel Gewichtung der Unternehmensunterlagen. (Quelle: eigene Darstellung)

Ratingnote	Kreditrisiko/Ausfallwahrscheinlichkeit
1 – 2	Unzweifelhafte Fähigkeit zur Kapitalrückzahlung
3 – 4	Große Fähigkeit zur Kapitalrückzahlung
5 – 6	Fähigkeit zur Kapitalrückzahlung auch in schwierigen Konjunkturphasen
7 – 8	Fähigkeit zur Kapitalrückzahlung mit Einschränkung in schwierigen Konjunkturphasen
9 – 10	Fähigkeit zur Kapitalrückzahlung mit Einschränkung
11 – 12	Erhöhte Anfälligkeit für Zahlungsverzug
13 – 14	Ausgeprägte Anfälligkeit für Zahlungsverzug
15 – 16	Kreditnehmer ist in Zahlungsverzug

Abb. 3.21 Beispiel Internes Rating eines Unternehmens. (Quelle: eigene Darstellung)

(Baseler Eigenkapitalübereinkunft von 1988) mussten Kredite an Unternehmen pauschal mit 8 % Eigenkapital durch das Kreditinstitut unterlegt werden. Eine Kreditsumme von 1 Mio. € hatte die Bank damit mit 80.000 € an Eigenkapital zu unterlegen. Eine weitere Differenzierung innerhalb der Schuldnergruppen erfolgt nicht. Dadurch wurde die individuelle Bonität des Kreditnehmers nur unzureichend berücksichtigt. Ein Kreditnehmer mit (sehr) guter Bonität in einem wachstumsstarken Marktumfeld zahlt also eher einen zu hohen, Kreditnehmer mit schwacher Bonität einen zu geringen Risikoaufschlag. Dadurch wurden bei den Banken Stammkunden bevorzugt, obwohl sie vielleicht schon bei anderen Banken Probleme hatten.

Nach Basel II muss jedes Kreditinstitut bei der Vergabe eines Kredits einen Prozentsatz der Kreditsumme, gewichtet mit einem bestimmten Risikofaktor, der sich aus der Ratingeinschätzung ergibt, mit Eigenkapital (EK) unterlegen. Dazu wurde folgende Formel entwickelt:

$$\text{Kreditsumme} \cdot \text{Prozentsatz} \cdot \text{Risikofaktor} = \text{EK-Unterlegung} \qquad (3.10)$$

Diese Reform im Bankenwesen sollte frühestens 2006 greifen. Durch etliche Verzögerungen, insbesondere haben die USA den Vertrag immer noch nicht ratifiziert, ist Basel II nicht in allen angeschlossenen Ländern in Kraft getreten. Nichtsdestotrotz haben die meisten deutschen Banken die internen Strukturen schon auf Basel II umgestellt, da Deutschland als eines der ersten Länder den Vertrag in nationales Recht übernommen hatte.

Grundsätzlich sieht auch das Basel II-Konzept wie Basel I eine 8-prozentige Eigenkapitalunterlegung vor. Die Risikofaktoren (vgl. Formel (3.10)) sollen aber durch eine individuelle Risikoeinstufung (Rating) des Kreditnehmers deutlich stärker differenziert werden können. Beispielsweise könnte bei einer Kreditsumme von 1 Mio. sich z. B. für ein Unternehmen mit sehr guter Bonität bei einer Gewichtung durch das Rating von 20 % eine EK-Unterlegung durch die Bank von 16.000 € ergeben (*1 Mio. · 8 % · 20 %*). Für ein Unternehmen mit mangelhafter Bonität, deren Rating einen Faktor von 150 % verursacht, müssten 120.000 € Eigenkapital vorgehalten werden (*1 Mio. · 8 % · 150 %*). Ein Unternehmen, das bei der Bank eine Finanzierung erhalten möchte, darf daher nicht passiv bleiben und muss sich insbesondere um sein Rating kümmern und versuchen, dieses zu verbessern, da dies mit erheblichen finanziellen Belastungen verbunden ist.

Basel III ist nun eine im Jahr 2010 beschlossene und seit 2014 in Kraft getretene Weiterentwicklung von Basel II. Es beinhaltet ergänzende Regelungen des Baseler Ausschusses für die Bankenaufsicht. Grundsätzlich bleiben die obigen Regeln für Basel II weiterhin gültig. Aufgrund neuester Erkenntnisse aus der Anwendung von Basel II sowie den Erfahrungen aus der Wirtschafts- und Finanzkrise sah sich der Ausschuss aber gezwungen, Anpassungen vorzunehmen, um die Finanzwelt stabiler zu machen.

Kernpunkt von Basel III sind dabei eine Erhöhung der Mindestkapitalanforderungen und härte Liquiditätsvorschriften für die Banken.[7] Bereits bei Basel II sollten die Banken Ausfallrisiken ihrer Kreditengagements mit Eigenkapital abdecken. Die Banken wären damit besser aufgestellt, um möglichen Krisen entgegenwirken zu können. Entsprechend Basel III müssen die Banken nun ihr Kapital noch deutlich weiter erhöhen. Entscheidend sind dabei das **Kernkapital** (Tier-1) und die hieraus abgeleitete **Kernkapitalquote**. Diese entspricht dem Verhältnis des Kernkapitals zu den risikobehafteten Geschäften einer Bank (Kredite und Investments).

Das Kernkapital soll die Verluste decken, die eventuell durch Kreditausfälle und Rückschläge an den Kapitalmärkten entstehen. Unterschieden werden hierzu hartes und weiches Kernkapital. Die Unterscheidung liegt in der Zurechenbarkeit unterschiedlicher Positionen zum Kernkapital. Von hartem Kernkapital (Core Tier-1) spricht man bei reinem bilanziellen Eigenkapital (Grundkapital und Gewinnrücklagen). Weiches Kernkapital sind dann andere dem Eigenkapital zuzuordnenden Positionen, die möglichst unbefristet zur Verfügung stehen (z. B. nachrangige Positionen). Neben dem Kernkapital wird zudem das **Ergänzungskapital** (Tier-2) weiterer Bestandteil der Eigenmittel der Bank. Ergänzungskapital ist Kapital, das teilweise zum Eigenkapital zählt, aber nicht als Kernkapital betrachtet wird (z. B. Genusskapital).

Des Weiteren wird ein **Kapitalerhaltungspuffer** definiert, der verhindern soll, dass das Kapital in Krisen zu schnell verbrennt. Wird dieser unterschritten, treten Sanktionen gegen die Bank ein (z. B. Beschränkung der Dividenden). Der Kapitalerhaltungspuffer erhöht somit die Kernkapitalquote, da dieser aus hartem Kernkapital angelegt werden muss. Zudem soll noch ein antizyklischer Kapitalpuffer aufgebaut werden, der sich

---

[7]Vgl. Ausarbeitung des BMF zu Basel III.

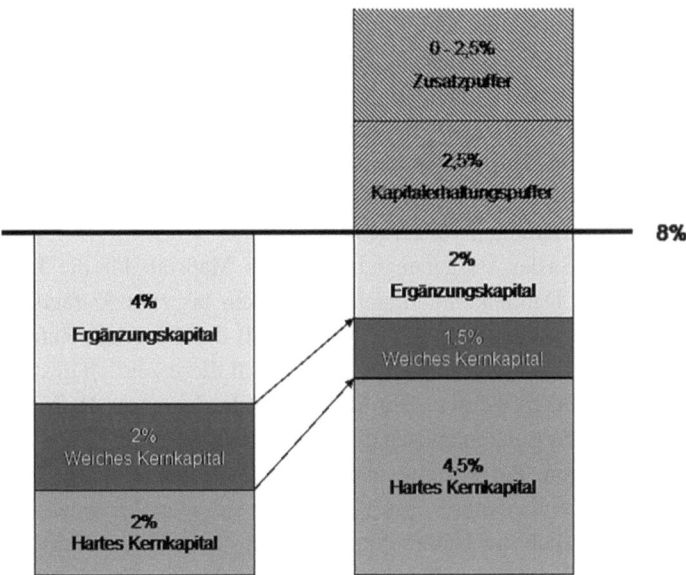

Abb. 3.22 Aufstellung der Mindestkapitalanforderungen nach Basel III. (Quelle: eigene Darstellung nach BMF zu Basel III)

anhand des Kreditwachstums bemisst. Ist dieses zu stark, wird der Puffer größer oder schrumpft im umgekehrten Fall wieder. Die Einrichtung dieses antizyklischen Puffers sollen die Bankaufseher aber für jedes Land individuell entscheiden.

Basel III definiert nun ganz konkrete Mindestkapitalquoten, was Abb. 3.22 aufzeigt. Konkret müssen die Banken nun die Kernkapitalquote schrittweise bis 2019 auf 6 % erhöhen. Davon sollen 4,5 % aus hartem Kernkapital und 1,5 % aus weichem Kernkapital beigesteuert werden (Tier-1). Hinzu kommt dann ab 2016 der Kapitalerhaltungspuffer, der bis 2019 mit weiteren 2,5 % hartem Kernkapital ausgestattet werden muss. Zudem könnte dann noch der antizyklische Puffer von bis zu 2,5 % eingerichtet werden. Im schlechtesten Fall muss eine Bank daher 13 % Kapital im Vergleich zu den Risikopositionen vorhalten (6 % Kernkapital + 2 % Ergänzungskapital + 5 % Kapitalpuffer).

Die Empfehlungen des Baseler Ausschusses zu den Mindestkapitalanforderungen traten wie angesprochen ab 2014 in Kraft. Diese neuen Kapitalanforderungen an die Banken führen für diese zu erheblichen Belastungen. Insbesondere Banken, die keinen oder nur geringen Zugang zu den Kapitalmärkten haben, tun sich mit den neuen Richtlinien schwer, um ihr Kernkapital signifikant zu erhöhen (z. B. Genossenschaftsbanken).

Ergänzend zu den obigen Mindestkapitalanforderungen wurde zudem eine möglichst einfache, transparente und nicht risikobasierte Kennzahl, die sogenannte Höchstverschuldungsquote (**Leverage Ratio**), eingeführt. Diese Kennzahl zeigt auf, wie stark eine Bank im Vergleich zu ihrem Eigenkapital verschuldet ist. Dabei wird dem Kernkapital (Tier-1) das von der Bank ausgeliehene Kapital gegenübergestellt.

Der Grund für die Einrichtung eines Leverage Ratio ist, dass ein übermäßiger Aufbau von Verschuldung im Bankensystem begrenzt werden soll. In konjunkturell sehr guten Phasen ist es für die Banken interessant, die Eigenkapitalrendite durch einen hohen Fremdfinanzierungsteil (Leverage) zu hebeln. In konjunkturell schwächeren Phasen besteht aber dann die Gefahr, dass die Banken diesen Hebel wieder in größerem Umfang reduzieren, um das Risiko zu begrenzen. Derartige risikoreduzierende Verkäufe können aber gerade in Krisensituationen verstärkend wirken.

Entsprechend den Basler Vorgaben wird 3 % als Maßstab für die Leverage Ratio herangezogen werden. Damit könnten sich die Banken bis zum 33-fachen ihres Kernkapitals (Tier-1) verschulden. Eingeführt werden soll die Leverage Ratio zunächst im Rahmen des internen Risikomanagements. Danach soll diese zeitlich gestaffelt bis 2018 verbindlich für alle Banken werden. Die Einführung des Leverage Ratio ist aber insbesondere in der deutschen Bankenlandschaft stark umstritten.

Für die Unternehmen, die Kredite nachfragen, bedeuten die seit 2014 geltenden Vorschriften für die Banken nun, dass diese noch strenger die Qualität der Kredite hinterfragen müssen. Auch die Unternehmen müssen demnach verstärkt auf ihr Rating achten oder dieses verbessern, da Kredite mit einer schlechteren Einstufung stark mit Eigenkapital (Kernkapital) hinterlegt werden müssen. Ist das Kernkapital als haftendes Kapital bei einer Bank schon deutlich eingeschränkt, können keine Kredite (insbesondere an schlechtere Schuldner) mehr vergeben werden. Daher sind alle Unternehmen und Privatpersonen ebenfalls von den neuen Richtlinien betroffen.

3.5   Finanzierungsersatzmaßnahmen

Lernziele

Dieses Kapitel vermittelt:

- Formen und Besonderheiten des Factorings und des Leasings
- Verbriefungen als Sonderform des Factorings
- Vergleich zwischen Kreditkauf und Leasing

Finanzierungsersatzmaßnahmen sind im Wesentlichen Leasing und Factoring. Durch diese Maßnahmen kann der Kapitalbedarf innerhalb des Unternehmens reduziert werden. Statt zu kaufen, könnten Objekte geleast oder es können bestehende Forderungen als Finanzierungsquelle genutzt werden. Im Zuge der strengeren Kreditpolitik der Banken bieten Finanzierungsersatzmaßnahmen Möglichkeiten, andere Finanzierungsquellen für Investitionen anzugehen. Der Kapitalbedarf bzw. der Kreditbedarf kann somit geschont werden.

3.5.1 Factoring und Verbriefungen

Unter Factoring versteht man die Dienstleistung eines Kreditinstituts oder eines spezialisierten Unternehmens zur kurzfristigen Umsatzfinanzierung. Dieses Finanzierungsinstitut (im weiteren Factor genannt) erwirbt dabei Forderungen des Unternehmens gegen dessen Kunden (Debitoren genannt). Als Gegenleistung für die Abtretung der Forderung erhält das Unternehmen Barmittel. Durch diesen Vorgang können in der Bilanz liegende Positionen zahlungswirksam verwertet werden. Die Liquidität des Unternehmens wird somit kurzfristig gesteigert, was beispielsweise dann zu Finanzierungszwecken eingesetzt werden kann.

Das Factoring kann somit als Vermögensumschichtung betrachtet werden und könnte auch unter der Innenfinanzierung stehen. Die Umsetzung bedeutet eine Kombination von Finanzierung-, Versicherungs- und Dienstleistungsfunktion.

Beim Factoring werden drei einzelne Funktionen unterschieden, die entweder einzeln oder gemeinsam abgeschlossen werden können:

- **Finanzierungsfunktion**
  Ein Finanzierungsinstitut (Factor) kauft die Forderungen des Debitors an. Der Kaufpreis entspricht dem Betrag der Forderung abzüglich der Leistungen, die der Factor erbringt. Der ausmachende Betrag steht dann dem Unternehmen zur Verfügung.
- **Delkrederefunktion**
  Der Factor übernimmt das Risiko für den Forderungsausfall. Dafür streicht er eine Gebühr ein, die entweder einzeln fällig oder mit den Barmitteln der Finanzierungsfunktion verrechnet wird, sollte diese Funktion ebenfalls über den Factor abgeschlossen werden.
- **Service-und Dienstleistungsfunktion**
  Der Factor übernimmt das Mahnwesen, die Debitorenbuchhaltung und das Inkasso. Auch diese Aufgabe führt zu Kosten, die entweder einzeln zu zahlen oder verrechnet werden.

Als **echtes Factoring** wird nun die Übernahme aller drei obigen Funktionen bezeichnet. Von **unechtem Factoring** spricht man, wenn nur einzelne Funktionen wie z. B. die Delkrederefunktion einzeln über den Factor abgeschlossen werden. In Deutschland wir meist echtes Factoring praktiziert.

Bei einem **offenen Factoring** wird der Debitor über den Verkauf der Forderung informiert. Alle Zahlungen gehen an das Factoring-Unternehmen über. Auch Mahnungen und weitere Absprachen erfolgen dann künftig zwischen Factor und Debitor. Beim **stillen Factoring** wird der Debitor dagegen nicht über die Abtretung informiert. Für den Factor ist dies deutlich risikoreicher, da dieser die Forderung nicht über den Debitor abstimmen kann. Hieraus resultiert, dass stilles Factoring normalerweise nur mit sehr guten bekannten Debitoren abgeschlossen wird.

Factoring war früher in Deutschland ein Zeichen von Unternehmen, die sich in Insolvenz oder knapp davor befanden. Insbesondere deutsche Banken hielten sich beim Factoring sehr stark zurück. Statt Forderungen zu verkaufen, beschafften sich Unternehmen kurzfristige Barmittel fast ausschließlich über teure Kontokorrentkredite. Dies hat sich nun sehr stark gewandelt. Factoring wird immer mehr als Finanzierungsinstrument eingesetzt. Im Vergleich zu England oder Frankreich liegt Deutschland aber noch stark zurück. Insbesondere Basel II bewirkt ein starkes Anwachsen von Factoring, da dieses sich nicht auf die Kapitalstruktur des Unternehmens auswirkt.

Einzelne Forderungen können über ein Factoring liquiditätsorientiert verwertet werden. In den letzten Jahren hat sich nun ein Instrument herausgebildet, das es ermöglicht, mehrere Forderungen oder Aktivpositionen (Assets) eines Unternehmens zusammenzufassen. Dabei werden Zahlungsansprüche an eine Verbriefungsgesellschaft oder Zweckgesellschaft (Englisch: Special Purpose Vehicle – SPV) abgegeben. Dieses SPV begibt dann aus den Assets ein festverzinsliches Wertpapier, das am Kapitalmarkt platziert wird. Wie in Abschn. Kreditfinanzierung angesprochen, sollten für eine Verbriefung über den Kapitalmarkt größere Summen bereitgestellt werden. Die verbrieften Assets sollten daher eine kritische Größe darstellen.[8] Forderungsverkäufer sind deshalb meist Banken, die über diese Strukturen Teile ihrer Kreditforderungen handelbar machen, um ihre Liquidität zu stärken.

Die Struktur von verbrieften Forderungen (ABS) wird nun wie folgt beschrieben: Homogene Forderungsansprüche (Assets) von einer großen Zahl von Schuldnern werden zusammengefasst und in Form von Wertpapieren (Securities) verbrieft, die dann auf dem Kapitalmarkt platziert werden. Durch folgende Merkmale können diese Strukturen klassifiziert werden. Abb. 3.23 zeigt die komplexen Zusammenhänge dieser Transaktion.

• Das Unternehmen (im Regelfall eine Bank) gibt die Forderungen an ihren Schuldnern an eine Zweckgesellschaft (SPV) weiter. Durch den Forderungsverkauf erhält das Unternehmen den Kaufpreis, der dem Barwert der Forderungen entspricht.
• Die Zweckgesellschaft begibt nun über ein Emissionskonsortium ein festverzinsliches Wertpapier am Kapitalmarkt. Mehrere Investoren können dieses neue Wertpapier dann kaufen. Damit das Wertpapier attraktiv für mögliche Investoren wird, werden die Forderungen zusätzlich besichert und von einer Rating-Gesellschaft bewertet.
• Damit der Investor auch sicher mit den Zinsen und Tilgungen der zugrundeliegenden Forderungen rechnen kann, wird noch zusätzlich eine Treuhandgesellschaft dazwischen geschaltet. Diese sichert den Zahlungsvorgang ab.

Fast alle Forderungsarten können prinzipiell für die Struktur der Verbriefungstransaktionen eingesetzt werden, sofern sie einige Bedingungen erfüllen. Wichtig ist hierbei die Übertragbarkeit der rechtlichen Forderungspositionen. Meist handelt es sich

---

[8]Meist 10 Mio. € und größer.

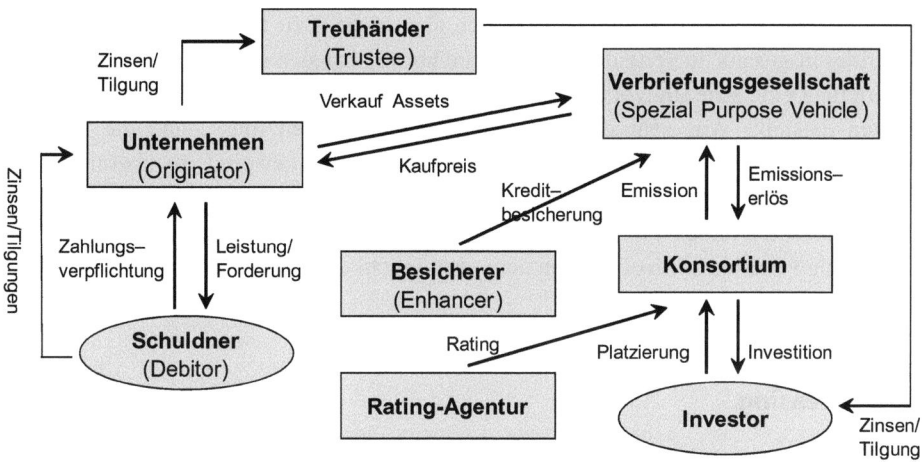

Abb. 3.23   Verbriefung mit ABS. (Quelle: eigene Darstellung)

um Forderungen aus Krediten, Hypotheken, Kreditkarten und diversen anderen Leistungen. Unterschieden wird prinzipiell in folgenden Produktgruppen:

- **Asset Backed Securities (ABS)**
  Verbriefung von Forderungen
- **Mortgage Backed Securities (MBS)**
  Verbriefung von Hypothekenkrediten
- **Collateralised Debt Obligations (CDO)**
  Verbriefung eines Portfolios aus festverzinslichen Wertpapieren. Das SPV wird dabei in drei Tranchen aufgeteilt, in die Senior Tranche, die Mezzanine Tranche und die Equity Tranche. Die unterschiedlichen Tranchen werden auch mit einem unterschiedlichen Rating versehen. Beim Ausfall einzelner Wertpapiere gibt es dann im Vorfeld definierte Szenarien, welche Tranche welche Ausfälle zu tragen hat.

Kritik an den Verbriefungstransaktionen

Von mehreren Seiten werden die Verbriefungsaktionen der amerikanischen Hypothekenbanken als Hauptgründe für die Finanzkrise seit 2007 verantwortlich gemacht. Insbesondere die Komplexität von CDO-Produkten, bedingt durch die mangelnde Transparenz der CDOs, sowie das drastische Versagen der Rating-Agenturen bei der Bewertung dieser Instrumente verschärften die Probleme massiv. Wären die Produkte mit einem Rating bewertet worden, die ihrem Risiko einigermaßen entsprochen hätten, so hätten vermutlich die Zinszahlungen der verbrieften Wertpapiere nicht ausgereicht, die höheren Renditeanforderungen durch ein schlechteres Rating zu decken. Die CDOs wären dann auch nicht von über die ganze Welt verteilten Investoren übernommen worden und die globale Finanzkrise wäre eine lokale amerikanische Immobilienkrise geblieben.

Diese sehr negativen Erfahrungen dürfen aber nicht dazu führen, die Asset Backed Securities insgesamt zu verteufeln. Über Jahre hinweg hat sich gezeigt, dass diese Art der Verbriefung eine sehr sinnvolle Art der Risikoverteilung und Liquiditätsgewinnung von Banken darstellt. Was sehr differenziert betrachtet werden muss, sind die mit dem Wertpapier verbundenen Risiken. Werden dieses adäquat bewertet, so übernimmt der Investor für eine höhere Rendite bewusst auch ein höheres Risiko. Wenn er dies nicht möchte, muss er dieses Produkt nicht nehmen. Bei richtiger Bewertung können ABS daher auch weiterhin sinnvolle Finanzierungsmöglichkeiten ergeben.

3.5.2   Leasing

Formen des Leasings

Die Besonderheit des Leasings im Vergleich zum „normalen" Mietvertrag liegt darin, dass hier i. d. R. nicht der ursprüngliche Eigentümer des Anlagegutes die Vermietung vornimmt (direktes Leasing), sondern dass eine dazwischen geschaltete Leasinggesellschaft (Leasinggeber) das Eigentum erwirbt und dann das Gut an den Nutzer (Leasingnehmer) gegen Zahlung einer meist monatlichen Leasingrate vermietet (indirektes Leasing). Außerdem ist ein Leasingvertrag zeitlich befristet. Da das Leasing oft als Finanzierungsinstrument für Vermögensgegenstände verwendet wird, ohne dass hierbei aber das Eigentum an diesen Vermögensgegenständen erworben wird, zählt man es auch zu den sogenannten Finanzierungssurrogaten. Hierbei haben sich verschiedene Leasingformen herausgebildet, die nach unterschiedlichen Kriterien eingeteilt werden können. So lässt sich z. B. nach Art des Leasingobjekts (Konsumgüter- und Investitionsgüterleasing), nach Umfang der Zahlungen in der Grundmietzeit (Voll- und Teilamortisation) oder nach Person des Leasingnehmers (gewerbliches und privates Leasing) unterscheiden. Abb. 3.24 veranschaulicht die wichtigsten Formen.

Im folgenden Abschnitt wird auf einige besonders wichtige Formen kurz eingegangen (vgl. hierzu auch Koss 2006, S. 115–118):

Operate Leasing   Die Leasingdauer erstreckt sich hier nicht über die gesamte technische Nutzungsdauer des Leasingobjekts. Es werden kurzfristige Leasingverträge geschlossen, die von beiden Seiten auch kurzfristig kündbar sind. Da es so i. d. R. nicht möglich ist, eine Amortisation des Anschaffungswertes des Leasingobjekts durch nur einen einzelnen Leasingvertrag zu erreichen, trägt der Leasinggeber das Investitionsrisiko (vgl. Bornhofen 2001, S. 324). Das Leasingobjekt wird nach Ablauf eines Leasingvertrags wieder an einen weiteren Leasingnehmer vermietet und es ist demnach nur konsequent, dass das Leasingobjekt beim Leasinggeber zu bilanzieren ist. Die Leasingraten sind beim Leasinggeber als Erträge und beim Leasingnehmer als Aufwendungen zu erfassen.

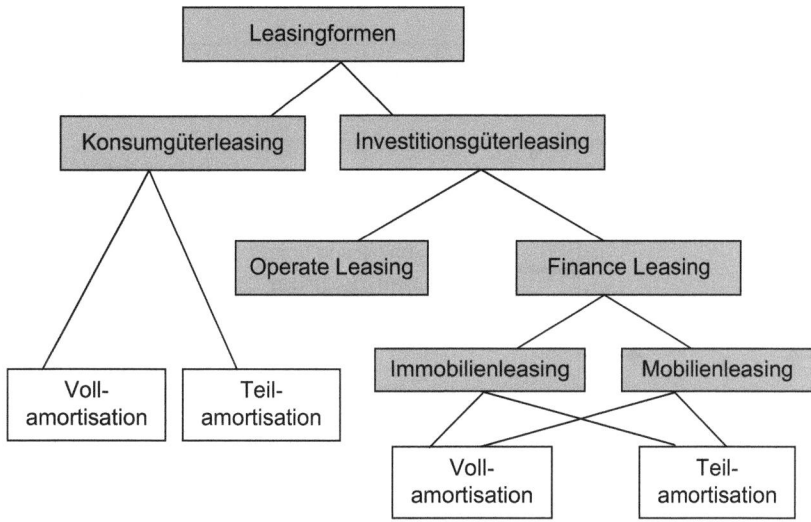

Abb. 3.24 Grundformen des Leasings. (Quelle: nach Bornhofen 2001, S. 324)

Finance Leasing Zwischen Leasinggeber und Leasingnehmer wird eine unkündbare Grundmietzeit vereinbart. Das Objektrisiko liegt weitgehend beim Leasingnehmer. So hat er für Reparaturen, Versicherung und die Zahlung aller laufenden Kosten des Objekts zu sorgen. Die Grundmietzeit kann, muss aber nicht ausreichen, die Auszahlungen des Leasinggebers für das Leasingobjekt völlig zu amortisieren.

Vollamortisationsverträge sind dann gegeben, wenn der Leasingnehmer über seine Zahlungen an den Leasinggeber alle Kosten der Anschaffung, der Finanzierung und der Verwaltung trägt. In diesem Fall fällt somit kein Risiko für die Verwertung eines Restwertes des Objekts an.

Teilamortisationsverträge sind dadurch gekennzeichnet, dass eben nicht alle Kosten durch die Zahlungen des Leasingnehmers gedeckt sind und der erforderliche Restbetrag durch die Verwertung des Restwertes des Objekts abgedeckt werden muss. In diesem Fall trägt erst einmal der Leasinggeber das Restwertrisiko, wogegen er sich aber vertraglich absichern kann (Abb. 3.25).[9]

Die bilanzielle Zurechnung des Objekts zu Leasinggeber oder -nehmer ist hier differenzierter zu betrachten (vgl. Abb. 3.25).

Hiernach wird das Leasingobjekt dann beim Leasinggeber bilanziert, wenn die Grundmietzeit mindestens 40 % und höchstens 90 % der betriebsgewöhnlichen Nutzungsdauer beträgt. In allen anderen Fällen ist durch den Leasingnehmer zu bilanzieren.

---

[9]Siehe hierzu im Folgenden die Ausführungen zum „Fahrzeugleasing als Beispiel des Konsumgüterleasings".

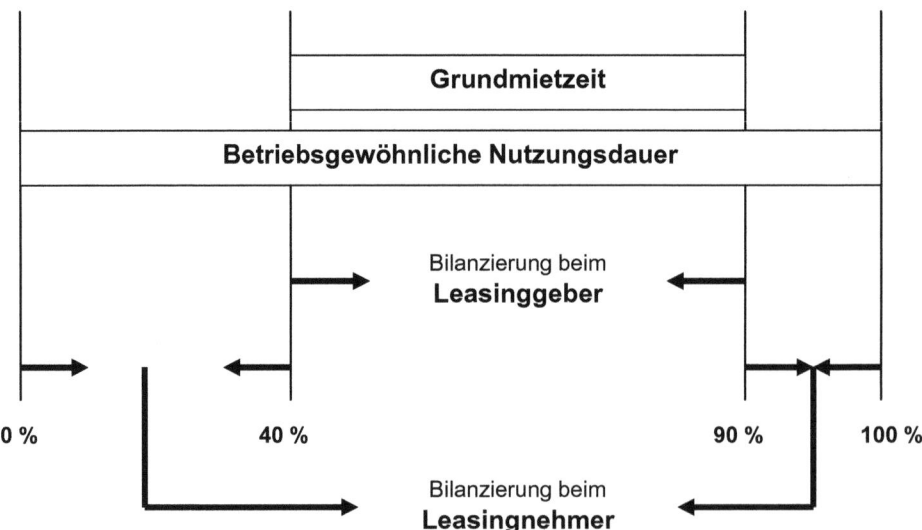

Abb. 3.25 Bilanzierung des Leasingobjekts. (Quelle: eigene Darstellung nach http://www.it-info thek.de/images/semester_2/bwl_39.gif, zugegriffen am 26.11.2008)

Sale-and-Lease-Back-Leasing Diese Sonderform des Leasings bezieht sich nicht auf die Anschaffung neuer Investitionsobjekte, sondern hier wird ein bereits im Eigentum und Besitz eines Unternehmens befindliches Wirtschaftsgut an eine Leasinggesellschaft mit dem Ziel veräußert, dieses Wirtschaftsgut bei der Leasinggesellschaft zu leasen. Das Leasingobjekt verbleibt so beim ursprünglichen Eigentümer, der jedoch durch den Verkauf zusätzliche Liquidität gewinnt, ohne auf die Nutzung des Gutes verzichten zu müssen.

Null-Leasing Von Null-Leasing wird dann gesprochen, wenn bei der Errechnung der Leasingraten weder Verzinsung noch Verwaltungskosten zugrundegelegt werden. Diese Form des Leasings wird von Automobilherstellern als Absatzinstrument verwendet.

Ablauf des Leasings

Üblicherweise (hier im Beispiel des Mobilienleasings) lässt sich das Leasing durch folgenden Ablauf beschreiben: Der Leasingnehmer bestellt bei einem Hersteller oder Händler einen Vermögensgegenstand. Parallel oder zeitversetzt hierzu schließt er mit der Leasinggesellschaft (Leasinggeber, häufig eine Bank) einen Leasingvertrag über die Überlassung und Nutzung des Vermögensgegenstandes ab. Der Leasinggeber tritt in die Bestellung des Leasingnehmers beim Hersteller oder Händler ein. Nach Lieferung durch diesen an den Leasingnehmer erfolgt die Rechnungsstellung an die Leasinggesellschaft, die wiederum nach Bestätigung des Erhalts des Leasingobjekts durch den Leasingnehmer die Bezahlung vornimmt. Für die Nutzung des Leasingobjekts zahlt der Leasingnehmer an die Leasinggesellschaft regelmäßige Leasingraten. Nach Ablauf der vereinbarten

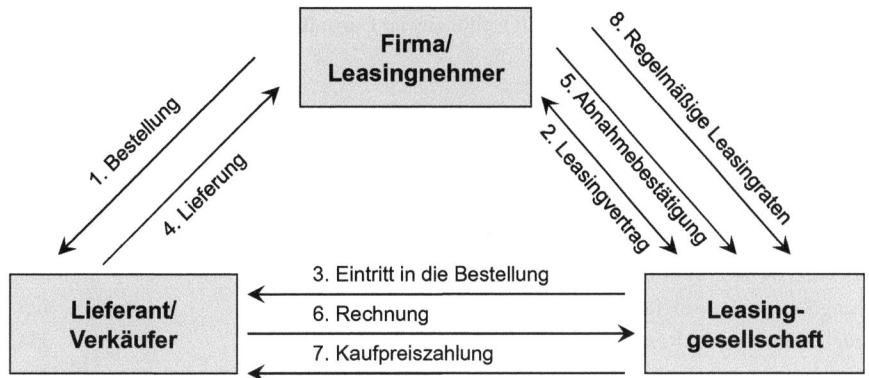

Abb. 3.26 Ablauf eines Leasing. (Quelle: eigene Darstellung nach http://www.aachen.ihk.de/de/
unternehmensfoerderung/download/kh_184.jpg, zugegriffen am 26.11.2008)

Leasingzeit gibt der Leasingnehmer das Leasingobjekt an den Leasinggeber zurück.
Abb. 3.26 veranschaulicht die wesentlichen Abläufe.

Leasingkalkulation

Aus Sicht des Leasinggebers lässt sich ein Leasinggeschäft (wie in der folgenden Tab. 3.1)
darstellen. Hierbei ist anzumerken:

1. Die einmalige Mietsonderzahlung ist als Vorauszahlung von Teilen der Leasingraten
   interpretierbar. Hierdurch verringert sich die monatliche Belastung des Leasingnehmers. Somit wird die Mietsonderzahlung als Teil der Nutzungsgebühr im Verlauf
   des Leasings verbraucht. Aus Sicht des Leasinggebers verringert sie das Risiko des
   Leasinggeschäfts, da dieser Betrag bei einer Zahlungsunfähigkeit oder Zahlungsun-
   willigkeit des Leasingnehmers auf einen etwaigen Mindererlös bei vorzeitiger Verwertung des Leasingobjekts angerechnet werden kann (vgl. Tab. 3.2).
2. Im Leasingfaktor sind die Verzinsung des Leasingbetrags (Refinanzierungskosten
   sowie Gewinn der Leasinggesellschaft) sowie Verwaltungskosten beinhaltet.
3. Durch den Restwertfaktor kommt zum Ausdruck, dass nicht der gesamte Leasing-
   betrag zu verzinsen ist, sondern der Barwert des Restwertes ist hiervon abzuziehen.

Fahrzeugleasing als Beispiel des Konsumgüterleasings

Gerade im Bereich der Vermarktung hochwertiger Konsumgüter wie z. B. Neufahrzeuge
dient das Leasing aber auch als Marketinginstrument. Da die Preisentwicklung neuer
Automobile in den letzten Jahren deutlich über der allgemeinen Preisentwicklung lag,
sind Instrumente, die die Neufahrzeuge für Privatkunden erschwinglich machen, unver-
zichtbar geworden. In der Regel werden hier Teilamortisationsverträge geschlossen, was
dazu führt, dass im Gegensatz zur üblichen Kreditfinanzierung nicht der gesamte Kauf-

Tab. 3.1 Kalkulation der Leasingrate. (Quelle: eigene Darstellung)

Leasingkalkulation	Werte in €
Listenpreis	36.900,00
Abzüglich Nachlass z. B. 10 %	3.690,00
Ergibt Kaufpreis	33.210,00
Abzüglich einmaliger Mietsonderzahlung	13.810,00
Ergibt Leasingbetrag	19.400,00
Restwert z. B. 44 % vom Listenpreis	16.236,00
Leasingbetrag × Leasingfaktor z. B. 3,73 %	723,62
Abzüglich Restwert × Restwertfaktor z. B. 2,06 %	334,46
Ergibt Leasingrate	389,16

Tab. 3.2 Wirkung der Mietsonderzahlung. (Quelle: eigene Darstellung)

Aktueller Restwert lt. Bilanz	22.000,00
Liquidationserlös	18.690,00
Buchmäßiger Verlust	3.310,00
Abzüglich unverbrauchte Mietsonderzahlung	4.900,00
Restbetrag zur Abdeckung von Forderungen	1.590,00

preis finanziert werden muss und so eine für den Privatkunden bezahlbare Leasingrate festgelegt werden kann. Nach Ablauf des Leasings kann sich der Leasingnehmer meist entscheiden, das Fahrzeug zurückzugeben oder aber es von der Leasinggesellschaft zu kaufen, wobei der dann fällige Kaufpreis wiederum finanziert und somit in kleine Teilbeträge aufgeteilt werden kann. Folgende wesentlichen Formen des Fahrzeugleasings lassen sich unterscheiden (vgl. hierzu auch Kerler 2003, S. 47 ff., sowie Tiedtke 2007, S. 217):

Abb. 3.27 veranschaulicht, dass sich das Fahrzeugleasing nach Leasingobjekt, Leasingnehmer und nach der Regelung der Verwertung des Restwertes unterscheiden lässt, wobei diese Kriterien miteinander kombinierbar sind.

Gebrauchtwagenleasing: Das Verleasen von Gebrauchtwagen ist vorwiegend auf junge Fahrzeuge mit geringer Kilometerleistung begrenzt, da ältere Fahrzeuge unter anderem aufgrund des höheren Risikos des Wertverlustes und Untergangs für die Leasinggesellschaften bzw. die dahinter stehenden refinanzierenden Banken eine zu geringe Sicherheit darstellen. Allerdings gibt es Leasinggesellschaften, die hierbei keine Unterschiede machen.

Neufahrzeugleasing: Hier liegt der Schwerpunkt des Fahrzeugleasings, da die Autohersteller ihre eigenen Leasinggesellschaften (sogenannte Captives) zur Vermarktung ihrer Neufahrzeuge einsetzen und diese Captives derzeit den Markt dominieren, denn die Autohändler fungieren als „Außendienst" dieser Leasinggesellschaften.

Restwertverträge: Hierbei wird zu Beginn des Leasings der Restwert geschätzt, den ein verleastes Fahrzeug nach Ablauf des Vertrags haben wird, und dieser Restwert wird vertraglich fixiert. In der Regel hat der Leasinggeber ein sogenanntes Andienungsrecht, er

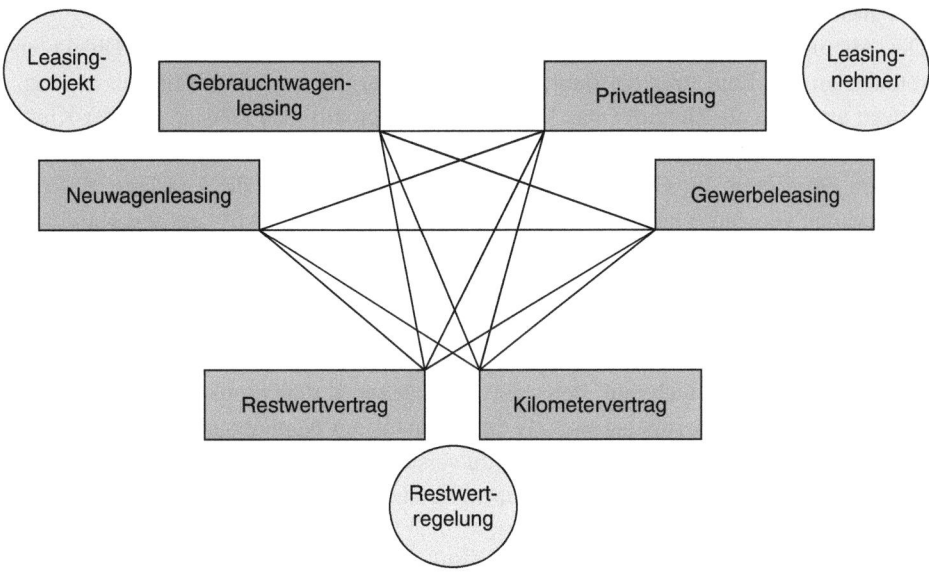

Abb. 3.27 Formen des Fahrzeugleasings. (Quelle: eigene Darstellung)

kann also verlangen, dass der Leasingnehmer das Fahrzeug zum vereinbarten Restwert kauft. Ist dieser hierzu nicht bereit, so ist der Leasinggeber berechtigt, das Fahrzeug anderweitig zu verkaufen. Ein etwaiger Mindererlös geht dann zu Lasten des Leasingnehmers. Dieser trägt somit das Restwertrisiko.

Kilometerverträge: Auch hier wird zu Beginn des Leasings der Restwert, den das Fahrzeug nach Ablauf des Leasings haben wird, geschätzt. Zusätzlich wird eine jährliche km-Fahrleistung vereinbart, sodass das Fahrzeug bei Rückgabe eine bestimmte Laufleistung haben sollte. Überschreitet die Laufleistung eine vertraglich vereinbarte Toleranzgrenze, so hat der Leasingnehmer pro zu viel gefahrenem Kilometer einen ebenfalls vertraglich festgelegten Betrag an die Leasinggesellschaft zu entrichten. Wird die vereinbarte Laufleistung über eine entsprechende Toleranzgrenze hinaus unterschritten, so erhält der Leasingnehmer pro Kilometer eine Rückvergütung. Meist sind die Rückvergütungen pro Minderkilometer geringer als die Nachzahlungen pro Mehrkilometer. Wesentlicher aber ist die Tatsache, dass bei Kilometerverträgen das Restwertrisiko zu Lasten der Leasinggesellschaft geht. Dies kommt aber kaum zum Tragen, da die Captives bereits beim Kauf der Fahrzeuge mit den liefernden Vertragshändlern Rückkaufvereinbarungen zu den vorher festgelegten Restwerten abschließen. Die später durch Mehr- oder Minderkilometer entstehenden Beträge werden dann auf die Rückkaufpreise angerechnet. So wälzen die herstellereigenen Leasinggesellschaften das Restwertrisiko auf den Neufahrzeughandel ab.

Vergleich Kreditkauf vs. Leasing

Die Alternative zum Leasing ist der Kreditkauf, d.h., man erwirbt das Objekt und refinanziert den Kauf über ein Bankdarlehen. Als Vergleichsgröße bietet sich der Kapitalwert an, wenn als Zielgröße das Vermögen verfolgt wird. Da Leasing und der Kreditkauf steuerlich gesehen unterschiedlich behandelt werden, müssen wir eine Welt mit Steuern betrachten. Im Gegensatz zum Leasing, wo lediglich die Leasingrate den zu versteuerten Gewinn schmälert, reduzieren die Abschreibung (AfA) auf das Kaufobjekt sowie die Zinszahlung den zu versteuernden Gewinn. Wir wollen im Folgenden von der vereinfachenden Annahme ausgehen, dass der Gewinn vor Steuern dem Brutto-Cashflow (RF) entspricht.

Die Welt mit Steuern hat nicht nur Auswirkungen auf die Ermittlung des Netto-Cashflows, sondern auch auf den zu verwendeten Kalkulationszinsfuß. Wenn der Kalkulationszinsfuß beispielsweise als Opportunität am Kapitalmarkt angesehen wird, so sind die möglichen Zinserträge ebenso zu versteuern. Folglich muss die Diskontierung der zukünftigen Netto-Cashflows mit einem versteuerten Kalkulationszinsfuß $i*$ vorgenommen werden.

Der Kapitalwert der Variante Leasing ergibt sich zu:

$$KM_{\text{Leasing}} = \sum_{t=0}^{n} [RF_t - S_t - LR_t] \cdot (1 + i*)^{-t} \tag{3.11}$$

mit

$S_t = s \cdot (RF_t - LR_t)$
$i* = i \cdot (1 - s),$
wobei
$RF_t = $ Rückflüsse vor Steuern
$S_t = $ Steuerzahlungen in t
$LR_t = $ Leasingrate in t
$s = $ Gewinnsteuersatz

Der Kapitalwert der Variante Kreditkauf ergibt sich unabhängig von der gewählten Tilgungsform zu:

$$KW_{\text{Kredit}} = \sum_{t=1}^{n} [RF_t - S_t - Z_t - T_t] \cdot (1 + i*)^{-t} \tag{3.12}$$

mit

$S_t = s \cdot (RF_t - Afa_t - Z_t)$
$i* = i \cdot (1 - s),$

wobei

RF_t = Rückflüsse vor Steuern

S_t = Steuerzahlungen in t

Z_t = Zinszahlungen in t

T_t = Tilgungszahlungen in t

s = Gewinnsteuersatz

Beispiel 3.8 (vgl. Kruschwitz et al. 1993, S. 97 f.)

Der Bauunternehmer Fritz möchte sich einen LKW kaufen, der 200.000 € kostet. Die Finanzierung kann entweder über ein Bankdarlehen oder über Leasing erfolgen. Folgende Daten liegen vor:

Bankdarlehen:

Zinssatz:	10 %
Laufzeit:	8 Jahre
Tilgungsart:	Ratentilgung

Leasing:

Abschlussgebühr (vom Nennwert):	5 %
Leasingrate (am Jahresende):	50.000 €
Grundmietzeit:	4 Jahre
Mietverlängerung:	4 Jahre
Anschlussmiete:	15.000 €

Die betriebsgewöhnliche Nutzungsdauer für die Maschine beträgt 8 Jahre. Die Abschreibung erfolgt linear. Der allgemeine Gewinnsteuersatz beträgt 50 %. Die Betriebseinnahmen werden über die gesamte Nutzungsdauer als konstant angesehen und liegen bei jährlich 50.000 €. Der Kalkulationszinsfuß beträgt 12 % vor Steuern.

a) Lohnt es sich für den Bauunternehmer Fritz, den LKW unter diesen Bedingungen nur für die Dauer der Grundmietzeit zu leasen?

b) Für welches Finanzierungsinstrument sollte sich Fritz entscheiden, wenn er vorhat, die Mietverlängerungsoption in Anspruch zu nehmen?

c) Wie wird sich der Bauunternehmer Fritz verhalten, wenn er Annuitätentilgung vereinbaren kann?

Lösung:

a) Nein, da der Kapitalwert mit -5.000 kleiner als null ist.

Jahr	Einnahmen	LR	Steuern	Netto-Cashflow
0	0	10.000	-5.000	-5.000
1	50.000	50.000	0	0
2	50.000	50.000	0	0
3	50.000	50.000	0	0
4	50.000	50.000	0	0

b) Fritz sollte sich für die Leasingvariante entscheiden, da der Kapitalwert maximal und damit der Vermögenszuwachs am größten ist.

Variante Kreditkauf: Vollständiger Tilgungsplan für den Fall der Ratentilgung:

Jahr	Darlehensschuld in $t-1$	Zinsen	Tilgung	Annuität
1	200.000	20.000	25.000	45.000
2	175.000	17.500	25.000	42.500
3	150.000	15.000	25.000	40.000
4	125.000	12.500	25.000	37.500
5	100.000	10.000	25.000	35.000
6	75.000	7.500	25.000	32.500
7	50.000	5.000	25.000	30.000
8	25.000	2.500	25.000	27.500

Ermittlung der Netto-Cashflows:

Jahr	Einnahmen	Annuität	Steuern	Netto-Cashflow
1	50.000	45.000	2.500	2.500
2	50.000	42.500	3.750	3.750
3	50.000	40.000	5.000	5.000
4	50.000	37.500	6.250	6.250
5	50.000	35.000	7.500	7.500
6	50.000	32.500	8.750	8.750
7	50.000	30.000	10.000	10.000
8	50.000	27.500	11.250	11.250

Als Kapitalwert für den Kreditkauf ergibt sich 40.326,46 €.

Variante Leasing:

Jahr	Einnahmen	LR	Steuern	Netto-Cashflow
0	0	10.000	−5.000	−5.000
1	50.000	50.000	0	0
2	50.000	50.000	0	0
3	50.000	50.000	0	0
4	50.000	50.000	0	0
5	50.000	15.000	17.500	17.500
6	50.000	15.000	17.500	17.500
7	50.000	15.000	17.500	17.500
8	50.000	15.000	17.500	17.500

Als Kapitalwert für den Leasingfall ergibt sich 43.032,04 €.
Tilgungsplan für den Fall der Annuitätentilgung:

c) Er wird nach wie vor die Variante Leasing priorisieren, da der Kapitalwert maximal ist.

Variante Kreditkauf: Vollständiger Tilgungsplan für den Fall der Annuitätentilgung:

Jahr	Darlehensschuld in $t-1$	Zinsen	Tilgung	Annuität
1	200.000,00	20.000,00	17.488,80	37.488,80
2	182.511,20	18.251,12	19.237,68	37.488,80
3	163.273,51	16.327,35	21.161,45	37.488,80
4	142.112,06	14.211,21	23.277,60	37.488,80
5	118.834,46	11.883,45	25.605,36	37.488,80
6	93.229,11	9.322,91	28.165,89	37.488,80
7	65.063,21	6.506,32	30.982,48	37.488,80
8	34.080,73	3.408,07	34.080,73	37.488,80

Ermittlung der Netto-Cashflows:

Jahr	Einnahmen	Annuität	Steuern	Netto-Cashflow
1	50.000	37.488,80	2.500,00	10.011,20
2	50.000	37.488,80	3.374,44	9.136,76
3	50.000	37.488,80	4.336,32	8.174,87
4	50.000	37.488,80	5.394,40	7.116,80
5	50.000	37.488,80	6.558,28	5.952,92
6	50.000	37.488,80	7.838,54	4.672,65
7	50.000	37.488,80	9.246,84	3.264,36
8	50.000	37.488,80	10.795,96	1.715,23

Als Kapitalwert für den Kreditkauf mit Annuitätentilgung ergibt sich 41.066,70 €.

3.6   Kontrollaufgaben

Lernziele

Dieses Kapitel vermittelt:

* Kontrollaufgaben zu den Fragestellungen der Finanzierung

Aufgabe 3.1

Zwei unterschiedliche Banken bieten Ihnen eine Finanzierung für eine Immobilie an.

Bank A bietet Ihnen folgende Konditionen: Bei einem Nominalzins von 5 %, einem Rückzahlungskurs zu pari, einem Ausgabekurs von 97 % bei einer Laufzeit von 10 Jahren.

Bank B bietet Ihnen folgende Konditionen: Bei einem Nominalzins von 5,3 %, einem Rückzahlungskurs zu pari, einem Ausgabekurs von 100 % und einer Laufzeit von 10 Jahren.

Berechnen Sie mit Hilfe der korrekten Formel und alternativ mit der Näherungsformel den Effektivzins der beiden Finanzierungsalternativen.

Welche Finanzierung würden Sie wählen?

Aufgabe 3.2

Sie nehmen ein Darlehen über 100.000 € auf, das Sie in 4 Jahren zurückzahlen möchten (Annuitätentilgung). Der Zinssatz der Bank beträgt 10 %. Stellen Sie einen Tilgungsplan auf.

Aufgabe 3.3

Sie nehmen ein Darlehen über 200.000 € auf, das Sie in 5 Jahren zurückzahlen möchten (Ratentilgung). Der Zinssatz der Bank beträgt 8 %. Stellen Sie einen Tilgungsplan auf.

Aufgabe 3.4

Sie nehmen ein Kredit über 50.000 € zu 7 % auf, den Sie in 4 Jahren zurückzahlen möchten (Annuitätentilgung). Die Annuität ergibt sich aus 30 % der Anfangsschuld plus den Zinsen für das erste Jahr. Welche Abschlusszahlung müssen Sie leisten?

Aufgabe 3.5

Die Produktions-AG benötigt 5 Mio. €. Diese möchte sie entweder komplett über eine Kapitalerhöhung oder alternativ nur zu 50 % über eine Kapitalerhöhung finanzieren. Der Rest des Kapitals könnte dann zu einem Zinssatz für Fremdkapital von $i = 10\,\%$ aufgenommen werden. Der Erwartungswert der realwirtschaftlichen Rendite der Produktions-AG beträgt $\mu = 15\,\%$. Die heutige Bilanzsumme beträgt 10 Mio. €, wobei 8 Mio. fremd finanziert sind. Erläutern Sie die möglichen Auswirkungen der beiden Alternativen auf die Eigenkapitalrentabilität.

Aufgabe 3.6

Eine Gesellschaft hat einen Gewinn in Höhe von 5 Mio. € erzielt. Ihr Gesamtkapital belief sich auf 80 Mio. €, wovon 35 Mio. € Fremdkapital waren. Der Fremdkapitalzins lag bei 8 %.

Berechnen Sie

a) Eigenkapitalrentabilität,
b) Gesamtkapitalrentabilität und
c) Verschuldungsgrad.

Aufgabe 3.7

Die Produktions-AG bezieht regelmäßig Rohstoffe im Wert von 50.000 € pro Monat von der Liefer GmbH. Wegen langjähriger Geschäftsbeziehungen wird bei Zahlung des Betrags innerhalb von 10 Tagen ein Skonto von 3 % gewährt. Die Begleichung der Rechnung hat innerhalb von 30 Tagen netto Kasse zu erfolgen.

a) Wie groß ist der effektive Jahreszinssatz für den Lieferantenkredit nach der Faustformel?
b) Die Finanzbuchhaltung der Produktions-AG hat festgestellt, dass die Liefer GmbH erst 60 Tage nach Rechnungsstellung mahnt. Welche Konsequenzen hat das für den effektiven Jahreszinssatz des Lieferantenkredits?
c) Erklären Sie, warum der Lieferantenkredit trotz seiner relativ hohen Kosten von vielen Betrieben in Anspruch genommen wird.

Aufgabe 3.8

Die XY AG verfügt über ein Grundkapital von 1.000.000 € aufgeteilt in 1.000.000 Aktien zu einem Nennbetrag von jeweils 1 € pro Aktie.

Der aktuelle Kurs beträgt 50 € pro Aktie. Um einen zusätzlichen Kapitalbedarf zu decken, sollen weitere 500.000 Aktien ausgegeben werden (Nennbetrag 1 €). Der Mischkurs hat sich zu 44 € ergeben.

Berechnen Sie Bezugskurs, Bezugsverhältnis und Wert des Bezugsrechts.

Ein Investor besitzt 220 Altaktien. Berechnen Sie eine Operation Blanche (kein neues Geld investieren, sondern Bezugsrechte verkaufen und dafür Aktien beziehen) für diesen.

Aufgabe 3.9

Eine GmbH möchte ihren erwirtschafteten Gewinn thesaurieren. Der Gewinn vor Steuern beträgt 100.000 €. Es fallen Gewerbeertragsteuern in Höhe von 18,37 % an. Darüber hinaus sind 15 % Körperschaftsteuer und 5,5 % Solidaritätszuschlag zu entrichten. Wie hoch ist der Thesaurierungsbetrag bzw. die Selbstfinanzierungsquote?

Aufgabe 3.10

Das Bauunternehmen Rohr GmbH besitzt 30 Diamantbohrspitzen, die heute zu je 90.000 € angeschafft wurden. Die Nutzungsdauer beträgt 3 Jahre. Die Abschreibung erfolgt linear am Periodenende. Die Rohr GmbH möchte expandieren und plant deshalb die Erweiterung der Periodenkapazität allein über die Abschreibungsgegenwerte der vorhandenen und künftig noch zu beschaffenden Bohrspitzen.

a) Zeigen Sie bis zum Ende des 4. Jahres die Entwicklung der Periodenkapazität des Bauunternehmens auf, wenn keine beliebige Teilbarkeit unterstellt wird.

b) Um wie viel kann die Rohr GmbH ihre ursprüngliche Kapazität langfristig maximal vervielfachen?

Aufgabe 3.11

Die Schwaben AG erwirtschaftet einen Gewinn vor Ertragsteuern in Höhe von 10 Mio. €. Die Ertragsteuer beläuft sich auf insgesamt 39,9 %. Die Geschäftsführung spielt mit dem Gedanken, einer Führungskraft zum allerersten Mal eine Pensionszusage zu erteilen. Die Zuführungen zu den Pensionsrückstellungen würden bei 100.000 € p. a. liegen.

a) Wie hoch ist der Finanzierungseffekt durch die Bildung von Pensionsrückstellungen für das aktuelle Jahr, wenn die Geschäftsführung den Gewinn nach Steuern thesauriert? Worauf ist der Finanzierungseffekt zurückzuführen?

b) Wie beurteilen Sie generell den langfristigen Finanzierungseffekt durch Pensionsrückstellungen?

Aufgabe 3.12

Der Fußballclub 1. FC möchte sich in der Offensive verstärken und plant deshalb die Verpflichtung des 23-jährigen Lukas P. für die nächste Saison. Er kostet auf dem Transfermarkt 10 Mio. €. Da der Verein nicht über genügend Eigenmittel verfügt, muss der Spieler entweder über ein Darlehen finanziert oder geleast werden. Die Konditionen für die beiden Finanzierungsinstrumente lauten wie folgt:

Das Darlehen besitzt eine Laufzeit von 4 Jahren. Der nominelle Zinssatz liegt bei 8,25 % p. a. Es wird Ratentilgung vereinbart. Die Leasinggesellschaft Narren & Co nimmt bei erfolgreichem Abschluss des Vertrags eine sofortige Abschlussgebühr in Höhe von 1 % der Transfersumme, also 100.000 €. Die Leasingraten von 3 Mio. € p. a. werden jeweils am Jahresende fällig. Die Grundmietzeit beträgt 4 Jahre. Die Abschreibung erfolgt beim Leasinggeber. Der 1. FC rechnet damit, dass sich die auf Lukas P. zurückzuführenden, zusätzlichen Bruttoeinnahmen (Einnahmen vor Steuern) auf 3,5 Mio. € pro Jahr belaufen werden. Sie fallen konstant über die gesamte betriebsgewöhnliche Nutzungsdauer von 4 Jahren an, die für einen Spieler dieses Alters in den DFB-Tabellen vorgesehen ist. Die Abschreibung erfolgt linear am Jahresende. Für die nächsten 4 Jahre kann von einer konstanten Gewinnsteuer in Höhe von 40 % ausgegangen werden. Der 1. FC rechnet mit einem Kalkulationszinsfuß vor Steuer von 10 %.

a) Sollte Lukas P. gekauft oder geleast werden? Stellen Sie bei der Beantwortung der Frage zunächst einen vollständigen Tilgungsplan auf.

b) Angenommen, 1. FC kann mit dem Kreditinstitut auch eine Annuitätentilgung vereinbaren. Ändert das die Entscheidung aus a)? Stellen Sie auch hier einen vollständigen Tilgungsplan auf.

Aufgabe 3.13

Die Lüpi-AG beschloss auf ihrer letzten Hauptversammlung, eine ordentliche Kapitalerhöhung durchzuführen, um ihre Eigenkapitalquote zu verbessern. Die Bilanz besitzt vor der Kapitalerhöhung folgendes Aussehen:

A		Bilanz Lüpi-AG [Mio.]	P
Anlagevermögen	14	Gezeichnetes Kapital	2
Umlaufvermögen	6	Kapitalrücklagen	1
		Gewinnrücklagen	1
		Verbindlichkeiten	16
	20		20

Das geplante Kapitalerhöhungsvolumen erstreckt sich auf 10 % der Bilanzsumme. Dabei soll der Altbestand an Aktien (40.000 Stück) durch junge Aktien aufgestockt werden. Das Bezugsverhältnis entspricht 4:1. Der derzeitige Kurs einer Aktie liegt bei 550 €.

a) Wie sieht die Bilanz der Lüpi-AG nach der Kapitalerhöhung aus?

b) Wie hat sich die EK-Quote verändert?

c) Der Altaktionär Schluck besitzt zwölf Lüpi-AG-Aktien und Bargeld in Höhe von 1.000 €. Zeigen Sie anhand von geeigneten Beispielrechnungen, dass das Vermögen von Herrn Schluck nicht von der Durchführung der Kapitalerhöhung beeinflusst wird. Von welcher Voraussetzung müssen Sie dabei ausgehen?

d) Nennen Sie kurz drei weitere Formen der Grundkapitalbeschaffung bei Aktiengesellschaften.

e) Wie sieht die Bilanz der Lüpi-AG nach einer Kapitalerhöhung aus Gesellschaftsmitteln aus, wenn das Bezugsverhältnis bestehen bleibt?

Aufgabe 3.14

Sie besitzen 25 Aktien der AB-Gesellschaft. Im Rahmen einer ordentlichen Kapitalerhöhung haben Sie die Möglichkeit, junge Aktien zum Preis von 1.100 im Verhältnis (alt/neu) von 3:2 zu erwerben. Der letzte Kurs der alten Aktien (zum Bezugsrecht) betrug 1.400. Da Sie im Moment nicht genügend bare Mittel besitzen, wollen Sie eine „operation blanche" durchführen. Wie viele Bezugsrechte müssen Sie verkaufen? Wie viele junge Aktien können Sie beziehen?

Anhang: Lösungen zu den Kontrollaufgaben

Aufgabe 1.1

$$R_{10} = 100.000 \Rightarrow R_0 = \frac{100.000}{(1+6\%)^{10}} = 55.839,48 \Rightarrow r = R_0' \cdot \frac{q^{n-1}(q-1)}{q^{n-1}}$$

$$= 55.839,48 \cdot \frac{1,06^9 \cdot 0,06}{1,06^{10} - 1} = 7.157,35 \text{ (vorschüssige Rente)}$$

Aufgabe 1.2

$$R_{40} = r \cdot \frac{q^{35} - 1}{(q-1)} \cdot q^5 = 500 \cdot \frac{1,06^{35} - 1}{0,06} \cdot 1,06^5 = 74.562,44$$

Aufgabe 1.3

a) $r = 12.000; n = 10; i = 0,03; q = 1,03$

$$R_0 = r \cdot \frac{q^n - 1}{q^n(q-1)} = 12.000 \cdot \frac{1,03^{10} - 1}{1,03^{10}(1,03 - 1)}$$

$$= 102.362,44 \text{ (nachschüssige Rente)}$$

b) für $r = 6.000$ analog mit $R = 51.181,22$

Aufgabe 1.4

$$S = 80.000 \,€, i = 9,5\%$$

© Springer-Verlag Berlin Heidelberg 2016
U. Ermschel et al., *Investition und Finanzierung*, BA KOMPAKT,
DOI 10.1007/978-3-662-49009-9

a) $T = \dfrac{S}{N} = \dfrac{80.000}{15} = 5.333,33$

Gesamtzinsen $Z = i \cdot \frac{N+1}{2} S = 9,5 \ \% \cdot \dfrac{15+1}{2} \, 80.000 = 60.800 \ €$

Zinsen im 10. Jahr:

$$Z_{10} = S_9 \cdot i = (S - 9T)i = \left(80.000 - 9\frac{80.000}{15} \right) 9,5 \ \% = 3.040 \ €$$

b) Belastung: $A = S \cdot q^N \dfrac{q-1}{q^N - 1} = 80.000 \cdot 1,095^{15} \dfrac{1,095 - 1}{1,095^{15} - 1} = 10.219,50 \ €$

Tilgung im 1. Jahr:

$$T_1 = A - Z_1 = A - S_0 \cdot i = 10.219,50 € - 80.000 \cdot 9,5\% = 2.619,50$$

c) $A = 10.000 € \Rightarrow N = \dfrac{\log\left(\frac{A}{A-S(q-1)}\right)}{\log q} = \dfrac{\log\left(\frac{10.000}{10.000-80.000\cdot 9,5 \ \%}\right)}{\log 1,095} = 15,73$

Aufgabe 1.5

a) $R_0 = r \cdot \dfrac{q^n - 1}{q^n \cdot (q-1)} \Rightarrow r = R_0 \cdot \dfrac{q^n \cdot (q-1)}{q^n - 1} = 200.000 \cdot \dfrac{1,06^n \cdot (1,06-1)}{1,06^n - 1}$

$= 200.000 \cdot 0,08718 = 17.436,91$

b) $R_0 = r \cdot \dfrac{1}{q-1} \Rightarrow 200.000 = 10.000 \cdot \dfrac{1}{q-1} \Rightarrow q - 1 = \dfrac{10.000}{20.000}$

$= 0,05 \Rightarrow i = 5\%$

Aufgabe 1.6

a) $K_n = K_0(1+i)^n \rightarrow 10.000 = 8.000 \cdot 1,05^n \rightarrow n = \dfrac{\ln 1,25}{\ln 1,05} = 4,57 \, \text{Jahre}$

b) $K_n = K_0 \cdot e^{i \cdot n} \rightarrow 10.000 = 8.000 \cdot e^{0,05 \cdot n} \rightarrow n = \dfrac{\ln 1,25}{0,05} = 4,46 \, \text{Jahre}$

Aufgabe 1.7

a) $\begin{aligned} &R_{0,\mathrm{I}} = 1.000 \\ &R_{0,\mathrm{II}} = 300 + \dfrac{400}{1,05} + \dfrac{400}{1,05^2} = 1.043,76 \rightarrow R_{0,\mathrm{II}} > R_{0,\mathrm{I}} \rightarrow \text{Angebot II!} \end{aligned}$

b) $300 + \dfrac{400}{q} + \dfrac{400}{q^2} = 1.000 \rightarrow q^2 - \dfrac{4}{7}q - \dfrac{4}{7} = 0 \rightarrow q_{1/2} = \dfrac{2}{7} \pm \sqrt{0,65}$

$q_1 = 1,0938$ und $q_2 = -0,52 \rightarrow$ macht ökonomisch keinen Sinn!

$\rightarrow i = q - 1 = 1,0938 - 1 = 9,38\,\%$

Aufgabe 1.8

$$A = 10.000\,\frac{1,1^{10} \cdot 0,1}{1,1^{10} - 1} = 16.274,54$$

Aufgabe 2.1

Alternativen	I	II
I	12.790	13.700
Fixkosten	430	430
Variable Kosten/m^3	12,20	10,75
Auslastung	2.860	2.860
Restwert	1.534,80	1.644,00
n	8	8
Kosten	37.280,40	**30.158,99**

$$K_{\mathrm{I}} = 430 + \frac{12.790 - 1.534,8}{8} + 0,077 \cdot \frac{12.790 + 1.534,8}{2} + 2.860 \cdot 12,2$$

$$K_{\mathrm{II}} = 430 + \frac{13.700 - 1.644}{8} + 0,077 \cdot \frac{13.700 + 1.644}{2} + 2.860 \cdot 10,75$$

Aufgabe 2.2

a) Gewinnvergleich:

Alternative I: $I = 29.660$ $K_f = 2.966$ $n = 3$

Laufleistung $= 12 \cdot 4.500$ km/Monat $= 54.000$ km/Jahr

Gesamtleistung $= 54.000$ km/Jahr $\cdot 3$ Jahre $= 162.000$ km

162.000 km/2.500 km $= 64,8 \rightarrow 64,8\,\%$ Wertverlust

$\rightarrow$ Restwert $= 35,2\,\%$, also $0,352 \cdot 29.660$ € $= 10.440,32$ € als Restwert

Variable Kosten $= 54.000$ km $\cdot 0,12$ €/km $= 6.480$ €

Umsatz $= 54.000$ km $\cdot 0,40$ €/km $= 21.600$ €

$$\text{Gewinn} = 21.600 - 2.966 - \frac{29.660 - 10.440,32}{3}$$
$$- \frac{29.660 + 10.440,32}{2} \cdot 0,065 - 6.480 = 4.444,18$$

Alternative II: Gewinn analog zu errechnen: $G = 4.866,19$

b) Rentabilität:

$$\text{Alternative I : Rentabilität} = \frac{2 \cdot (4.444,18 + 1.303,26)}{29.660 + 10.440,32} = 0,2867, \text{ also } 28,67\%$$

Alternative II: Rentabilität $= 27,99\%$

c) Unterschiede auf der Leistungsseite

d) *Amortisationsdauer*: $t = \dfrac{29.660}{4.444,18 + \dfrac{29.660 - 10.440,32}{3}} = 2,73$

Alternative II: Amortisationsdauer $= 2,84$

Aufgabe 2.3

$$K_5 = 148.000 \, i = 0,0625$$

$$K_0 = 148.000 \cdot 1,0625^{-5} = 109.299,21$$

$$K_{32} = 109.299,21 \cdot 1,0625^{32} = 760.576,78$$

Aufgabe 2.4

$$K_0 = 334.000 \quad n = 26 \quad i = 0,0585$$

a) $a = 334.000 \cdot \dfrac{1,0585^{26} \cdot 0,0585}{1,0585^{26} - 1} = 25.311,35$

b) Es werden nur Zinsen gezahlt:

$$a = K_0 \cdot i = 334.000 \cdot 0,0585 = 19.539$$

Aufgabe 2.5

$$K_{20} = \left(K_0 \cdot q_1^{10} - \frac{K_0}{2} \right) \cdot q_2^{10} \Rightarrow K_0 = \frac{K_{20}}{q_2^{10} \cdot (q_1^{10} - 0,5)}$$

$$K_0 = \frac{380.753}{1,063^{10} \cdot \left(1,057^{10} - 0,5\right)} = 166.574,11$$

Aufgabe 2.6

$$K_n = K_0 \cdot q^n + z \cdot \frac{q^n - 1}{i} \Rightarrow K_0 = \frac{K_n - z \cdot \frac{q^n-1}{i}}{q^n}$$

$$K_0 = \frac{288.475 - 1.900 \cdot \frac{1,0574^{26}-1}{0,0574}}{1,0574^{26}} = 41.044,65$$

Aufgabe 2.7

Der gesuchte Zeitpunkt ist der, an dem beide Zahlungsreihen übereinstimmen:

$$K_0 \cdot q^x = z \cdot \frac{q^x - 1}{i}$$

$$10 \cdot 1.000 \cdot 1,0545^x = 1.000 \cdot \frac{1,0545^x - 1}{0,0545}$$

Mittels Logarithmusrechnung nach x aufgelöst ergibt: $X = 14,84$ Jahre

→ Diese Dauer auf das derzeitige Alter von Oma hinzu addiert ergibt: 87,84 Jahre.

Aufgabe 2.8

a) *Kapitalwert:*

bisheriger Deckungsbeitrag: $3.105 \cdot (45 - 11) = 105.570$

mit Hebebühne: $1,03 \cdot 3.105 \cdot (45 - 11) = 108.737$

Differenz: $\bar{z} = 3.167,10$

$$C_0 = -25.000 + 3.137,10 \cdot \frac{1,075^{15} - 1}{1,075^{15} \cdot 0,075} = 2.956,37$$

b) Amortisationsdauer (*Pay-off-Periode*):

$$t = \frac{\lg \dfrac{3.167,10}{3.167,10 - 0,075 \cdot 25.000}}{\lg 1,075} = 12,4 \text{ Jahre}$$

Aufgabe 2.9

$$I_0 = 10.000.000 + 6.000.000 = 16.000.000$$

$$z_1 = \frac{2.500.000 \text{ km}}{10.000 \text{ km}} \cdot (110.000\,€ - 75.000\,€) - 110.000\,€ = 8.640.000\,€$$

$$z_2 = z_1 + \text{Restwert} = 8.640.000\,€ + 2.000.000\,€ = 10.640.000\,€$$

$$i^* = \frac{8.640.000}{2 \cdot 16.000.000} - 1 + \sqrt{\frac{10.640.000}{16.000.000} + \left(\frac{8.640.000}{2 \cdot 16.000.000}\right)^2} = 0,129$$

Interner Zinsfuß 12,9 % > Kapitalmarktzinssatz → Investition vorteilhaft.[1]

Aufgabe 2.10
falsch

Aufgabe 2.11

$$z_1 = 11 \cdot 1.600 = 17.600$$

$$z_2 = 7 \cdot 1.600 = 11.200$$

$$z_3 = 2 \cdot 1.600 = 3.200$$

$$z_4 = 1 \cdot 1.600 = 1.600$$

$$I_0 = 16,5 \cdot 1.600 = 26.400$$

$$C_0(n = 1) = -10.012,66$$

$$C_0(n = 2) = -302,88$$

$$C_0(n = 3) = 2.280,19$$

$$C_0(n = 4) = 3.482,74$$

$$\rightarrow$$

$$C_{0K}(n = 3) = 11.827,42$$

---

[1]Da sich bei negativer Wurzel ein negativer, d. h. ökonomisch nicht sinnvoller Zinssatz als Ergebnis ergibt, wird die positive Wurzel hier vorausgesetzt.

$$C_{0K}(n = 4) = 14.020,33$$

→ Die optimale Nutzungsdauer beträgt 4 Jahre.

Aufgabe 2.12

a) Kapitalwert:

$$I_0 = 1.500 \; z = 360 \; \text{Tage} \; \cdot \; 4,5 \, \text{L/Tag} \; \cdot \; 0,7 \, € - 350 \, € + 50 \, € = 834$$
$$L_5 = 400 \; i = 0,068$$
$$C_0 = -1.500 + 834 \cdot \frac{1,068^5 - 1}{1,068^5 \cdot 0,068} + 400 \cdot 1,068^{-5} = 2.225,83 > 0$$

b) nein, da $z > L_5$

Aufgabe 2.13
Aufstellung der Entscheidungsmatrix:

	S1 (30 %)	S2 (45 %)	S3 (25 %)
A1 (Monet)	490.000	360.000	640.000
A2 (Auto)	810.000	250.000	490.000

Setzt man die jeweiligen Größen in die Risikonutzenfunktion $x^{1/2}$ ein, so erhält man die folgenden Werte $u(x)$ der Nutzenmatrix:

	S1 (30 %)	S2 (45 %)	S3 (25 %)
A1 (Monet)	700	600	800
A2 (Auto)	900	500	700

Die Gewichtung der Risikonutzen mit ihren Eintrittswahrscheinlichkeiten je Szenario ergeben die erwarteten Risikonutzen je Alternative:

$$E\left[u\left(x\right)\right]_{A1} = 700 \cdot 30\% + 600 \cdot 45\% + 800 \cdot 25\% = 680 \, \text{bzw.}$$
$$E\left[u\left(x\right)\right]_{A2} = 900 \cdot 30\% + 500 \cdot 45\% + 700 \cdot 25\% = 670$$

Da der erwartete Risikonutzen der Alternative 1 größer ist als der von Alternative 2, sollte die Monet-Ausstellung präferiert werden.

Aufgabe 2.14

a) Zunächst ist die Zahlungsreihe für die geplante Produktionsmenge aufzustellen: Bei 300.000 Keksen ergibt das bei 25 Keksen pro Packung insgesamt 12.000

Kekspackungen. Die Zahlungsreihe für die nächsten 3 Jahre lautet demnach (-44.000, 19.000, 18.500, 18.000). Bei einem Kalkulationszinssatz von 9% ergibt dies einen Kapitalwert von $2.901{,}58$ €. Da dieser größer als Null ist, lohnt sich die Investition für Süß.

b) Die Zahlungsreihe verändert sich für $t = 2$ und 3 und lautet nun: (-44.000, 19.000, 14.500, 14.000). Der Kapitalwert wird dadurch negativ ($-3.553{,}88$ €) und damit lohnt sich die Investition nicht mehr.

c) Damit sich die Investition für Süß lohnt, muss gelten:

$$-44.000 + (2x - 5.000) \cdot 1{,}09^{-1} + (2x - 5.500) \cdot 1{,}09^{-2} + (2x - 6.000) \cdot 1{,}09^{-3} = 0$$

Gleichung nach x (Anzahl Kekspackungen) auflösen, ergibt aufgerundet 11.427 Packungen. Mit 25 multipliziert erhält man 285.675 Kekse, die jährlich mindestens verkauft werden müssen, damit sich die Investition lohnt.

Aufgabe 3.1
Näherungsformel:

Alternative A	Alternative B
$r = \dfrac{5 + \frac{100-97}{10}}{97} \cdot 100 \approx 7{,}53\%$	$r = \dfrac{7 + \frac{100-97}{10}}{97} \cdot 100 \approx 7{,}53\%$

	Alternative A	Alternative B
Nominalzins	$5{,}00\%$	$5{,}30\%$
Ausgabepreis	$97{,}00\%$	$100{,}00\%$
Rückzahlung	$100{,}00\%$	$100{,}00\%$
Laufzeit	10	10
Näherung	$5{,}46\%$	$5{,}30\%$
Effektivzins	$5{,}40\%$	$5{,}30\%$

Finanzierung bei Bank B, da niedriger Effektivzins

Aufgabe 3.2

Jahr	Restschuld	Zinsen	Tilgung	Annuität
1	100.000	10.000,00	21.547,08	31.547,08
2	78.452,92	7.845,29	23.701,79	31.547,08
3	54.751,13	5.475,11	26.071,97	31.547,08
4	28.679,16	2.867,92	28.679,16	31.547,08

$$A = S \cdot \frac{q^n \cdot (q-1)}{q^n - 1} = 100.000 \cdot \frac{1,10^n \cdot (1,10-1)}{1,10^n - 1}$$

$$= 100.000 \cdot 0,31547 = 31.547,08$$

Aufgabe 3.3

Jahr	Restschuld	Zinsen	Tilgung	Gesamtzahlung
1	200.000	16.000	40.000	56.000
2	160.000	12.800	40.000	52.800
3	120.000	9.600	40.000	49.600
4	80.000	6.400	40.000	46.400
5	40.000	3.200	40.000	43.200

Aufgabe 3.4

Jahr	Restschuld	Zinsen	Tilgung	Annuität
1	50.000,00	3.500,00	15.000,00	18.500,00
2	35.000,00	2.450,00	16.050,00	18.500,00
3	18.950,00	1.326,50	17.173,50	18.500,00
4	1.776,50	124,36	1.776,50	1.900,86

Aufgabe 3.5

Eigenkapitalrentabilität vor Kapitalaufnahme (Annahme FK-Zins $= 10\%$):

$\frac{1.500.000 - 800.000}{2.000.000} = 35\%$; Verschuldungsgrad $v = 4$

EK-Rentabilität (100% EK): $\dfrac{2.250.000 - 800.000}{7.000.000} = 20,7\%$ $v = 1,14$

EK-Rentabilität (50% EK): $\dfrac{2.250.000 - 1.050.000}{4.500.000} = 26,7\%$ $v = 2,33$

Die Eigenkapitalrentabilität und das Risiko reduzieren sich in beiden Fällen, da der Verschuldungsgrad kleiner wird.

Aufgabe 3.6

a) $r_{EK} = 11,11\%$
b) $r_{GK} = 9,75\%$
c) $V = 0,78$

Aufgabe 3.7

a) $\dfrac{3\ \%}{(30-10)} \cdot 360 = 54\ \%$

b) $\dfrac{3\ \%}{(60-10)} \cdot 360 = 21{,}6\ \%$ Effektivzins sinkt deutlich.

c) Liquiditätsprobleme bei den meisten Firmen (fehlendes Finanzwissen)

Aufgabe 3.8

Aus Mischkurs $= 44\ € = (50\ € \cdot 1\ \text{Mio.} + x \cdot 500.000)/(1.500.000)$ folgt: Bezugskurs $x = (44\ € \cdot 1{,}5\ \text{Mio.} - 50\ € \cdot 1\ \text{Mio.})/500.000 = 32\ €$

Bezugsverhältnis $= 2{:}1$

Wert Bezugsrecht $= \dfrac{44\,€ - 32\,€}{2} = 6 =$ Kursverlust Altaktie

Operation Blanche: Wert der Bezugsrechte nach Bezug von x Aktien: $(220 - 2x) \cdot 6\ €$

Kosten für Bezug von x Aktien: $32\ € \cdot x$

$$\rightarrow (220 - 2x) \cdot 6€ = 32€ \cdot x \rightarrow 220 = 44/6x \rightarrow x = 30$$

Bei Bezug von 30 Aktien (mit 60 Bezugsrechten) zu 32 € und Verkauf von 160 Bezugsrechten ist der Bezug kostenneutral.

Aufgabe 3.9

Nach Abzug aller Steuern verbleibt ein Thesaurierungsbetrag in Höhe von 65.805 €. Dieser Betrag ins Verhältnis zum Jahresüberschuss in Höhe von 100.000 € gesetzt, ergibt eine Selbstfinanzierungsquote von 65,8 %.

	in €	in %
Gewinn vor Steuern	100.000	100 %
Gewerbeertragsteuer	18.370	18,37 %
Körperschaftsteuer	15.000	15,00 %
SolZ	825	5,5 %
Steuern insgesamt	34.195	34,2 %
Thesaurierungsbetrag	*65.805*	*65,8 %*

Aufgabe 3.10

a) Entwicklung der Periodenkapazität ohne beliebige Teilbarkeit:

t	Buchwert	Abschreibung	Zugang	Abgang	Bestand	Rest
0	2.700.000	0	30	0	30	0
1	2.700.000	900.000	10	0	40	0

(*Fortsetzung*)

t	Buchwert	Abschreibung	Zugang	Abgang	Bestand	Rest
2	2.670.000	1.200.000	13	0	53	30.000
3	2.700.000	1.590.000	18	30	41	0
4	2.640.000	1.230.000	13	10	44	60.000

Die Periodenkapazität erhöht sich bis $t=4$ auf das 1,47-fache der Ursprungskapazität.

b) Die Kapazität an Bohrspitzen kann allein über die Abschreibungsgegenwerte langfristig um 50 % erhöht werden. Der Kapazitätserweiterungsfaktor beträgt 1,5. KEF $= 2 \cdot \frac{3}{4} = 1,5$.

Aufgabe 3.11

a) Wenn eine Pensionszusage zum ersten Mal ausgesprochen wird, muss das Unternehmen Pensionsrückstellungen bilden, die den Gewinn zwar schmälern, denen jedoch keine Auszahlung in Form einer Rentenzahlung gegenübersteht. Dies führt im Fall der Thesaurierung des versteuerten Gewinns zu einem positiven Finanzierungseffekt in Höhe der eingesparten Steuern.

b) Langfristig dreht sich der anfänglich positive Finanzierungseffekt um. Sobald die jährlich zu zahlenden Rentenzahlungen die Zuführungen zu den Pensionsrückstellungen erreicht haben, ist der Finanzierungseffekt verpufft bzw. wird sogar negativ. Die fälligen Rentenzahlungen sind dann aus dem laufenden Cashflow des Unternehmens zu zahlen, was den Handlungsspielraum des Unternehmens einschränken könnte. Die Finanzierung des Unternehmens über Pensionsrückstellungen ist folglich nur für junge, stark prosperierende Unternehmen eine echte Alternative zu anderen Finanzierungsformen.

Aufgabe 3.12

a) Vergleich der Kapitalwerte beider Alternativen:
   1. Alternative Kreditkauf (Ratentilgung)

   Vollständiger Tilgungsplan

Jahr	Darlehensschuld in $t-1$	Zinsen	Tilgung	Annuität
1	10.000.000	825.000	2.500.000	3.325.000
2	7.500.000	618.750	2.500.000	3.118.750
3	5.000.000	412.500	2.500.000	2.912.500
4	2.500.000	206.250	2.500.000	2.706.250

Ermittlung des Kapitalwerts der Alternative Kreditkauf (Ratentilgung)

(Fortsetzung)

Jahr	Einnahmen	Annuität	Steuern	Netto-Cashflow
Jahr	Einnahmen	Annuität	Steuern	Netto-Cashflow
1	3.500.000	3.325.000	70.000	*105.000*
2	3.500.000	3.118.750	152.500	*228.750*
3	3.500.000	2.912.500	235.000	*352.500*
4	3.500.000	2.706.250	317.500	*476.250*
			KW = 975.843,69 €	

2. Alternative Leasing

Jahr	Einnahmen	LR	Steuern	Netto-Cashflow
0	0	100.000	−40.000	*−60.000*
1	3.500.000	3.000.000	200.000	*300.000*
2	3.500.000	3.000.000	200.000	*300.000*
3	3.500.000	3.000.000	200.000	*300.000*
4	3.500.000	3.000.000	200.000	*300.000*
			KW = 979.531,68 €	

Alternative Leasing ist für den 1. FC günstiger, da der Kapitalwert größer ist als im Fall des Kreditkaufs mit Ratentilgung.

b) Kreditkauf mit Annuitätentilgung

Vollständiger Tilgungsplan

Jahr	Darlehensschuld in t -1	Zinsen	Tilgung	Annuität
1	10.000.000,00	825.000,00	2.211.026,31	*3.036.026,31*
2	7.788.973,69	642.590,33	2.393.435,99	*3.036.026,31*
3	5.395.537,70	445.131,86	2.590.894,45	*3.036.026,31*
4	2.804.643,25	231.383,07	2.804.643,25	*3.036.026,31*

Ermittlung des Kapitalwerts der Alternative Kreditkauf mit Annuitätentilgung

Jahr	Einnahmen	Annuität	Steuern	Netto-Cashflow
1	3.500.000	3.036.026,31	70.000,00	*393.973,69*
2	3.500.000	3.036.026,31	142.963,87	*321.009,82*
3	3.500.000	3.036.026,31	221.947,26	*242.026,43*
4	3.500.000	3.036.026,31	307.446,77	*156.526,91*
			KW = 984.564,92 €	

Alternative Kreditkauf ist im Fall der Annuitätentilgung günstiger als Leasing, da der Kapitalwert größer ist.

Aufgabe 3.13

a) Nominalwert $= 2.000.000$ €/$40.000 = 50$ €, Erhöhung gezeichnetes Kapital $= 50$ € $\cdot 10.000 = 500.000$ €

Bezugskurs $= 2.000.000$ €/$10.000 = 200$ €, Agio $= 200$ € $- 50$ € $= 150$ € pro Aktie, Erhöhung der Kapitalrücklagen $= 150$ € $\cdot 10.000 = 1.500.000$ €

A	Bilanz der Lüpi-AG nach Kapitalerhöhung		P
AV	14	Gezeichnetes Kapital	2,5
UV	8	Kapitalrücklagen	2,5
		Gewinnrücklagen	1
		Verbindlichkeiten	16
	22		22

b) EK-Quote$_{vorher} = 20\,\%$, EK-Quote$_{nachher} = 27,27\,\%$, $+ 7,27$ Prozentpunkte

c) Mischkurs $= 480$ €; $V = 7.600$ €

d) genehmigte, Kapitalerhöhung, bedingte Kapitalerhöhung, nominelle Kapitalerhöhung

e) Da das Bezugsverhältnis nach wie vor 4:1 ist, erhöht sich das gezeichnete Kapital um 0,5 Mio. € zu Lasten der Kapital- oder Gewinnrücklagen.

A	Bilanz der Lüpi-AG nach nomineller Kapitalerhöhung		P
AV	14	Gezeichnetes Kapital	2,5
UV	6	Kapitalrücklagen	1
		Gewinnrücklagen	0,5
		Verbindlichkeiten	16
	20		20

Aufgabe 3.14

$$K_{\mathrm{B}} = \frac{1.400 - 1.100}{1 + 1,5} = 120 \qquad\qquad x = \frac{25 \cdot 2 \cdot 1.100}{3 \cdot 120 + 2 \cdot 1.100} = 21,48$$

Ökonomisch gerundet ergibt das einen Verkauf von 22 Bezugsrechten. Wegen des Bezugsverhältnis von 3:2 ergibt sich daraus ein Kauf von zwei jungen Aktien.

Literatur

Bamberg G, Coenenberg A, Krapp M (2008) Betriebswirtschaftliche Entscheidungslehre, 14. Aufl. Vahlen, München

Bieg H, Kußmaul H, Waschbusch G (2006) Investitionsmanagement in Übungen, Vahlen, München

Bitz M, Ewert J, Terstege U (2002) Investition. Gabler, Wiesbaden

Blohm K, Lüder K, Schaefer C (2006) Investition. Schwachstellenanalyse des Investitionsbereichs und Investitionsrechnung, 9. Aufl. Vahlen, München

Bornhofen M (2001) Buchführung 1, 13. Aufl. Gabler, Wiesbaden

Bosch K (2007) Finanzmathematik, 7. Aufl. Oldenbourg, München

Breuer W (2001) Investition II. Entscheidungen bei Risiko, Gabler, Wiesbaden

Burchert H, Hering T (2002) Gesundheitswirtschaft. Oldenbourg, München

Busse FJ (2003) Grundlagen der betrieblichen Finanzwirtschaft, 5. Aufl. Oldenbourg, München

Busse von Colbe W, Laßmann G (1990) Betriebswirtschaftstheorie, Band 3: Investitionstheorie, 3. Aufl. Springer, Berlin

Däumler KD, Grabe J (2007) Grundlagen der Investitions- und Wirtschaftlichkeitsrechnung, 12. Aufl. Neue Wirtschafts-Briefe, Herne

Demberg G, Bastian N (o J) Aus Patenten Geld machen, Handelsblatt vom 30.05.2007.

Dörsam P (2007) Grundlagen der Investitionsrechnung anschaulich dargestellt, 5. Aufl. PD Verlag, Heidenau

Fischer H (1997) Unternehmensplanung. Vahlen, München

Fischer EO (2009) Finanzwirtschaft für Anfänger, 5. Aufl. Oldenbourg, München

Franke G, Hax H (2009) Finanzwirtschaft des Unternehmens und Kapitalmarkt, 6. Aufl. Springer, Berlin

Gleisner W, Füser K (2003) Leitfaden Rating, 2. Aufl. Vahlen, München

Götze U (2008) Investitionsrechnung. Modelle und Analysen zur Beurteilung von Investitionsvorhaben, 6. Aufl. Springer, Berlin

Grob HL (2006) Einführung in die Investitionsrechnung, 5. Aufl. Vahlen, München

Groll KH (2003) Kennzahlen für das wertorientierte Management. Hanser Wirtschaft, München

Günther P, Schittenhelm FA (2003) Investition und Finanzierung. Schäffer-Poeschel, Stuttgart

Heyd R (2000) Spezielles Controlling. In: Steinmüller H, Erbslöh D, Heyd D (Hrsg) Die neue Schule des Controllers, Bd 3. Schäfer-Poeschel, Stuttgart, S 1–235

Hettich G, Jüttler H, Luderer B (2009) Mathematik für Wirtschaftswissenschaftler und Finanzmathematik, 10. Aufl. Oldenbourg, München

Hutzschenreuter T (2009) Allgemeine Betriebswirtschaftslehre, 3. Aufl. Gabler, Wiesbaden

Jung H (2010) Allgemeine Betriebswirtschaftslehre, 12. Aufl. Oldenbourg, München

Jung H (2011) Controlling, 3. Aufl. Oldenbourg, München

© Springer-Verlag Berlin Heidelberg 2016
U. Ermschel et al., *Investition und Finanzierung*, BA KOMPAKT,
DOI 10.1007/978-3-662-49009-9

Jahrmann FU (2009) Finanzierung. Darstellung, Kontrollfragen, Fälle und Lösungen, 6. Aufl. Neue Wirtschafts-Briefe, Herne

Kerler SW (2003) Fuhrpark- und Flottenmanagement. Vogel, München

Kobelt H, Schulte P (2006) Finanzmathematik. Methoden, betriebswirtschaftliche Anwendungen und Aufgaben mit Lösungen, 8. Aufl. Neue Wirtschaftsbriefe, Herne

Koss C (2006) Basiswissen Finanzierung. Gabler, Wiesbaden

Kruschwitz L. (2009) Investitionsrechnung, 12. Aufl. Oldenbourg, München

Kruschwitz L (2011) Investitionsrechnung, 13. Aufl. Oldenbourg, München

Kruschwitz L (2010) Finanzmathematik, 5. Aufl. Oldenbourg, München

Kruschwitz L, Decker R.O., Röhrs M (2007) Übungsbuch zur Betrieblichen Finanzwirtschaft, 7. Aufl. Oldenbourg, München

Kruschwitz L, Decker R.O., Möbius C (1993) Investitions- und Finanzplanung. Arbeitsbuch mit Aufgaben und Lösungen. Gabler, Wiesbaden

Leibfried P, Weber I (2003) Bilanzierung nach IAS/IFRS. Ein Praxisleitfaden für die Umstellung mit Fallbeispielen und Checklisten. Gabler, Wiesbaden

Liebmann H-P, Zentes J, Swoboda B (2008) Handelsmanagement, 2., neubearbeitete Aufl., Verlag Vahlen, München

Locarek-Junge H (1997) Finanzmathematik, 3. Aufl. Oldenbourg, München

Matschke J, Hering T, Klingelhöfer HE (2002) Finanzanalyse und Finanzplanung. Oldenbourg, München

Mensch G (2002) Investition. Oldenbourg, München

Möbius C (1997) Optimale Finanzplanung von selbstgenutztem Wohneigentum. Gabler, Wiesbaden

Möbius C, Pallenberg, C (2013) Risikomanagement in Versicherungsunternehmen, 2. Aufl. Springer Gabler, Berlin Heidelberg

Nüchter NP (2003) Aufgaben, Verfahren und Instrumente des Finanz- und Investitions-Controlling. In: Steinle C, Bruch H (Hrsg) Controlling. Schäffer-Poeschel, Stuttgart

Olfert K, Pischulti H (2011) Kompakt-Training Unternehmensführung, 5. Aufl. Kiehl, Ludwigshafen

Olfert K, Reichel C (2008) Kompakt-Training Finanzierung, 6. Aufl. Kiehl, Ludwigshafen

Olfert K, Reichel C (2009a) Investition, 11. Aufl. Kiehl, Ludwigshafen

Olfert K, Reichel C (2009b) Kompakt-Training Investition. 5. Aufl. Kiehl, Ludwigshafen

Olfert K, Reichel C (2011) Finanzierung, 15. Aufl. Kiehl, Ludwigshafen

Perridon L, Steiner M, Rathgeber A (2009) Finanzwirtschaft der Unternehmung, 15. Aufl. Vahlen, München

Perridon L, Steiner M, Rathgeber A (2012) Finanzwirtschaft der Unternehmung, 16. Aufl. Vahlen, München

Peters H (2009) Wirtschaftsmathematik, 3. Aufl. Kohlhammer, Stuttgart

Prätsch J, Schikorra U, Ludwig E (2007) Finanzmanagement, 3. Aufl. Springer, Berlin

Rautenberg HG (1993) Finanzierung und Investition, 4. Aufl. VDI, Düsseldorf

Rödder W, Piehler G, Kruse HJ, Zörnig P (1997) Wirtschaftsmathematik für Studium und Praxis 2. Springer, Berlin

Röhrich M (2007) Grundlagen der Investitionsrechnung. Oldenbourg, München

Rommelfanger HJ, Eickemeier SH (2002) Entscheidungstheorie. Klassische Konzepte und Fuzzy-Erweiterungen. Springer, Berlin

Schäfer H (2002) Unternehmensfinanzen. Grundzüge in Theorie und Management, 2. Aufl. Physica, Heidelberg

Schäfer H (2005) Unternehmensinvestitionen. Grundzüge in Theorie und Management, 2. Aufl. Physica, Heidelberg

Spremann K (1986) Finanzierung, 2. Aufl. Oldenbourg, München

Spremann K (2012) Wirtschaft, Investition und Finanzierung, 6. Aufl. Oldenbourg, München

Stiefl J (2008) Finanzmanagement unter besonderer Berücksichtigung kleiner und mittelständischer Unternehmen, 2. Aufl. Oldenbourg, München

Süchting J (1995) Finanzmanagement. Theorie und Politik der Unternehmensfinanzierung. Gabler, Wiesbaden

Swoboda P (1977) Investition und Finanzierung, 2. Aufl. UTB, Göttingen

Thomas NP (2005) Entscheidungsverfahren und -institutionen zur Lösung gesellschaftlicher Risikoentscheidungen. Diss., Metropolis,

Marburg Tiedtke JR (2007) Allgemeine BWL, 2. Aufl. Gabler, Wiesbaden

Tietze J (2006) Einführung in die Finanzmathematik. Klassische Verfahren und neuere Entwicklungen: Effektivzins- und Renditeberechnung, Investitionsrechnung, Derivative Finanzinstrumente, 8. Aufl. Vieweg + Teubner, Wiesbaden

Tietze J (2010) Übungsbuch zur Finanzmathematik. Aufgaben, Testklausuren und Lösungen, 6. Aufl. Vieweg + Teubner, Wiesbaden

Trautmann S (2007) Investitionen. Bewertung, Auswahl und Risikomanagement, 2. Aufl. Springer, Berlin

Troßmann E (1998) Investition. UTB, Stuttgart

Überhör M, Warns C (2008) Grundlagen der Finanzierung anschaulich dargestellt, 4. Aufl. PD Verlag, Heidenau

Walz H, Gramlich D (2004) Investitions- und Finanzplanung, 6. Aufl. Recht und Wirtschaft, Heidelberg

Weber W, Kabst R (2006) Einführung in die Betriebswirtschaftslehre, 6. Aufl. Gabler, Wiesbaden

Weber J, Weißenberger B (2006) Einführung in das Rechnungswesen, 7. Aufl. Schäffer-Poeschel, Stuttgart

Wengert H (2000) Gesamtunternehmensbezogenes Risikomanagement bei Lebensversicherungsunternehmen. IFA, Ulm

Wernz, J. (2012) Banksteuerung und Risikomanagement, Springer Gabler, Berlin Heidelberg

Wöhe G, Bilstein J, Häcker J (2009) Grundzüge der Unternehmensfinanzierung, 10. Aufl. Verlag, München

Wöhe G, Döring U (2010) Einführung in die Allgemeine Betriebswirtschaftslehre, 24. Aufl. Vahlen, München

Wolke T (2010) Finanz- und Innovationsmanagement im Krankenhaus. Medizinisch Wissenschaftliche Verlagsgesellschaft, Berlin

Zadeh LA (1965) Fuzzy sets. Inform Control 8:338-353

Zantow R, Dinauer J (2011) Finanzwirtschaft des Unternehmens, 3. Aufl. Pearson Studium, München

Ziegenbein K (1989) Controlling, 3. Aufl. Kiehl, Ludwigshafen

Ziethen RE (2008) Finanzmathematik, 3. Aufl. Oldenbourg, München

Zimmermann G (2003) Investitionsrechnung, 2. Aufl. Oldenbourg, München

Internetquellen

Mölls S, Schild K-H, Willershausen T (2006) Fisher-Separation, Marburg 2006. http://www.wiwi.uni-marburg.de. Zugegriffen: 3. Sept. 2008

http://www.aachen.ihk.de/de/unternehmensfoerderung/download/kh_184.jpg. Zugegriffen: 26. Sept. 2008

http://www.it-infothek.de/images/semester_2/bwl_39.gif. Zugegriffen: 26. Sept. 2008

http://www.bundesfinanzministerium.de/nn_1928/DE/Wirtschaft_und_Verwaltung/Geld_und_Kredit/Kapitalmarktpolitik/20100917-Basel3.html. Zugegriffen: 08.02011

MIX
Papier aus verantwortungsvollen Quellen
Paper from responsible sources
FSC® C105338

If you have any concerns about our products,
you can contact us on
ProductSafety@springernature.com

In case Publisher is established outside the EU,
the EU authorized representative is:
Springer Nature Customer Service Center GmbH
Europaplatz 3, 69115 Heidelberg, Germany

Printed by Libri Plureos GmbH
in Hamburg, Germany